Thomas J. Hartmann

Der Ausweg

Reality-Resonanz-Training

Geschrieben

für alle Menschen,

die sich auf der Suche befinden,

denen Selbsterkenntnis ein Grundbedürfnis ist,

und die an tatsächlicher Veränderung interessiert sind.

*

In tiefer Dankbarkeit meinen Eltern gewidmet.

Thomas J. Hartmann

Der Ausweg

◆

Reality-Resonanz-Training

1. Auflage
Lektorat: Lisa Wiedemann

Verlag und Druck: tredition GmbH, Halenreie 40-44, 22359 Hamburg

Alle Rechte vorbehalten.

ISBN Hardcover: 978-3-7469-7515-3
ISBN Paperback: 978-3-7469-7663-1
ISBN e-Book: 978-3-7469-7516-0

Bibliografische Information der Deutschen Nationalbibliothek:
Die Deutsche Nationalbibliothek verzeichnet diese Publikation in der Deutschen National-bibliografie; detaillierte bibliografische Daten sind im Internet über http://dnb.d-nb.de abrufbar.

Inhaltsverzeichnis

Vorwort

Liebe Leserin, lieber Leser,

ich möchte dich recht herzlich begrüßen, und freue mich, dass mein Buch den Weg zu dir gefunden hat – was sicherlich kein Zufall ist. Mit dem darin beschriebenen **Reality-Resonanz-Training** wird es dir möglich, deinem Leben eine komplett neue Richtung zu geben. Eine erfüllte Partnerschaft, seelische und körperliche Gesundheit, beruflicher Erfolg, sowie materieller Wohlstand beruhen keineswegs auf einem willkürlichen Schicksal, sondern sind vielmehr die natürlichen Auswirkungen universeller Gesetzmäßigkeiten. So ist es auch nicht weiter verwunderlich, dass heute eine Avantgarde von Wissenschaftlern zu denselben Erkenntnissen gelangt, wie die großen Weisheitslehren aller Zeiten und Kulturen:

Bewusstsein ist die Ursache aller äußeren Manifestation, der Ursprung von allem, was existiert. Alles entspringt dem schöpferischen Geist und die Außenwelt fungiert lediglich als Spiegelbild innerer Prozesse!

Um die Vermittlung und Anwendung dieses elementaren Wissens geht es in diesem Buch, bei allen Übungen, die jeder für sich alleine durchführen kann. Ich habe den "Kurs" mit viel Enthusiasmus und Hingabe, nach bestem Wissen und Gewissen, ausgearbeitet. Sein Inhalt ist gewissermaßen die Essenz dessen, was ich in den vergangenen mehr als 20 Jahren für mich als *Wahrheit* erkennen durfte. Warum wahr? Weil es im praktischen Leben, im Alltag zu 100% funktioniert! Weil es mich auch aus jedem Tief, aus jeder schwierigen Lebenssituation geholt hat. Eine weitere universelle Gesetzmäßigkeit, die sich in meinem Leben fortlaufend bestätigt hat, ist, dass dem ernsthaft und aufrichtig Suchenden *immer* Antworten zuteil werden. Keine brennende Frage des Herzens bleibt unbeantwortet für den, der wirklich wissen will.

Wie du vielleicht schnell bemerken wirst, bevorzuge ich es, gewisse Dinge ehrlich und direkt beim Namen zu nennen, sprich, Klartext zu reden. Das ist meine Art. So geht es im Inhalt dieser Schrift nicht darum, der breiten Masse und deren Vorbetern nach dem Mund zu reden, indem ich phrasenhaft und seicht in meinen Formulierungen bleibe (ich bin kein Politiker), sondern um eine schnörkellose Darstellung grundlegender Tatsachen und Sachverhalte. Dementsprechend fließt an manchen Textstellen auch meine persönliche Meinung zu bestimmten Themen in den Text mit ein.

Auch geht es hier keineswegs darum, dass du mir recht gibst, mir blind alles glaubst, oder dass du meine Weltsicht zu deiner machst. Es geht hier einzig um dich! Deshalb liest du dieses Buch, deshalb machst du diesen Kurs. Um den Wahrheitsgehalt der hier getätigten Aussagen durch praktische Anwendung und eigenes Erleben zu überprüfen!

Vorab noch ein paar Hinweise, die du beherzigen sollst, wenn du vom Reality-Resonanz-Training optimal und dauerhaft profitieren möchtest:

- **Mach dich zuerst frei von all deinen bisherigen Glaubenssätzen** (es handelt sich dabei nur um Verstandeskonstrukte) und öffne dich für neue, ungewohnte Informationen und Inhalte. *"Der Kopf ist rund, damit das Denken die Richtung wechseln kann",* bemerkte der französische Schriftsteller Francis Picabia und beschrieb damit humorvoll eine dringliche Notwendigkeit, denn – der Gedanke ist der Ursprung aller Manifestation. Halte es also für grundsätzlich möglich, dass du, ungeachtet deines akademischen Bildungsgrades, in manchen Dingen womöglich geirrt hast und dazulernen kannst – was für jeden einzelnen von uns gilt. Es ist die gesunde Geisteshaltung eines neugierigen Kindes. Wir alle sind in der Regel bis zum Hals vollgepfropft mit unseren sogenannten "Meinungen". Anschauungen, über uns selbst, andere und die Welt, die wir meist von den Müllhalden Dritter kritiklos übernommen haben. Eine Meinung ist aber nichts weiter als eine begrenzte Sichtweise eines begrenzten EgoVerstandes. Andere Menschen haben ganz andere Anschauungen zu ein und demselben Thema, und auch sie sind felsenfest davon überzeugt "richtig" zu liegen. Wir sollten uns die Sichtweise des klugen Sokrates zu eigen machen, der sagte: *"Das einzige, was ich weiß, ist, dass ich nicht weiß!"* Und das ist schon allerhand.

  Tatsache ist: **Wenn du weiterhin denkst und fühlst, wie du bisher gedacht und gefühlt hast, bleibt dein Leben so, wie es ist** und du wirst folglich wiederholt die gleichen bzw. ähnliche Erfahrungen machen.

- Arbeite den *praktischen Teil* des Kurses von Anfang bis Ende durch und absolviere möglichst alle Übungen – immer wieder! **Die alleinige Theorie bringt dich nirgendwo hin!** Viele Menschen können anderen brillante Tipps geben, aber im eigenen Leben klappt es einfach nicht. Erst wenn das Gelesene und Verstandene im Alltag greift, darfst du dir auf die Schulter klopfen.

- Mache nicht denselben Fehler, den ich früher beging und zerstreue deinen Fokus in hundert verschiedene Lehren und Bücher. Dies ist zwar recht interessant, aber auf Dauer nicht zielführend. Wenn du etwas innerlich für dich als Wahrheit erkannt hast (es tief in dir weißt/fühlst), bleibe dabei und arbeite konsequent und beständig damit. So wirst du schnelle Resultate erzielen. (Falls eine Lebensphilosophie auf Dauer nicht funktioniert, kannst du sie jederzeit verwerfen). Ein weiteres Hindernis war meine innere Bequemlichkeit. Ich wusste schon in frühen Jahren allerlei über die geistigen Gesetze, war jedoch nie diszipliniert und willensstark genug sie in der Praxis umzusetzen. Auf diese Weise habe ich mir unnötigen Ärger ins Leben gezogen, der so nicht hätte sein müssen. Dies kannst kannst du dir ersparen, indem du eine klare Linie verfolgst und dich nicht mehr davon abbringen lässt.

- Im theoretischen Teil des Kurses findest du u.a. wissenschaftliche Experimente. Der Zweifler wird womöglich nach genau diesen Hinweisen suchen, um halbwegs glauben zu können, was da geschrieben steht. Anderen wiederum sind diese Zusammenhänge von vornherein klar und einleuchtend. Sie sind an wissenschaftlichen Untermauerungen nicht zwingend interessiert und befassen sich am liebsten gleich mit dem praktischen Übungsmaterial.

Aber keine Sorge: Du musst kein einziges der genannten Experimente kennen bzw. verstehen, um das Übungsprogramm erfolgreich zu absolvieren bzw. um deinem Leben in neue Höhen zu katapultieren. Ich selbst habe beispielsweise die wissenschaftliche Bestätigung für meinen rationalen Verstand immer gebraucht. Andererseits wusste ich zutiefst, dass die Forschung zu denselben Erkenntnissen gelangen *muss,* wie die spirituellen Lehren – lediglich auf unterschiedlichen Wegen.

Hinweis: *Falls du gesundheitlich (seelisch oder körperlich) in einer sehr schlechten Verfassung bist, falls dich das Lesen übermäßig anstrengt, beginne, (zu allen notwendigen medizinischen Maßnahmen), unverzüglich mit dem praktischen Teil in Kapitel IV. Lies dir zumindest die Anleitung des "7-Phasen-Prozess" und die „Quintessenz" durch (oder lasse sie dir vorlesen) und arbeite konsequent damit – jeden Tag! Falls auch das nicht möglich ist, bitte eine andere Person den Prozess auf dich anzuwenden. Es gibt keine Trennung im wahrsten Sinne. Gib niemals auf, egal was Ärzte, Freunde, Bekannte etc. dir erzählen. (Wenn eine Person jedoch an der Schwelle des Todes steht, wenn sie gehen möchte, dann sollte man das respektieren und sie nicht festhalten. Wende den beschriebenen Prozess für sie an und du wirst ihr den Übergang sehr erleichtern).*

Die Praxis des Reality-Resonanz-Training besteht aus dem **21-Tage-Programm** und dem wertvollen **7-Phasen-Prozess**, der für sich ein komplett eigenständiges System bildet. Das heißt: Du kannst **ab sofort** mit ihm arbeiten und entsprechende Ergebnisse erzielen.

Wir leben heute in einer besonderen Zeit, an der Schwelle eines Neubeginns, der mit einem generellen planetarischen Bewusstseinswandel einhergeht. Wie bei körperlichen und seelischen Heilungsprozessen häufig zu beobachten, so ist auch dieser Vorgang durch vorübergehende "Symptomverschlimmerungen" in Form globaler Katastrophen, dem Zusammenbruch verkrusteter Systeme, persönlicher Krisen und auch durch vermehrte Krankheiten gekennzeichnet.

"Wer nicht an sich arbeitet, an dem wird gearbeitet", sollte man sich diesbezüglich merken. Dies kann zuweilen ziemlich schmerzhaft sein. Wer sich jedoch dafür entscheidet mit dem Strom des Lebens zu gehen, anstatt sich ihm ständig zu widersetzen, wer gerne und aus freien Stücken lernt, dem wird das Schicksal auch zunehmend freundlich begegnen.

Die großen Wahrheiten sind bekanntlich stets einfacher Natur. Es ist unser neunmalkluger Verstand, der es liebt, die Dinge ins Endlose zu komplizieren. So kannst du die Strecke von A nach B mit einer Geraden verbinden oder auch durch ein verworrenes Labyrinth. Auf beiden Wegen gelangst du schließlich ans Ziel. Es fragt sich nur mit welchem Aufwand. Im vorliegenden Kurs wird die Gerade beschrieben, so eindeutig, so klar, dass man sich fragt: Wie hätte es auch anders sein können? Das Reality-Resonanz-Training symbolisiert diese geniale Einfachheit, gepaart mit einer Effektivität, die ihresgleichen sucht. Du wirst verstehen, wovon ich spreche, wenn du begonnen hast, damit konsequent zu arbeiten.

Das vorliegende Kursbuch "Der Ausweg" bildet, wie eingangs erwähnt, die Essenz meiner eigenen Suche nach der Quelle von Wahrheit, Erfüllung, Lebensqualität und innerem Frieden. Ich habe das Rad nicht erfunden. Begnadete Geister sind diesen Weg lange vor mir gegangen und haben ihre Mitmenschen auf unterschiedlichste Weise davon unterrichtet. Sein Inhalt basiert daher nicht auf schwammigen Hypothesen, mystischem Aberglauben und infantilem Wunschdenken, sondern entspringt der gelebten Praxis, der Gnade der unmittelbaren Erkenntnis, welche jede weitere Beweisführung erübrigt.

Es ist mir ein inneres Bedürfnis und auch eine große Freude, dieses besondere, für uns Menschen elementare Wissen mit dir zu teilen. Nun wünsche ich dir von ganzem Herzen viele positive "Aha-Erlebnisse" und durchschlagenden Erfolg mit dem Reality-Resonanz-Training!

Thomas J. Hartmann

I.

Auf dem Weg zu einem Neuen Denken

◆

Denn sie wissen nicht, wer sie sind ...

Die Frage, wer oder was wir wirklich sind, bildet eine der zentralen Fragen unserer Existenz und sie beschäftigt die großen Religionen und Philosophen seit Anbeginn. Stellst du sie verschiedenen Personen, so wirst du auch die unterschiedlichsten Antworten darauf erhalten. Von "mein Körper", "mein Gehirn" "meine Gedanken", "mein Verstand", "meine Gefühle", "meine Gene", "die Summe meiner Erfahrungen", "Hermine Müller", bis über "keine Ahnung" wirst du alles hören, was die breite Palette zu bieten hat. Tatsächlich wissen die meisten nicht, wer sie eigentlich sind, und nur wenig mehr sind es, die sich diese Frage, im Gewühl des Alltags, jemals gestellt haben. War es in früheren Zeiten der pure Kampf ums Überleben, der uns daran gehindert hat in die Tiefe zu gehen, so ist es heute, vor allem in der sogenannten "Zivilisation", eine Überfrachtung mit Außenreizen und Zerstreuungen, sowie eine deutliche Dominanz des rationalen, analytischen Denkens.

Als die aufkeimenden Naturwissenschaften vor ca. 300 Jahren Gott vom Thron stießen, versprachen sie dem Menschen vollmundig die baldige Lösung all seiner Probleme. Es sei nur eine Frage der Zeit, verkündete man in aller Euphorie, bis man die Natur und mit ihr das Leben im Griff hätte. Tatsächlich hat die moderne Wissenschaft in so manche Bereiche Licht gebracht, die sich vorher im Dunkel irrationaler Naivität befanden. Ungeachtet jedoch aller äußeren Annehmlichkeiten, die ihr Siegeszug mit sich brachte, hat sie uns dennoch in eine Sackgasse geführt und uns mit unseren dringlichsten Ängsten und Fragen im Stich gelassen. In gewissem Sinne hat sie uns halbiert. Nicht weil sie das so will, sondern weil sie gar nicht anders kann. Anders formuliert: Die konventionelle Naturwissenschaft ist in der Lage, uns Antworten über das "Wie", die Funktionalität von Mensch und Natur zu liefern. Wenn es jedoch um das Woher, Wohin und Warum, um ein tieferes Verständnis, um Glück, inneren Frieden und Erfüllung, sowie um die Frage unseres essentiellen Wesens geht, ist sie schlichtweg überfordert.

"Religion ohne Wissenschaft ist blind. Wissenschaft ohne Religion ist leer", bemerkte Einstein. Indem wir uns im Übereifer von den alten Lehren abwandten, im Glauben, die Herausforderungen und Rätsel dieser Welt ließen sich allein durch rationale Analyse und naturwissenschaftliche Methodik lösen, haben wir das Kind mit dem Bade ausgeschüttet. Den dabei entstandenen Scherbenhaufen haben wir täglich vor Augen. Um eventuellen Missverständnissen gleich vorzubeugen: Wir sprechen hier nicht von religiöser Sektiererei oder gar Fanatismus, der schließlich auch nur ein pervertierter Auswuchs des

EgoVerstandes ist, sondern von wahrer, unverfälschter Spiritualität, so wie sie in den mystischen Traditionen aller großen Religionen seit jeher zum Ausdruck kommt, indem sie das innere Wesen von Mensch und Natur beschreibt. Mit dem rasenden technologischen Fortschritt der letzten hundert Jahre wuchs selbstredend auch das Potential der Vernichtung, wobei der spirituelle Reifungsprozess des Menschen nicht Schritt halten konnte. Alle Errungenschaften unseres Zeitalters haben die innere Leere, unsere fundamentalen Lebensängste nicht annähernd kompensieren können. So muss die Frage erlaubt sein, ob wir mit unseren eindimensionalen Theorien über Gott und die Welt nicht einer Windhose hinterher gejagt sind, die uns alles mögliche beschert hat, nur nicht das, wonach wir uns wirklich sehnen.

Der erste und wichtigste Schritt, um in die eigene Kraft zu gelangen, bildet die Frage nach unserem wahren, tiefsten, essentiellen Wesen. Das, was wir WIRKLICH sind. Die Antwort darauf wollen wir uns in diesem Buch schrittweise erarbeiten, um die sich daraus ergebende Erkenntnis, in unserem Leben, segensreich zum Ausdruck zu bringen.

Ein (er)klärendes Wort zur Esoterik/Spiritualität

Wohl kaum ein Begriff ist heute derart mit Vorurteilen und Missverständnissen behaftet, wie die sogenannte "Esoterik". Für den gestandenen Rationalisten gilt sie als Synonym für Unseriosität, Scharlatanerie und Geldmacherei auf Kosten leichtgläubiger Naturen. Um den guten Ruf eines Wissenschaftlers zu unterminieren, genügt es, ihm Nähe zum "esoterischen Gedankengut" zu unterstellen.

Tatsächlich ist die Esoterik, als "Eso-Boom", zu einem dubiosen Jahrmarkt verkommen, wo von seichten Tageshoroskopen, über "Astralscanning" bis hin zu "Instant-Erleuchtungsseminaren" so ziemlich alles feil geboten wird, was nur denkbar ist. Das Problem ist auch hier, dass eine, in der Essenz wertvolle Lehre, von Unwissenden, Bauernfängern und Beutelschneidern, nahezu bis zur Unkenntlichkeit pervertiert und zurechtgestutzt wurde und wird.

Die ursprüngliche Esoterik kann, im Vergleich zur noch sehr jungen Naturwissenschaft, auf ein Wissen zurück greifen, das sich über Jahrtausende hinweg in der Menschheitsgeschichte entwickelt hat. Sie bildet, im Gegensatz zur Exoterik, den sogenannten "Inneren Kreis", welcher durch die großen geistigen Lehrer aller Völker und Kulturen, durch Schamanen, Heilige, Mystiker und Eingeweihte höchsten Ranges, wie Christus, Buddha, Yogananda, Rumi etc. repräsentiert wird. Wie schon der Ausdruck vermuten lässt, beschreibt sie die profunden, grundlegenden Zusammenhänge des Lebens, das innerste Wesen der Dinge. Fragen die nach außen gerichteten mechanistischen Naturwissenschaften nach dem WIE, so geht es der Esoterik vornehmlich um das WARUM. Beschreibt erstere die Funktionalität der Natur gemäß den uns bekannten physikalischen Gesetzen, so steht bei letzterer die Frage nach der Sinnhaftigkeit im Vordergrund.

Während die exoterische Auslegung religiöser Schriften über die rationale Verstandesebene nur selten hinaus gelangt, bildet deren esoterischer Inhalt eine tiefe Erkenntnis der Seele. Diese wird durch scharfe Beobachtungsgabe, aber vor allem durch Innenschau erreicht, eine Möglichkeit der Informationsgewinnung, die von der akademischen Wissenschaft bis dato bestenfalls belächelt wird. Dass sich die Einsichten innerhalb meditativer Selbstversenkung mit unserem unzulänglichen Vokabular mitnichten beschreiben lassen, macht es nicht gerade leichter. Zu gerne wird auch übersehen, dass sich selbst unseren empfindlichsten Messinstrumenten lediglich ein Bruchteil der sogenannten "Realität" erschließt, und wir längst an einem Punkt angelangt sind, wo unsere konservativen Erklärungsmodelle an ihre natürlichen Grenzen stoßen. Ganz davon zu schweigen, dass das Verfallsdatum naturwissenschaftlicher Theorien, abgesehen von wenigen Ausnahmen, manchmal nicht mal seine Begründer überdauert.

"Die Wissenschaft von heute ist der Irrtum von morgen", konstatiert der Biologe Jakob von Uexküll. Blättern wir in alten Lehrbüchern, so stoßen wir auf zahlreiche Aussagen und Theorien, die zu jener Zeit als "wissenschaftlich fundiert" galten, heute jedoch, im Zuge neuer Erkenntnisse, so verstaubt sind, wie die Literatur, in der sie aufgelistet sind. Die unangemessene Selbstherrlichkeit, die so mancher konservative Geist gegenüber Andersdenkenden an den Tag legt, ist schon aus diesem Grund schwerlich nachzuvollziehen.

Das spirituell/esoterische Weltbild hingegen ist in seinen Grundzügen keinerlei Wandel und Veränderung unterworfen. Was hier seit Urzeiten gelehrt wird, hat auch heute noch seine Gültigkeit. Die größte Herausforderung der Lehrwissenschaft besteht nun darin, dass es die für uns gewohnte Kausalität, die Ursächlichkeit, hinter sich lässt. Hier denkt man nämlich zugleich in Entsprechungen und Analogien und überschreitet somit Zeit und Raum. Mit anderen Worten: Ereignisse können *zeitgleich* in unmittelbarem Zusammenhang stehen, *ohne* einander zu verursachen. C.G. Jung beschrieb diesen Sachverhalt in seinen Aufsätzen als "Synchronizität". Eine Trennung von Lebewesen und Objekten im herkömmlichen Sinne existiert auf dieser Ebene nicht mehr. So entspricht beispielsweise jeder Farbe im Spektrum, ein ganz bestimmter Ton. Die uns bekannte lineare (kausale) Verbindung ist hier nicht zu erkennen, und dennoch stehen beide (Klang und Farbe) in unmittelbarer Resonanz zueinander.

Auch der sprichwörtliche "Zufall" hat in der spirituellen Weltsicht ausgedient. Das heißt, wenn man eine bestimmte Erfahrung durchlebt, dann hat man auch die nötige Affinität (Anziehung, Resonanz) dazu. Man könnte auch sagen, man war aus bestimmten (eigenverantwortlichen) Gründen *reif* für dieses Ereignis, denn anderenfalls hätte es unmöglich in den eigenen Erfahrungsbereich treten können. Aus Gesagtem ergibt sich eine weitere Besonderheit der spirituellen Weltsicht: Der Zeitbegriff verfügt hier nicht nur über eine *Quantität*, sondern ebenso über eine *Qualität*. So wird auch Krankheit nicht, wie gewohnt, als feindliches Übel betrachtet, sondern vielmehr als hilfreiches Instrument, als sinnvolles Korrektiv, das uns lediglich anzeigt, dass wir uns in die falsche Richtung bewegen. Die Umwelt fungiert hier als Spiegelbild innerer Prozesse, eine Schuldprojektion auf Hinz und Kunz (Außenwelt) entfällt. Wo auf innerster Ebene alles eine untrennbare Einheit bildet, steht auch alles mit allem in stetiger Wechselwirkung zueinander. Aus dieser Sicht erlebst du immer das, was du bist und nichts geschieht von ungefähr – ganz im Sinne des hier beschriebenen Resonanzprinzips. *(Neuzeitliche Autoren wie Thorwald Dethlefsen und Rüdiger Dahlke haben dies ausführlichst in ihren Büchern dargestellt, so dass hier nicht weiter darauf eingegangen werden soll).*

So ist es wiederum eine Ironie des Schicksals, dass gerade die moderne Naturwissenschaft, und mit dieser, ihre wohl nüchternste Vertreterin, die Physik, (siehe F. Capra, H. Stapp, G. Chew, D. Bohm etc.) zu ähnlichen Erkenntnissen gelangt. Ein Wissen, welches die mystischen Traditionen seit Jahrtausenden den Menschen versuchen zu vermitteln. Auch wenn die konservative Schule, welche bis heute unser Weltbild diktiert, nach wie vor alles ignoriert, belächelt und bekämpft, was ihren einfachen theoretischen Rahmen zu sprengen droht, lässt sich dennoch ein erfreulicher Wandel auf diesem Gebiet beobachten. Unterstützt wird dieser nicht zuletzt von namhaften Wissenschaftlern aller Fakultäten, die den Blick über den Tellerrand wagen und ein grundsätzliches Um- und Weiterdenken einfordern.

Nun hat das esoterische Weltbild die alleinige Wahrheit keineswegs für sich gepachtet. Vielmehr ist es als gleichberechtigter, komplementärer Partner zur rational-mechanistischen Beschreibung zu verstehen. Nur in der fruchtbaren Verbindung beider Modelle, die für sich gesehen auch gleichermaßen richtig sind, können wir zu einem erweiterten Verständnis des Lebens und somit unserer Existenz gelangen. Jede Einseitigkeit in der Betrachtung, ob esoterisch oder funktional, verfängt sich in einem Pol, was immer in eine fatale Dysbalance (Halbwissen) mündet. Die Lösung liegt – wie immer! – in der goldenen Mitte, zwischen den Extremen, dort, wo jede Sicht ihren Wert und auch ihre Berechtigung hat. Dies wäre gleichsam das Ende aller stumpfsinnigen Debatten, bei denen es mehr um Rechthaberei, auf Teufel komm raus, als um aufrichtige Wahrheitsfindung geht.

So war der spirituelle (innere) Pfad, die wahre Esoterik, auch nie der Weg der breiten Masse. Im Gegenteil erfordert es viel Selbstdisziplin und konsequente Arbeit am Ego. Viele verwechseln das Ganze mit "Disneyland", wo man nur "richtig" wünschen muss und die Goldtaler fliegen einem in die Rocktasche. Bücher und Seminare gibt es zuhauf, die genau diesen Eindruck vermitteln. Der spirituelle Weg hat in allererster Linie etwas mit Veredelung zu tun. Nicht etwa der Motorhaube des Ferraris, sondern vielmehr des Charakters. Wer das nicht rechtzeitig versteht, der holt sich auf lange Sicht unnötige Probleme ins Haus. Das geistige Gesetz von Ursache und Wirkung lässt sich nicht korrumpieren und gilt für alle gleichermaßen.

Abschließend betrachtet, kann die Esoterik ebenso wenig dafür, wie die wahre, unverfälschte Religion (was nur eine andere Bezeichnung dafür ist), wenn verquere Geister ihren informativen und spirituellen Wahrheitskern, aus welchen Gründen auch immer, verfälschen, entstellen und pervertieren, oder aus Unwissenheit und/oder Ignoranz ins Lächerliche ziehen. Und im Grunde kann sie auch keinen wirklichen Schaden nehmen, da die in ihr beschriebenen Gesetzmäßigkeiten glücklicherweise auch dann greifen, wenn wir sie nicht wahrhaben wollen.

Auf Newtons Spuren

Um ein begrenztes Weltbild loszulassen, muss man es zunächst einmal verstehen. Lass uns dazu in eine virtuelle Zeitmaschine begeben und einen spannenden Ausflug in die Vergangenheit machen:

Wir reisen zurück bis ins abendländische Mittelalter, einer Zeit der aufstrebenden **Dominanz der katholischen Kirche,** die in einer über tausend Jahre andauernden Beschneidung der geistigen Freiheit des Menschen gipfelt. Als Druckmittel fungiert die Angst vor dem göttlichen Strafgericht und nicht zuletzt die **Inquisition. Thomas von Aquin,** der "Fürst der Scholastik" zimmert aus katholischer Dogmatik und den Überlieferungen von Aristoteles eine Lehre, die für alle gleichermaßen gelten soll. Am Ende seines Lebens hat er eine Vision, die ihn in tiefe Zweifel stürzt: *"Mir sind derartige Dinge offenbart worden,"* resümiert er, *"dass alles, was ich geschrieben habe, mir nun wie Stroh erscheint."*

Auf diesem Stroh, dem Nährboden geistiger Unterdrückung, wächst schließlich der Wunsch nach einem erweiterten Verständnis des Lebens, welches in **Aufklärung und Renaissance** seinen ersten Ausdruck findet. Mitte des 16. Jahrhunderts behauptet **Nikolaus Kopernikus** etwas für diese Zeit Unfassbares: Die Erde, so verkündet er, sei nicht etwa der Mittelpunkt des Universums, sondern kreise ihrerseits, völlig bedeutungslos, um eine viel größere Sonne. Damit begründet er das **heliozentrische Weltbild,** mit dessen Veröffentlichung er aus Furcht vor den Folterknechten des Klerus bis kurz vor seinem Tode wartet. Nur wenig später wird er durch **Galileo Galilei** bestätigt. Der Astronom und Mathematiker ist es auch, der die **rationale Analyse als einziges Mittel zur Wahrheitsfindung** preist.

Erwähnenswert auch **Sir Francis Bacon,** Generalstaatsanwalt am Hofe des Königs und fanatischer Hexenverfolger seines Zeichens: *"Man muss die Natur auf die Folter spannen, bis sie ihre Geheimnisse preis gibt, sie zur gefügigen Sklavin machen"*, poltert er. Seinem "Vorbild" sind wir dann auch bereitwillig gefolgt, und vergewaltigen die Natur bis zum heutigen Tage. Im Dunstkreis Bacons entsteht eine **ethikfreie Wissenschaft,** die nicht etwa zum Ziel hat, sich als Teil des Ganzen in die Natur einzufügen, im Einklang mit ihr zu leben, sondern sie brutal zu unterjochen, so als gäbe es kein Morgen. Der Irrsinn dieser Handlungsweise zeigt sich heute in vielen Lebensbereichen.

Als eigentlicher Begründer des Rationalismus gilt der französische Philosoph, Mathematiker und Naturwissenschaftler **Rene Descartes**. Ein Schlüsselerlebnis wird ihm zuteil, als er durch die Schlossgärten von Versailles flaniert. Dort ist er fasziniert von all den Automaten, welche die Springbrunnen aktivieren, das Wasser durch die Gärten leiten und auch die Musik steuern. Schon kommt ihm die fixe Idee, das gesamte Universum, alles im Leben, müsse doch nach diesen mechanistischen Prinzipien funktionieren. So kommt es, wie es kommen muss: **Geist und Materie, ursprünglich eine Einheit bildend, werden von nun an als getrennt betrachtet** (Cartesianisicher Dualismus). Der Wissenschaftler geriert zum unbeteiligten Beobachter einer von ihm gleichermaßen getrennten Natur. Zweifelsfreie Erkenntnisse ergeben sich einzig aus Experiment und Analyse. Dessen unbenommen glaubt Descartes an die Seele und einen Gott als den Urgrund aller Dinge.

Mit **Isaac Newton** kommt es zur endgültigen Etablierung der mechanistischen Weltsicht und mit ihr zur strikten **Trennung von Religion und Naturwissenschaft.** Wusste man in der Antike noch um die tieferen Zusammenhänge des Seins, so wird mit Newton das Universum auf eine rein funktionale Maschinerie degradiert. Das physikalische "Ursache-Wirkungs-Schema" wird zum Maß aller Dinge, der Lauf der Welt prinzipiell vorhersagbar:

Stößt man beispielsweise eine Billardkugel an, so durchquert sie in einer bestimmten Zeit einen bestimmten Raum. Sind also die Anfangsbedingungen eines Experimentes (hier der Anstoß einer Kugel) bekannt, so lässt sich exakt vorausberechnen bzw. vorhersagen, wo sich die Kugel wann befinden wird. Gemäß dieser Theorie setzt sich eine Ursache in einer unendlichen Anzahl von Wirkungen fort, da jede Wirkung auch wieder als neue Ursache betrachtet werden kann. Zum besseren Verständnis denke einfach an unendlich viele aufgestellte Dominosteine, die nahe beieinander stehen. Wirfst du einen um, findet eine im Grunde endlose Kettenreaktion statt. So stellt sich ein Großteil der Wissenschaftler auch die Grundlage unserer Existenz vor, und sie haben vermutlich recht, solange es sich um die Gesetze der physikalischen Materie handelt. Dass diese jedoch nur einen Teil der gesamten Wirklichkeit bilden, werden wir im weiteren noch erörtern.

War nun der Mensch einst noch eingebettet in die Harmonie der Schöpfung, so sieht er sich plötzlich auf ein Häufchen vergänglicher Materie reduziert, dessen Existenz ebenso zufällig und im Grunde sinnlos ist, wie das Weltall selbst. Mit einem Mal ist er entwurzelt, ohne Halt, ohne Richtung, völlig allein in einer kalten, gottlosen Maschinerie, auf die er keinen Zugriff hat. So sehen es zumindest Newtons übereifrige Nachfolger. Dieser selbst gelangt nämlich zu ganz anderen Schlussfolgerungen: *"Die wunderbare Einrichtung und Harmonie des Weltalls",* sinniert er, *"kann nur nach dem Plane eines allwissenden und allmächtigen Wesen zustande gekommen sein. Das ist und bleibt meine letzte und höchste Erkenntnis."*

Etwa 200 Jahre später begründet **Albert Einstein** seine berühmte *Relativitätstheorie,* sowie das Prinzip der "Lokalität". Was ist damit gemeint? Als das schnellstmögliche physikalische Übertragungssignal gilt Licht, dessen Geschwindigkeit in etwa 300.000 km pro Sekunde beträgt. Nach Auffassung der traditionellen Physik *muss* also zwischen Ursache und

Wirkung eine, wenn auch noch so geringe Zeitspanne liegen. Die Relativitätstheorie erschüttert das bisherige Wissenschaftsverständnis bezüglich Geschwindigkeit, Masse, Zeit und Raum. Waren Letztere für Newton noch etwas Absolutes, Fixes, Unveränderliches, so zeigt Einstein, dass sie keine festen Größen sind, sondern direkt voneinander abhängen.

Mit anderen Worten: Je schneller ein Objekt, desto größer wird seine Masse und desto langsamer vergeht für dieses Objekt die Zeit im Verhältnis zu ruhenden Objekten. Könnte man beispielsweise ein Raumschiff auf Lichtgeschwindigkeit beschleunigen, (dies ist schon aus energietechnischen Gründen nicht möglich) würde seine Masse ins Unendliche wachsen und die Zeit für die Insassen quasi still stehen. Sie würden nicht mehr altern! Allein diese Tatsache sollte uns die Unzulänglichkeit all unserer halbseidenen Konzepte und Theorien über Natur und Universum vor Augen führen.

In den 70ern des vergangenen Jahrhunderts zeigen quantenphysikalische Experimente am *Doppelspalt,* dass die subatomaren "Kleinstteilchen" (Quanten) aus denen sich alle sichtbare Materie zusammensetzt, eine Art "geistige" immaterielle Grundnatur besitzen. Und dass ein solcherart "geistiges Partikel" sich erst dann als lokalisierbares Teilchen manifestiert, wenn es gemessen bzw. beobachtet wird. Vorher breitet sich seine "Wahrscheinlichkeitswelle" in alle Richtungen im Raum aus und kein bekanntes Gesetz kann vorhersagen, was mit ihm geschehen wird. (Siehe auch das Kapitel "Physik jenseits von Raum und Zeit").

Nur wenige Jahre später sorgt die "Aspect-Gruppe" unter Leitung von **Alain Aspect** mit ihrem berühmten **Photonenexperiment** für großes Aufsehen. Aspect konnte nämlich belegen, dass in gegensätzliche Richtung abgeschossene Zwillingsphotonen (Lichtteilchen) für immer unmittelbar miteinander in Verbindung stehen (Verschränkung), ungeachtet der Entfernung voneinander! Ein lokaler Impuls, ein physikalisches Signal, das sich zwischen beiden abspielen hätte können, konnte durch eine aufwändige Versuchsanordnung und nicht zuletzt durch das Bell'sche Theorem ausgeschlossen werden. Dies ist nicht weniger als eine revolutionäre Erkenntnis, und es muss zumindest die Frage erlaubt sein, ob nicht doch eine **raumzeitlose Dimension** (Einheit) existiert, in der alles unmittelbar miteinander verbunden ist. In den spirituellen Lehren ist sie fest verankert.

Ungeachtet solcher und ähnlicher Erkenntnisse, die eine dringende Erweiterung unseres theoretischen Horizontes fordern, bestimmt das rein mechanistische Weltbild Newtons nach wie vor das wissenschaftliche Denken. Der blinde Glaube an die Unfehlbarkeit der Kirche wurde hier einfach durch einen nicht minder unkritischen Glauben an die absolute Autorität der konservativen Naturwissenschaft und ihre Methodik ersetzt.

<u>Zusammenfassend lässt sich folgendes feststellen:</u>

1. Nach konservativer Auffassung besteht alles in der Welt, Geist und Bewusstsein inbegriffen, aus physikalischer Materie (Materialistischer Monismus).

2. Da man bis heute nicht versteht, wie sich Bewusstsein aus Materie ableiten lässt, sieht man im menschlichen Geist ein bloßes "Anhängsel" des materiellen Gehirns (Epiphänomenalismus).

3. Alle Dinge, Subjekt und Objekt, Mensch und Natur, existieren gemäß dieser Auffassung getrennt und völlig unabhängig voneinander (starke Objektivität).

4. Alles was existiert, unterliegt dem physikalischen Ursache-Wirkungs-Prinzip (Kausalität).

5. Zwischen Ursache und Wirkung muss immer ein bestimmter Zeitraum liegen (Lokalität).

So sehen es die meisten orthodoxen Wissenschaftler bis heute.

"Die Hypothesen des mechanistischen Weltbildes über die Natur des Seins sind jedoch experimentell nie bewiesen worden! Im Gegenteil werden Erkenntnisse, die in eine andere Richtung weisen weitestgehend ignoriert." (Prof. Amit Goswami, Quantenphysiker; Quelle: "Das Bewusste Universum")

Eine weitere Schwäche der orthodoxen Weltsicht besteht, laut Goswami, im völligen Ausschluss subjektiver (kognitiver) Phänomene. Seiner Meinung nach gehen alle Phänomene aus eine transzendenten Ideenwelt hervor (vgl. Platons Höhlengleichnis). Alles ist Bewusstsein und entspringt demselben bzw. hinter aller Verschiedenheit steht nur ein einziges Bewusstsein.

Fazit: Das reduktionistisch-mechanistische Weltbild der letzten 300 Jahre ist ein Auslaufmodell. *"Die Wissenschaft schreitet durch Begräbnisse voran"*, sagte diesbezüglich Max Planck mit Rückblick auf unsere Entwicklung, und für ein solches Begräbnis scheint die Zeit wieder reif zu sein. Nicht im Sinne eines Verwerfens der bisherigen Erkenntnisse (der Apfel wird auch morgen, den Newton'schen Fallgesetzen gehorchend, zu Boden fallen), sondern durch die längst überfällige Erweiterung einer begrenzten Lebenstheorie, welche Spiritualität, Geist, Bewusstsein und Transzendenz wieder mit ins Boot holt.

Darwins Vermächtnis

Wenn man sich mit den Unzulänglichkeiten und Erklärungsnotständen unseres aktuellen Weltbildes auseinandersetzt, wird man zwangsläufig auch auf die Lehre des "Darwinismus" stoßen.

Der britische Naturforscher **Charles Darwin** lebte und wirkte Mitte des 19. Jahrhunderts. In der Tat hat er durch seine zahlreichen Reisen und Studien viel zum Verständnis des Lebens beigetragen. Fasziniert verfolgte er das "Fressen und Gefressen werden" in der Natur und kam zu dem Schluss, dass nur die "Stärksten", "Angepassten" eine Überlebenschance haben, wobei alles "Schwache" und "Minderwertige" in einem natürlichen Ausleseprozess eliminiert, vernichtet wird. Die Weiterentwicklung einer Spezies, so Darwin, basiere auf zufälligen Einzelmutationen. So fokussierte er auch in erster Linie die Konfrontation, den "Krieg" innerhalb der Natur, nicht jedoch, das wesentlich ausgeprägtere System der Kooperation und Symbiose zwischen den Lebewesen.

Was in der darwinistischen Lehre gerne übergangen wird, ist, dass in nahezu allen Lebensbereichen die giftigen, gepanzerten, die aggressiven und kriegerischen Arten deutlich in der Minderzahl sind. Erschaudernd und fasziniert zugleich, blicken wir auf den Leoparden, der seine scharfen Klauen ins Fleisch der Gazelle gräbt, auf das hilflose Insekt im Netz der unbarmherzigen Spinne, aber kaum auf die Vielzahl weniger spektakulärer, jedoch wundersamer Kooperationsvorgänge zwischen Pflanzen und Lebewesen, bis hin zu den Bakterien, welche das Leben erst ermöglichen. So gibt es im Tierreich zahlreiche Gattungen, wo Eltern für die Jungen ihr Leben riskieren. Gemäß der Lehre Darwins müssten diese schon bald gegen "egoistischere" ausgemerzt werden, was sich so aber nicht beobachten lässt. Ein weiteres Beispiel findet sich in der gegenseitigen Hilfe mancher Tierarten, wenn eines in die Falle gegangen ist.

Man findet immer das, wonach man sucht bzw. was man finden will. Die Wahrnehmung wird zunehmend selektiv, alles andere wird ausgeblendet. Das Bewusstsein filtert genau die Realität aus dem Meer zahlloser Möglichkeiten, auf die es seine Aufmerksamkeit richtet. (Eine Erkenntnis, von der auch die Teilchenphysik nicht unberührt blieb). So muss Darwin seinerzeit wohl auch der grenzenlose Überfluss, die "sinnlose Pracht" und Ausschmückung der Natur entgangen sein, die sich mit seinen Theorien eben nur schwerlich in Einklang bringen lässt. Eine weitere Schwäche des darwinistischen Modells findet sich in der Behauptung, dass eine einzelne Mutation, sprich Veränderung, sich in der Natur nur dann durchsetzen kann, wenn sie dem Träger einen Vorteil, eine bessere Überlebenschance bietet. Gegen diese Theorie sprechen wiederum zahlreiche Beobachtungen. So bringen beispielsweise die vielen Mutationen um das hochkomplexe Wunderwerk "Auge" entstehen zu lassen, für sich allein gesehen, überhaupt keinen Überlebensvorteil, solange das komplette Auge nicht fertig ist!

Diesbezüglich aufschlussreich ist auch der Bericht des Forschers Robert Ardrey, den er während eines Keniaaufenthalts verfasste:

Dort beschreibt er eine wunderschöne Blume – offenbar eine Hyazinthenart, bestehend aus verschiedensten Farbnuancen von Korallenrot bis Grün – die er auf einem seiner Streifzüge entdeckt hatte. Außen, so berichtet er, hatte sie grüne Knospen, und dahinter, bereits aufgesprungene Blüten, mit einem korallenfarbenen Rand. Als schließlich ein Begleiter Ardreys an die Pflanze herantrat und an ihr rüttelte, passierte etwas Seltsames: Die Blüten erhoben sich in Sekundenschnelle von den Stängeln und entpuppten sich als flatternder bunter Insektenschwarm!

Vor den Augen der staunenden Männer flog dieser eine kleine Runde, bevor er sich wieder, als ungeordnet krabbelnder Haufen, um die Stängel herum, platzierte. Was dann geschah, war nicht weniger beeindruckend: Die Tierchen krabbelten eine Weile, scheinbar chaotisch, unter- und übereinander, begannen sich dann aber systematisch zu formieren, bis sie erneut, in völliger Starre, die *Illusion* einer farbenfrohen Blume darstellten. Dabei waren die farbigen Flügel mehr oder weniger zusammengefaltet, abhängig davon, ob sie die grünen Knospen, oder die entwickelten Blüten darstellen sollten.

Das zudem Merkwürdige daran ist, dass eine Blume dieser Art, dieses Aussehens, in der Natur überhaupt nicht vorkommt. Was die Insekten in ihrer Gesamtheit darstellen, und was ihre gefiederten Feinde erkennen, ist die **Idee einer Blume**, die eigentlich gar nicht existiert! Und ein weiteres Rätsel: Jedes Insekt "weiß" offenbar, seiner individuellen Farbe entsprechend, welchen Platz es in der "Blume" einzunehmen hat, um damit ein Überleben des Schwarms vor den insektenfressenden Vögeln zu sichern.

Hier stellt sich unweigerlich die Frage:

Wo bleibt hier noch Raum für die Lehre des Darwinismus, von der zufälligen Veränderung eines Individuums im Hinblick auf den Überlebenskampf?

In beschriebenem Beispiel müssen Tausende von Insekten perfekt zusammenspielen, um schließlich eine Blume zu simulieren. Die Theorie der zufälligen Mutation von Einzellebewesen macht hier ebenso wenig Sinn, wie das Prinzip der Selektion, wonach nur das stärkere, angepasstere Individuum überlebt. **Hier offenbart sich vielmehr eine intelligente Kooperation zwischen einfachsten Lebewesen.** Was für Skeptiker ebenfalls von Interesse sein dürfte: Keine mechanistische Theorie, wie die Ausscheidung chemischer Duftstoffe etc. kann das ausgeklügelte System dieser "Insektenblume" auch nur im Ansatz erklären.

Die darwinistische Entwicklungstheorie, in der sich Mutationen, sprich, äußerliche Veränderungen **einzelner Lebewesen**, rein zufällig ergeben und ausschließlich dem Überleben des Individuums dienen, läuft spätestens hier auf Grund. Der Insektenschwarm ist in der Tat nur dann überlebensfähig, wenn ein kooperatives Miteinander herrscht, gesteuert durch ein **"intelligentes Ganzheitsprinzip"**, das alle Individuen und Gegebenheiten explizit aufeinander abstimmt und koordiniert.

Ähnliches gilt für die sogenannte **"Bienenorchidee"**, einem fleischfressenden Gewächs. Diese ähnelt in Form und Farbe einem ganz bestimmten Insekt und ist zudem in der Lage, Geruchsstoffe abzusondern, die das männliche Insekt anlockt und zur Paarung stimuliert. Dabei kommt es zu einer bemerkenswerten zeitlichen Übereinstimmung zwischen Pflanze und Tier:

Zum einen treibt die Orchidee genau zur Brutzeit des Insekts, zum anderen besteht die Brut innerhalb der ersten vierzehn Tage eigenartigerweise nur aus Männchen, so dass diese keine anderen Partner finden, als genau diese "Insektenblumen", welche wiederum genau jenen Geruch absondern, auf welchen die Männchen ansprechen. Das für die Forscher wohl Merkwürdigste daran ist, dass diese perfekte Abstimmung, die nach der mechanistischen Entwicklungstheorie auf eine Reihe "zufälliger Erbfehler" in der Entwicklung beider Arten zurückzuführen sein müsste, in verschiedenen Erdteilen auf unterschiedliche Weise geschah. Dort nämlich, wo die Insekten von einer anderen Art waren, als die hier beschriebenen, hatten sich auch die Insektenorchideen anders entwickelt und zwar zu einer unverwechselbaren Ähnlichkeit mit eben dieser Insektengattung. Farben, Formen und Duftstoffe der Pflanzen waren auch hier exakt auf die jeweilige Insektenart abgestimmt ...

Auch hier kommen wir ohne ein übergeordnetes "Regulationsprinzip", ohne die Annahme einer alles koordinierenden Intelligenz nicht aus, will man diese Absonderlichkeiten auch nur ansatzweise erklären. Überflüssig zu erwähnen, dass sich auch hier ein materiell-mechanistischer Zusammenhang selbst bei größter Mühe nicht aufspüren ließ.

Wie also könnte sich wohl die Entwicklung einer gewöhnlichen Orchidee zu einer "Insektenorchidee" zugetragen haben?

Nach Auffassung des Neodarwinismus muss das Ganze, wie gesagt, mit einer einzelnen, zufälligen Mutation begonnen haben, die wiederum, ganz zufällig, in die richtige Richtung wies. Vielleicht eine Veränderung der Farbe, der äußeren Form, der chemischen Zusammensetzung des Geruchsstoffes, der Blüte, oder was auch immer. Und es müsste, gemäß der traditionellen Anschauung, ein Überlebensvorteil dadurch gewährleistet sein.

Genau an diesem Punkt wird es haarsträubend:

Denn es ist überhaupt nicht vorstellbar, ja geradezu absurd, dass eine einzelne Veränderung, die, für sich allein gesehen, eben nicht den geringsten Überlebensvorteil bringt, sich durchsetzen soll, bis zur nächsten zufälligen Mutation, die ebenfalls zufällig in Richtung Insektenorchidee weist, und so weiter und so fort ... Zumal auch noch "irgendetwas" dafür zu sorgen scheint, dass zur Blütezeit der Insektenorchideen eben **nur** die männlichen Tiere ausschlüpfen.

Ein derart komplexes Wechselspiel zwischen der eigenständigen Entwicklung zweier unterschiedlicher Arten ist nach den gängigen Theorien schlicht undenkbar.

Hält man sich dann noch vor Augen, welcher Vielzahl "zufälliger" Einzelmutationen es bedarf, bis eine komplette Orchidee entsteht, die praktisch als falsches Paarungsobjekt für Insekten dienen kann, dann wächst der dafür benötigte Zeitraum so gewaltig, dass die Überlebenschance der Zwischenstufen faktisch auf Null sinkt! Auch muss hier die Frage erlaubt sein, woher nun Liebe, Pflichtbewusstsein und Mitgefühl entspringen? Wenn der Mensch allein das Ergebnis der Evolution, im Sinne des "survival of the fitest" wäre, warum helfen und setzen wir uns füreinander ein? Woher stammt unser innerer Sinn für Gerechtigkeit? Die Evolutionstheorie liefert hier keine Erklärungen.

Darwin war ein großer Geist seiner Zeit, und es sollte erwähnt werden, dass er selbst nie engstirniger "Darwinist" war. Niemals verstieg er sich zu der Behauptung, dass sich durch seine einfachen Hypothesen das Wunder des Lebens vollständig erklären ließe. Vielmehr war er grundsätzlich dafür offen, dass sich auch andere Ursachen und Gesetzmäßigkeiten hinter der Vielfalt der Erscheinungsformen und ihrer Entwicklung verbargen. Letztlich sah auch er – wie fast alle herausragenden Wissenschaftler – in einer alles durchdringenden, sich jeglicher Klassifizierung entziehenden, schöpferischen Intelligenz (Gott?), den Urgrund allen Seins. So waren es, wie so oft in der Geschichte, auch hier die übereifrigen Anhänger und Nachfolger, welche dem Begründer einer Theorie einen Schuh überzogen, den er selbst nie trug.

Bedauerlicherweise hat gerade der Neo-Darwinismus mit seinen unerbittlichen Ansichten durchaus seinen Teil zur Oberflächlichkeit und Verrohung unserer Gesellschaft beigetragen. Nächstenliebe, das intelligente Zusammenspiel der Teile, sowie Sinn und Plan, finden in ihm keinerlei Beachtung, sind aus seinem Blickwinkel nicht mehr als sentimentales Wunschdenken und Gefasel "religiöser Hinterweltler". In seinen Statuten regieren Willkür, Egotrip, Konkurrenzdenken, Kampf, sowie das Recht des Stärkeren. Dieser weltanschauliche Grauschleier zieht sich seit vielen Generationen durch alle Ebenen unserer säkularen Gesellschaft, angefangen bei den Schulen, in denen der Boden bereitet wird, weiter durch die Strukturen des Familien- und Berufslebens, bis hin zum machtpolitischen Gebaren ganzer Nationen. So wurde und wird das Prinzip der natürlichen Auslese, das die Minderwertigkeit bestimmter Rassen propagiert, von den Nationalsozialisten und zahlreichen anderen Ideologen missbraucht, um ihr menschenverachtendes Handeln zu rechtfertigen.

Blicken wir auf den Zustand dieser Welt, so bleibt uns die ernüchternde Erkenntnis, dass uns die blutleere, radikale Sicht der Darwinismus weder der Erfüllung, einem tieferen Lebenssinn, einem konstruktiven Miteinander noch dem ersehnten Frieden hat näher bringen können. Wie es nicht funktioniert, wissen wir jetzt, und der Zustand unseres Planeten dient hier als historisches Zeugnis. Warum sich also nicht öffnen für einen Fortschritt, nicht nur in technologischer Hinsicht, sondern auch im weltanschaulichen Denken? Eine spirituelle Evolution, welche die verknöcherten, zerstörerischen Strukturen aufbricht und endlich hinter sich lässt? Der richtige Zeitpunkt dafür ist immer ... Jetzt!

Die Mär vom Zufall

Gibt es ihn wirklich, den sprichwörtlichen Zufall, der aus Chaos und Willkür hervorgeht? Im spirituellen Weltbild ist er fehl am Platz bzw. wird er anders gedeutet: Zufall ist hier das, was einem **gesetzmäßig zu-fällt**. In Anbetracht dessen, dass wir bis heute eben nur einen Bruchteil der Gesetze kennen, die unser Leben bestimmen, sollten wir auch diese Ansicht nicht voreilig in den "Reißwolf" geben.

Welche Tatsachen sprechen nun gegen den "Zufall" im herkömmlichen Sinne?

Die notwendigen chemischen Reaktionen, um Leben überhaupt erst zu ermöglichen, hängen von etwa **zehntausend verschiedenen Enzymen** ab. Jedes von ihnen besteht aus Ketten von nahezu **hundert verschiedenartigen Aminosäuren** in einer exakt vorgegebenen Reihenfolge. Nun nehmen wir absurder Weise ruhig mal an, die ersten zwei oder drei Enzyme wären in der Ursuppe, von der Größe eines Ozeans, rein zufällig entstanden ... Dann ist die Wahrscheinlichkeit, dass die weiteren notwendigen zehntausend Ketten durch wiederum zufällige Zusammentreffen entstehen, so groß, wie eins zu einer Zahl, deren Nullen an die vierzig Buchseiten füllen würde!

Nun ließe sich eventuell noch einwenden, dass ja der Faktor "Zeit" womöglich dieses Problem zu lösen vermag. Dagegen spricht jedoch, dass es Leben "erst" seit ca. 3,5 Milliarden Jahren auf dem Planeten Erde gibt. Dieser Zeitraum wäre faktisch viel zu gering, um das komplizierte System auch nur des primitivsten Lebewesens aus zufälligen Ereignissen heraus zu bewerkstelligen. Gleichermaßen könnte man behaupten, ein Affe müsse theoretisch nur lange genug auf einem Klavier herum hüpfen, bis sich irgendwann ganz zufällig, sämtliche Werke Beethovens daraus ergeben. Oder, mit anderen Worten: Man kann ein Puzzle mit zehntausend Teilen in eine Kiste packen und bis in alle Ewigkeit schütteln, es wird sich – ohne die Einwirkung einer intelligenten, formierenden Kraft – niemals zum kompletten Bild zusammenfügen.

Der britische Astronom und Mathematiker Sir Frederick Hoyle, unterstreicht die Unwahrscheinlichkeit, eines aus dem Zufall heraus entstandenen Lebens mit einem weiteren Beispiel:

"Wenn man annähme, auf einem Schrottplatz lägen alle Einzelteile für eine Boing 747 und es fegte ein Tornado darüber, dann würde mit derselben Wahrscheinlichkeit hinterher ein Flugzeug dastehen, das funktionstüchtig ist. Das Ereignis ist so zu vernachlässigen, dass sich auch nichts daran ändert, wenn das ganze Universum voller Schrottplätze wäre!"

Vergleichen wir das Universum mal mit einem Computer bzw. Rechner:

Lässt man in einem solchen den blinden Zufall walten, indem man willkürlich und planlos Widerstände, Transistoren etc. einlötet, dann wird das System schnell funktionsuntüchtig werden. Ebenso verhält es sich in einem Kosmos, der nach einer Reihe zufälliger Ereignisse in sich zusammenbrechen würde.

Die traditionelle Vorstellung, als sei das Universum nicht mehr als eine Art "gigantischer Knallfrosch", der mal so nebenbei hochging, ist aus einer erweiterten Sicht nicht zu halten. Nicht zuletzt bedeutet das Wort "Kosmos", abgeleitet aus dem Griechischen, "Ordnung". Der willkürliche, sinnlose Zufall, so wie der Volksmund ihn versteht, macht dort wenig Sinn.

Das Fallen eines Würfels ist in unseren Augen wohl der eindeutigste Repräsentant eines zufälligen Geschehens. Würfelt man jedoch tausend Male hintereinander, wobei jeder Einzelwurf einem "Zufallsereignis" entspricht, ergibt sich interessanterweise eine mathematisch definierte Kurve.

Wirft man hundert Stahlkugeln gleichzeitig von einem Turm, so wird man sie, unten angekommen, nicht im wirren Chaos durcheinander, sondern der statistischen Normalverteilung entsprechend vorfinden. Hinter allem vermeintlichen Chaos befindet sich offenbar eine gesetzmäßige Ordnung, ein regulierendes, umfassendes "Ganzheitsprinzip", das unsere physikalische Welt strukturiert und koordiniert. Der weltbekannte Physiker David Bohm spricht von "impliziter (eingefalteter) Ordnung".

Von besonderer Bedeutung für unsere Weltanschauung ist, dass dieses "alles koordinierende, intelligente Feld" **nicht** in unserer gewohnten Raumzeit platziert werden kann und somit auch nicht ihren mechanistisch-physikalischen Gesetzen unterliegt.

So gesehen sind auch Ereignisse niemals "zufälliger" Natur, sondern die Auswirkung bestimmter (ursächlicher) Faktoren aufgrund geistiger Gesetzmäßigkeiten.

Wenn es einen Zufall im sprichwörtlichen Sinne gäbe, dann müsste er für alles gleichermaßen gelten. Inkonsequent wäre es, diesen Begriff nur da anzuwenden, wo er einem gefällt und dort auszuklammern, wo man ihn nicht haben will. Eine Gesetzmäßigkeit ist entweder allgemeingültig, auf alle Lebensbereiche anwendbar, oder überhaupt nicht. Mit dem schwinden des Zufalls, schwindet zwingend auch alle augenscheinliche Ungerechtigkeit auf dieser Welt. Es ist die Froschperspektive des Verstandes, dem erweiterte Zusammenhänge von Natur aus verschlossen bleiben. Er weiß zwar, dass etwas geschieht, aber nur selten warum. Blicken wir irgendwann neutral auf unser eigenes Leben zurück, dann fällt uns auf, dass alle scheinbaren Zufälle und Ungerechtigkeiten*, mit denen

---

* Ich weiß, dass ich mich hier auf "dünnes Eis" begebe, aber im Laufe des theoretischen Teils sollte klar werden, dass wahre Freiheit nur zu erreichen, ist, wenn wir uns vom üblichen "Oper-Täter-Schema" und von der allgegenwärtigen "Schuld-Projektion" verabschieden. In einer erweiterten Perspektive, im Rahmen des Gesetzes von Ursache und Wirkung, geschieht nichts ohne Sinn und Hintergrund.

wir haderten, unserer Gesamtentwicklung durchaus dienlich waren. Alles kam zum richtigen Zeitpunkt, ... Phasen des Aufschwungs und des Glücks, ... aber auch der kräftige Tritt in den Hintern.

Wie formuliert es der Mathematiker Henri Poincaré so treffend: *"Der Zufall ist nichts anderes als das Maß unserer Unwissenheit."*

"Logischerweise gehören Maschinen (Computer) der gleichen Kategorie an wie Gehirne, jedoch nicht Geist, und Geist ist auch kein Gehirn. Die Annahme, dass Geist Gehirn sein könne oder eine Maschine, wäre eine Verwechslung der Kategorien."

(Prof. Donald MacKay, Hirnforscher und Computerspezialist)

"Ich gelangte nicht durch mein rationales Denken zur Erkenntnis der fundamentalen Gesetze des Universums."

(Albert Einstein)

Automatenmensch

Nach Auffassung konservativer Forscher gleicht die Welt einem Uhrwerk, einer geistlosen Maschine, wobei das Bewusstsein nicht mehr als ein Nebenprodukt neuronaler Prozesse im Gehirn darstellt. Nicht viel besser ist es um den Menschen an sich bestellt, der dieser Ansicht nach kaum mehr zu bieten hat, als ein leistungsstarker Rechner. Und irgendwann, so glaubt man, wird man in der Lage sein, eine Art Roboter zu konstruieren, der exakt menschengleich ist.

Zu solch rigorosen Aussagen kann man jedoch nur dann gelangen, wenn man wesentliche Sachverhalte komplett ausblendet. Der weltweit bekannte Mathematiker Roger Penrose bemerkt diesbezüglich:

"Ein algorithmisches Computerprogramm ist durch sein systematisches, streng logisches Vorgehen nicht in der Lage mathematische Theoreme und Gesetze zu erkennen. Wir müssen die Wahrheit eines mathematischen Argumentes "einsehen", um von seiner Gültigkeit überzeugt zu sein. Dieses Einsehen macht geradezu das Wesen von Bewusstsein aus."

Ein mechanisches Computerprogramm wird auch niemals spontane Kreativität im Sinne einer Neuschöpfung, eingeleitet durch Intuition bzw. "Gedankenblitze" entwickeln. Es operiert, wie auch der rationale Verstand, einzig im Bereich des ihm bereits Bekannten und Erlernten. Nie wird es den Programmierer wirklich überraschen können, indem es aus seinen vorgefertigten Mustern ausbricht. Auch wird es niemals am Meer sitzen, in Ergriffenheit und Hingabe einen malerischen Sonnenuntergang beobachten und über sich selbst und den Sinn des Lebens reflektieren. Liebe und Vergebung würden zu einem sterilen, mechanischen Akt verkommen, da sie nicht von "Herzen" aus den Tiefen der Seele entspringen. Ein Automat wird nicht die sanfte Stimme des hohen Selbst, der inneren Führung vernehmen, welche zu jedem Menschen spricht, der bereit ist nach innen zu lauschen. Ein Programm ist, ganz im Gegensatz zum menschlichen Bewusstsein, an die physikalischen Gesetze der Raumzeit und somit an die Materie gebunden.

Nahtodeserlebnisse, außerkörperliche Erfahrungen, sämtliche PSI-Phänomene (Telepathie, Hellsehen, Telekinese, Präkognition etc.), mystische Gotteserfahrungen, das Gefühl der Verbundenheit mit allem was ist, Spiritualität, Erleuchtung, kollektives Unbewusstes, Synchronizität, Einsichten und Erkenntnisse in tiefer Selbstversenkung – all diese, seit Jahrtausenden beobachtbaren menschlichen Erfahrungen und Phänomene kann das "Computerprogramm-Modell" nicht mal im Ansatz erklären. Weshalb?

Weil der Mensch, sein geheimnisvolles inneres geistiges Wesen, sein Bewusstsein, so unendlich viel mehr ist, als die Summe seiner Biochemie und Neuronen!

Gut und Böse

Einer der schwierigsten Themenbereiche innerhalb der Philosophie ist der von "Gut und Böse". Für viele Menschen ist das "Böse" etwas völlig überflüssiges, sinnloses, etwas, das keine Existenzberechtigung hat. Rein emotional betrachtet, ist diese Anschauung durchaus verständlich. Es existiert aber auch hier eine andere, etwas tiefgründigere Sicht der Dinge:

In der Polarität, d.h. in der dualen Welt der Gegensätze *muss* es zwangsläufig auch das sogenannte "Böse" geben. Denn ohne das Böse kann sich das Gute weder erkennen noch darüber definieren. Mit anderen Worten:

Du kannst nicht wirklich verstehen, was Licht ist, wenn du niemals in absoluter Finsternis warst!

Im Spannungsfeld zwischen Gut und Böse erfährt die Seele ALLES nur Erdenkliche – Höhen und Abgründe, Freud und Leid – was schließlich so sein muss. So kannst du beispielsweise unmöglich eine Charakterqualität wie etwa Mitgefühl entwickeln, keine Nächstenliebe praktizieren, wenn da niemand ist, der ihrer bedarf. Aus dieser Perspektive heraus hat alles in unserer Entwicklung seinen Sinn und seine Richtigkeit. Dies ist eine grundlegende Erkenntnis und Aussage vieler bedeutender Lehrer und Eingeweihter aller Zeitalter. In diesem Kontext ist das "Böse" lediglich ein Schatten, eine Wolke, die die ewige Sonne verdeckt, eine hartnäckige Illusion, ein Konstrukt menschlicher Wertung, und nicht zuletzt – eine Auswirkung gesetzter Ursachen. Nichtsdestotrotz bildet es in unserer gemeinsamen Entwicklung eine zwingende Notwendigkeit, wobei jede Seele ihre besondere (unbewusste) Rolle zu spielen hat.

Tatsächlich ist im Negativen der Keim des Positiven bereits enthalten, und so zerstört es sich auf Dauer immer selbst. *"Ich bin ein Teil von jener Kraft, die stets das Böse will und doch das Gute schafft,"* heißt es in Goethes Faust. Aus den schlimmsten Kriegen Europas resultierte der längste Frieden. Wenn die Nacht am finstersten ist, die Krise am schlimmsten, ist auch die Morgendämmerung, ein Neubeginn, eine Wiedergeburt auf einer höheren Ebene ganz nahe. So erscheint die Aussage Christi, dass man seine (inneren und äußeren) Feinde lieben soll in einem ganz anderen Licht. Wir erkennen, dass es von dieser höheren Warte aus, "Feinde", im wahrsten Sinne des Wortes, gar nicht mehr gibt. Dass es sie in Wahrheit niemals gab. Allenfalls fungieren sie als Erfüllungsgehilfen des Schicksals, durch die notwendige Erfahrungen erst möglich werden. Auch hier rebelliert unser Ego. Schließlich geriert es sich nur zu gerne als Opfer der Umstände, frönt der Schuldzuweisung, greint und schmollt, zürnt und hadert, wenn es nicht das bekommt, was es sein und haben will. Betrachtet man die Dinge nun mit den "Augen" seines höheren Selbst (das Böse als vorübergehende Notwendigkeit innerhalb der Polarität), so ist es, als würde ein dunkler Schleier weggezogen. Man realisiert die vollkommene Wirklichkeit hinter dem äußeren Schein (Illusion). Ein zeitweiser Zustand, der durchaus als paradiesisch zu bezeichnen ist. Hinter der grauen Fassade der Erscheinungswelt erkennt man in diesen Phasen das Göttliche in sich selbst und in allem, was ist. Mehr Glück und ein tieferer Frieden sind nicht zu erlangen. Unser Ziel ist es immer länger darin zu verweilen.

"An etwas wie eine Seelenwanderung glaube auch ich, ich halte das
eigentlich für selbstverständlich, sobald man anfängt zu denken.
Dieser Glaube hat manches Beruhigende, aber er enthält auch die
Erkenntnis, dass alles, was wir erleben, von uns selbst gewollt und
herbeigerufen ist, und dann gibt es keine Ausflüchte und keinen
Trost mehr gegen das bittere Schicksal, als sich damit einverstanden
zu erklären und "ja" dazu zu sagen, und das ist immer schwer."

(Hermann Hesse in einem Brief an Lisa Wenger)

"Nie gab es einen Glauben, der schöner, gerechter, reiner,
moralischer, fruchtbarer, tröstlicher und in gewissem Sinne
wahrscheinlicher ist, als der Wiederverkörperungsglaube."

(Maurice Maeterlink, Literaturnobelpreisträger)

"Die Lehre von der Wiederverkörperung ist weder widersinnig noch unnütz."

(Voltaire)

Die Idee der Wiedergeburt

Ich habe kurz überlegt, ob ich dieses Thema aufgreifen soll bzw. ob es überhaupt in den gesamten Kontext passt. Es ist ja überhaupt nicht im Sinne dieses Kurses, einzelne Religionen zu hofieren, sie als *die* Wahrheit zu präsentieren und andere Sichtweisen gleichermaßen auszuschließen. All dies sei den zahlreichen Sektierern und Fundamentalisten dieser Welt überlassen. Der Grund, weshalb ich mich mit dem Reinkarnationsgedanken schon sehr früh befasste, ist seine innere Stimmigkeit und auch die wenig bekannte Tatsache, dass er in nahezu allen großen Weisheitslehren verankert ist.

Wie viele Menschen stellte natürlich auch ich mir irgendwann die Frage, wie es denn sein kann, dass wir unter derart unterschiedlichen körperlichen, psychischen und sozialen Voraussetzungen diesen Planeten betreten, wo wir doch angeblich als unbeschriebene Blätter zur Welt kommen. So mancher beginnt verständlicherweise genau an diesem Punkt auch die Existenz eines höheren Wesens anzuzweifeln. Gäbe es tatsächlich einen Gott, so schlussfolgern sie, so würde er/sie/es all das schreckliche Elend, die Ungerechtigkeiten niemals zulassen. Was sollte auch ein unschuldiges Neugeborenes bzw. ein Kind mit seinem Schicksal zu tun haben? Das einzig brauchbare Erklärungsmodell, das uns hier aus der "Klemme" hilft, findet sich im Gedankengut der Reinkarnation.

Durch sie lassen sich augenscheinliche Ungerechtigkeiten erklären. Nur in der Anerkenntnis, dass wir eben *nicht* als unbefleckte Seelen geboren werden, sondern auf zahlreiche Erfahrungen in früheren Existenzen zurückblicken können, aus denen die Situation im aktuellen Leben resultiert, sind wir auch in der Lage zu verstehen, dass weder unser Geburtsort noch unsere Eltern und Lebensumstände ein Produkt der Willkür, sprich des Zufalls sind. Für alle, die dies für irrationales Wunschdenken halten, dürften u.a. die Arbeiten des amerikanischen Forschers Ian Stevenson von großem Interesse sein:

Dieser hatte über viele Jahre hinweg Fälle von Kindern verschiedenster Kulturkreise untersucht, die sich an frühere Leben erinnern und auch darüber sprechen. Deren Aussagen waren insofern überprüfbar, als man Ortsangaben, die Beschreibung der damaligen Familienverhältnisse, das Leben und wenn möglich, auch die Todesursache der "früheren Person", anhand von Urkunden und Zeugenaussagen, recherchierte. Dabei wiesen die Angaben der Kinder, im Vergleich zu den von Stevenson vorgefundenen Tatsachen, eine zum Teil derart signifikante Übereinstimmung auf, dass für ihn und seine Mitarbeiter die Reinkarnationstheorie als plausibelstes aller Erklärungsmodelle in Frage kam. Als respektierter Wissenschaftler, der einen Ruf zu verlieren hat, legte er natürlich größten Wert auf die weitestgehende Ausschaltung aller denkbaren Unsicherheitsvariablen. So wurde es in vielen Fällen möglich, paranormale Effekte und auch sonstige Faktoren vollkommen auszuschließen, auf deren Wege das Kind zu solch präzisen Informationen über das Leben einer verstorbenen Person hätte kommen können. Das Hauptkriterium seiner Untersuchungen aber waren *angeborene Missbildungen und Muttermale* besonderer Art. Dabei ließ sich feststellen, dass die Muttermale und Anomalien auf dem Körper des Kindes in teils exakter Relation zu der verstorbenen Person standen, an die sich das Kind erinnerte.

Für jeden interessierten Forscher oder Laien existiert eine mehrbändige Monographie, in der die einzelnen Fälle nach wissenschaftlichen Kriterien ausführlich dokumentiert sind. Natürlich werden darin auch mögliche Schwachstellen und Einwände seitens der Kritiker berücksichtigt, die sich jedoch im Gesamtbild durchaus entkräften lassen. Wer sich außerstande fühlt, das umfangreiche Hauptwerk zu bewältigen, dem steht im Buchhandel eine kompakte Kurzversion zur Verfügung, die das Wesentliche beinhaltet.

Sowohl im Buddhismus, Hinduismus, der jüdischen Kabbalah, sowie dem islamischen Sufismus stößt man auf die Idee der Wiederverkörperung. Man findet sie von Pythagoras bis Platon. Was aber den Wenigsten bekannt sein dürfte, ist der Umstand, dass die Reinkarnationstheorie bereits zum Gedankengut des ursprünglichen Christentums in den ersten 500 Jahren gehörte, bis bezeichnende Textstellen, mittels Konzilbeschluss (2. Konzil von Konstantinopel), zum Teil entfernt bzw. bis zur Unkenntlichkeit entstellt wurden.

So hatte man die ursprüngliche Lehre im Jahre 553 n. Chr. auf der Synode der Ostkirche als "Häresie" (Ketzerei) verworfen. Papst Vigilius boykottierte damals die vom Kaiser formulierten Beschlüsse, leistete jedoch später, unter politischem Druck, die geforderte Unterschrift.

Auch wird der aufmerksame Beobachter im Neuen Testament auf einschlägige Formulierungen stoßen, die der allgemeinen Zensur entgingen – Hinweise, die sich sinngemäß nur im Kontext zur Reinkarnation erklären lassen.

Beispiel 1:

Als Johannes der Täufer auf der Bildfläche erschien, fragten die Menschen, ob er der Prophet Elias sei. Dieser aber war bekanntlich schon lange tot! Da den Gläubigen schon in jener Zeit die Tatsache der Wiedergeburt im Fleische bekannt war, nahmen sie an, Elias sei wiedergeboren, nur in einem anderen Leib. (Matthäus 17,12)

Beispiel 2:

Als Christus von seinen Jüngern gefragt wurde, ob der <u>von Geburt an</u> <u>blinde</u> Mann <u>selbst Schuld</u> an seiner Misere trägt, verneinte dieser und erwiderte, dass die Werke Gottes, sprich, die Heilung durch seine Hand, an ihm offenbar werden sollen. Wie aber konnten die Jünger annehmen, der blind Geborene könne selbst die Verantwortung für seinen Zustand tragen, wenn sie nicht gleichzeitig von der Tatsache früherer Leben ausgingen? (Johannes 9,2)

Beispiel 3:

In Jakobus 3,6 wird vom <u>Rad des Lebens</u> gesprochen. Ähnliche Formulierungen werden in Buddhismus und Hinduismus verwendet.

Auch die frühen (griechischen) Kirchenväter gelangen zu einer unmissverständlichen Aussage:

"Denn indem so <u>eine Geburt auf die andere folgt,</u> will sie uns in allmählichem Fortschreiten zur Unsterblichkeit führen." (Clemens von Alexandrien, 150-215 n.Chr.)

"(...), wird im <u>gegenwärtigen Leben</u> das Mittel der Tugend auf sie angewandt, um diese Wunden zu heilen. Bleiben sie im gegenwärtigen unheilbar, so ist die Heilbehandlung in einem <u>weiteren Leben</u> notwendig." (Gregor von Nyssa, 334-394 n. Chr.)

Nun ist die Lehre von der Wiedergeburt streng an das *Gesetz von Ursache und Wirkung* gekoppelt. Ohne diesen Zusammenhang würde das Ganze auch keinen Sinn machen. So lehrt beispielsweise das Christentum, dass wir grundsätzlich das ernten (Lebensumstände, Schicksal), was wir säen (Gedanken, Worte, Taten). Auch in anderen Religionen, wie im Buddhismus, Hinduismus, Sufismus etc. stößt man auf diesen zentralen Aspekt.

In Bezugnahme auf die Reinkarnation bedeutet das:

Die aktuellen Lebensumstände eines Menschen resultieren aus der Summe seiner vergangenen Handlungen, welche bis in zurückliegende Verkörperungen reichen können. Egal, was ein Mensch auch erlebt, es hat *immer* etwas mit ihm zu tun und dient der Entfaltung seines höchsten Potentials.

Manchmal geht man dafür durch die sprichwörtliche Hölle.

Häufiger Einwand:

<u>"Aber bei Gewalttaten gegen Unschuldige und Schwächere hört die Eigenverantwortlichkeit doch auf!"</u>

Geistige Gesetze haben, wie bereits erwähnt, universelle Gültigkeit. Entweder sind sie auf <u>alle</u> Lebenssituationen anwendbar oder überhaupt nicht. Ein "bisschen schwanger" funktioniert auch hier nicht. So ist es der Gravitation beispielsweise ziemlich "gleichgültig", ob man einen Apfel oder ein Kind aus dem Fenster wirft. Sie ist absolut neutral, greift in jedem Fall, und das zu 100%. Nur der Verstand zieht (verständlicherweise) eigenmächtig Grenzen und sortiert, aufgrund mangelnder Kenntnis, in "Opfer" und "Täter", in "schuldig" und "unschuldig", in "gerecht" und "ungerecht".

Die Ursachensetzung für eine bestimmte (Aus)Wirkung kann sich jedoch auf unterschiedlichsten Ebenen befinden und, wenn man den Reinkarnationsgedanken akzeptiert, bis in vergangene Verkörperungen zurückreichen. Wir alle können nicht beurteilen, woher jemand kommt, warum er etwas Bestimmtes erlebt, tut und wohin sein Weg führt. Dazu ist der Ausschnitt unserer gewöhnlichen Wahrnehmung einfach viel zu gering. Und wenn es um die Erfahrung von "ALLEM was IST" geht, dann beinhaltet dies, logischerweise, in bestimmten Lebensphasen, auch Schmerz und Leid in unterschiedlichsten Ausprägungen.

Läuft alles nur "schön" und "glatt", sind wir nur selten gewillt uns zu bewegen, Liebe, Wertschätzung, Verständnis, Mut, Kraft, Willensstärke, Ausdauer, Gelassenheit, Glauben, sprich seelische Reife zu erlangen. Den nötigen Tiefgang entwickeln wir (leider) zumeist erst dann, wenn uns das Leben so richtig am Kragen packt, wenn wir unsere Gesundheit, unser Hab und Gut, oder einen geliebten Menschen verlieren. So dient das Schicksal seit jeher als Korrektiv, wenn wir mehrfach gegen das universelle Gesetz der Liebe handeln bzw. auf der Stelle treten.

In der Philosophie des Reality-Resonanz-Trainings existiert kein Begriff von "Schuld" und daher auch keine Projektion auf "Hinz und Kunz", bzw. die Außenwelt. Was aber existiert, ist das Prinzip von **Ursache, Wirkung, Resonanz, Eigenverantwortlichkeit und Selbstbestimmung.**

Wenn ich Schuld (in Wahrheit meine eigenen Schatten) nach außen projiziere, heißt das gleichermaßen: "Ich habe nichts damit zu tun, und kann daher auch nichts daran ändern. Punkt!"

Dann habe ich zwar meinen Sündenbock, kann mich selbst bemitleiden und anderen damit in den Ohren liegen, welch armes Würstchen ich doch bin und wie ungerecht und schlecht die Welt ... **aber es hält mich am Boden, entfernt mich von meiner wahren Natur, trennt mich von jeglicher Kraft und Fähigkeit, meine Situation von innen heraus konstruktiv zu verändern!**

Mit anderen Worten: Wenn ich die Rolle des Hilflosen und Getretenen, des Wurmes einnehme, wenn ich mich ständig als Opfer der Dinge betrachte, dann wird mir die Welt *genau* das spiegeln, und ich werde das ewige Opfer bleiben.

Natürlich ist es so, dass damit auch gewisse "Vorteile" einhergehen. Ein gewichtiger Grund, weshalb diese Rolle gerne vom Ego eingenommen wird. Das Opfer bekommt mehr Aufmerksamkeit von seiner Mitwelt, man nimmt Rücksicht und es hat immer einen plausiblen Grund, warum es etwas nicht will oder kann. Im Grunde möchte es, wie wir alle, geliebt werden, und so bekommt es mehr Zuwendung.

Dennoch ist und bleibt es eines der zahl- und facettenreichen (Rollen)Spielchen des menschlichen Egos auf der großen Lebensbühne. Wer in seine Vollmacht gelangen möchte, wird nicht umhin kommen, sich der Opferrolle zu entledigen und in die eines autarken, selbstbewussten, eigenverantwortlich schöpferischen Wesens zu schlüpfen – deine wahre Natur! Die ersehnte Liebe bekommst du dann tausendfach zurück, weil sie in dir selbst erwacht!

Es ist nicht einfach, über dieses sensible Thema zu schreiben, ohne die Gemüter zu erregen. Zu sehr sind wir seit Urzeiten in "Täter-Opfer-Rollenspielen" gefangen, entrüsten uns, identifizieren uns mit ihnen, und ein Großteil der Psychologen lebt schließlich davon. Blickst du auf dein näheres Umfeld, auf Individuen, Gruppen oder die Weltpolitik, wirst du genügend Beispiele dafür finden.

So kann es hier auch niemals darum gehen, das Leid von Menschen zu bagatellisieren und zu schmälern! Sie haben *allesamt* unser Mitgefühl und unsere Hilfe verdient. Dazu sind wir auf diesem Planeten. Es geht vielmehr darum, begrenzende und lähmende Sichtweisen aufzulösen, die uns seit Urzeiten in Ketten halten und gegeneinander aufhetzen.

Das Wertvollste, was man einem seelisch und/oder körperlich leidenden Menschen mitgeben kann, ist, ihn behutsam auf diese Zusammenhänge hinzuweisen. Ihm klar zu machen, wer er wirklich ist, und dass sich in ihm die Macht befindet jegliche Situationen von innen heraus zu verändern. Dies gleicht einer Metamorphose, einer Wandlung von der Raupe zum Schmetterling!

Achtung: Von größter Wichtigkeit ist es, den Zeitpunkt hier nicht zu früh zu wählen! Keiner, der am Boden liegt, möchte etwas von Eigenverantwortlichkeit und universellen Gesetzen, von Entwicklungschancen hören, wenn sein Schmerz gerade am größten ist. In dieser Phase braucht er **immer** jemanden, der ihm zuhört, der ihm erst mal recht gibt, ihn ernst und in die Arme nimmt und seine Wut, seine Sorgen, Widerstände und Ängste auch versteht. Hat sich dieser Zustand gebessert, sollte man ihm aber unbedingt behutsam aufzeigen, dass er das Problem auch aus einem ganz anderen, erweiterten Blickwinkel betrachten kann. Dies führt ihn zurück in seine eigene Kraft, befreit ihn von destruktiven Feindbildern, die auf Dauer seine seelische und körperliche Gesundheit ruinieren.

Ein Blick auf unseren gemeinsamen Alltag zeigt: Wir verletzen und werden verletzt, wir leiden unter anderen und andere unter uns. Engel und Teufel stecken gleichermaßen in uns, ob Mann oder Frau, ob schwarz oder weiß, ob Christ, Moslem, Jude oder Atheist – wir sitzen im selben Boot. Und mein Gegenüber, das ich so leichtfertig verurteile, spiegelt mir lediglich (unbewusst) meine eigenen Defizite, Ängste, Schattenseiten und Unzulänglichkeiten wider, einzig, um mir dadurch (wiederum unbewusst) in meiner Entwicklung weiter zu helfen. Eine ungewohnt ehrliche Sicht der Dinge, aber die einzige von tatsächlichem Wert. Einer meiner Lieblingssprüche lautet: **"Nicht jeder kann dein Freund sein, aber jeder ist dein Lehrer."** Er eröffnet eine Dimension von ungeahnter Tragweite, da man ab dem Zeitpunkt dieser Erkenntnis tatsächlich keine Feinde im wahrsten Sinne mehr hat.

<u>"Und wie verhält es sich mit Flugzeugunglücken oder Naturkatastrophen?"</u>

Wer den "Zufall" einmal in Rente geschickt hat, der kann ihn auch hier nicht durch die Hintertür wieder rein lassen. In einer Welt, die nach klaren, geistigen Gesetzmäßigkeiten strukturiert ist, betrittst du nicht "zufällig" ein Flugzeug, das kurz nach dem Abheben am Boden zerschellt. Du warst für dieses Ereignis "reif", ebenso, wie deine Hinterbliebenen, die die schlimme Erfahrung des Verlustes durchleben müssen. Wenn du <u>keine</u> geistige Affinität (Anziehung/Resonanz) dafür hast, dann wirst du derjenige sein, der genau diesen Flug nicht bucht, dessen Taxi zu spät kommt oder ihn aus Krankheitsgründen etc. verpasst. Äußere Beobachter sprechen dann vom unverschämten "Glück", das man hatte. Jedoch ...

... ohne die nötige Affinität für ein bestimmtes Ereignis – und die ist immer seelisch-geistiger Natur – kann dieses unmöglich in deinen Erfahrungsbereich treten!

Man könnte auch sagen: Du schwingst auf einer anderen Frequenz als dieses Ereignisfeld. Es existiert in deiner Welt ebenso wenig, wie Ultrakurzwellen-Signale für einen Mittelwellenempfänger.

<u>"Warum sollte man die Idee der Wiederverkörperung ernst nehmen?"</u>

Wenn eine Theorie bestimmte Sachverhalte wesentlich besser zu erklären vermag, als eine andere, wenn dadurch wichtige Fragen klarer beantwortet werden können, dann ist es sicherlich wert wenigstens darüber nachzudenken, egal, was man vorher geglaubt hat.

Ich persönlich habe mich schon immer darüber gewundert, wie man in einer geradezu lächerlichen Lebensspanne von, sagen wir 80 Jahren, die gewaltige mögliche Erfahrungspalette durchschreiten bzw. die komplette seelische Reife erlangen sollte. Manch einer hegt auf dem Sterbebett immer noch dieselben rigiden Überzeugungsmuster, die er als junger Mensch schon hatte. Von einer inneren Entwicklung kaum die Spur. Wesentlich sinnvoller scheint mir da die Annahme, dass die Seele in unterschiedlichen Verkörperungen, an unterschiedlichen Orten unter verschiedensten Umständen in Erscheinung tritt. So kann auf der Lebensbühne wirklich alles erfahren und durchlebt werden und es besteht genügend Zeit dabei auch innerlich zu wachsen, sowie seine Kräfte zu entfalten.

Als letztes Beispiel sei noch erwähnt, dass auch in sogenannten "therapeutischen Rückführungen" unter Hypnose bzw. durch "holotropes Atmen" zahlreiche erwachsene Menschen sich nicht nur als kleines Kind oder bis hin zur Geburtssituation im Mutterleib erlebten, sondern darüber hinaus, sich in früheren Existenzen wiederfanden. Detailliert konnten viele der Klienten exakt ihre damaligen Lebensumstände beschreiben bzw. den damaligen Wohnort, den sie (zumeist in einem fremden Land) in diesem Leben nicht einmal besucht bzw. gesehen hatten. Diesbezügliche Untersuchungen konnten in verschiedenen Fällen die Authentizität des vom Klienten erlebten untermauern. Menschen, die eine unerklärliche Angst vor beispielsweise Wasser haben, erlebten in der Rückführung, dass sie einst ertrunken waren. Wird das Erlebnis in der Therapie noch mal "lebensnah" konfrontiert, führt dies häufig zu spontanen, teils dramatischen Heilungsprozessen, was den Klienten von seiner bisher unerklärlichen Angst befreit (siehe hierzu auch die umfangreichen Arbeiten des international respektierten Forschers und Psychiaters Stanislav Grof). Weiter ausgeführt im Kapitel "Psychologie in der Sackgasse".

So betrachtet rückt der Reinkarnationsgedanke sowohl für religiöse Menschen als auch für Atheisten zumindest in den Bereich hoher Wahrscheinlichkeit, auch wenn ein "wissenschaftlicher Beweis", so wir wir ihn derzeit verstehen, auch in Zukunft kaum zu erbringen sein wird. Andererseits kümmert dieser Umstand das LEBEN wohl am allerwenigsten.

Das Gold der alten Weisheitslehren

Als im Siegeszug der Naturwissenschaften, vor etwa dreihundert Jahren, diese den Alleinanspruch in Sachen "Wahrheit" für sich erhoben, musste dies – wie gesagt – zu Lasten des traditionellen überlieferten Wissens gehen. Neben religiöser Verblendung und Dogmatik warf man kurzerhand auch die Perlen der Weisheit über Bord, die dem menschlichen Leben Sinn, Richtung, Zusammenhang und Tiefe verliehen hatten. Spiritualität und Naturwissenschaft sind jedoch keine unvereinbaren Gegensätze, sondern gehen tatsächlich Hand in Hand, wenn sie so verstanden werden. Tatsächlich sind sie zwei komplementäre Seiten ein und derselben Medaille. Ignorieren wir die eine Seite, so leugnen wir damit einen wesentlichen Teil unseres Daseins.

Im Folgenden soll ein kurzer Überblick stattfinden, zu welchen zeitlosen Erkenntnissen die alten Weisheitslehren, die mystischen und schamanistischen Traditionen gelangten:

Ägypten wird seit jeher als die "Wiege der Weisheit" bezeichnet. In der sogenannten *"Tabula Smaragdina"* werden *7 hermetische Gesetze* formuliert, die im Grunde alles beinhalten (Im nächsten Kapitel ausführlicher beschrieben):

1. Alles ist geistigen Ursprungs.

2. Wie oben so unten bzw. wie innen, so außen.

3. Das Gesetz der Polarität, wobei jedes seinen Gegenpol hat.

4. Das Gesetz der Schwingung, welches besagt, dass alles, bis zum kleinsten Elektron in einer bestimmten Frequenz vibriert, wobei Gleiches von Gleichem angezogen wird. (Auch Gedanken und Gefühle haben bestimmte Frequenzen.)

5. Das Gesetz des Rhythmus, welches zum Ausdruck bringt, dass alles Leben in Zyklen verläuft (Ein- und Ausatmen, Geburt und Tod, Ebbe und Flut, Tag und Nacht etc.)

6. Das Gesetz von Ursache und Wirkung, welches beinhaltet, dass jeder Aktion (Gedanke, Handlung) eine entsprechende Reaktion folgen muss, woraus sich unser Schicksal formt.

7. Geschlecht ist in allem. Das bedeutet, dass das männliche und weibliche Prinzip in allem in unterschiedlichen Graden vorhanden ist, wobei beide Prinzipien gleich wertvoll und wichtig sind.

Im *jüdischen Talmud* heißt es: "Achte auf Deine Gedanken, denn sie werden Deine Worte. Achte auf Deine Worte, denn sie werden zu Handlungen. Achte auf Deine Handlungen, denn sie werden zu Gewohnheiten. Achte auf Deine Gewohnheiten, denn sie werden Dein Charakter. Achte auf Deinen Charakter, denn er wird zu Deinem Schicksal!"

In den Lehren des *Buddhismus* entsteht die Realität aus dem Denken, Fühlen und Handeln. "Was du heute denkst, wirst du morgen sein." (Buddha)

In den *hinduistischen Veden*, im *Sanskrit* wird die äußere Welt (Materie) als Schein (Maya) erkannt. Dahinter steht die göttliche Wirklichkeit. Des Menschen Wesenskern ist göttlicher Natur und somit unsterblich.

Im *Taoismus* heißt es: Alles ist geistigen Ursprungs, Geist ist der Urgrund allen Seins. Allem liegt Gesetzmäßigkeit und Ordnung zu Grunde, auch dem augenscheinlichen Chaos. Alles hat seine Berechtigung und seinen Sinn. Im Zustand des Tao hört man auf über Menschen und Dinge zu urteilen.

Die *jüdische Kabbalah* bezeichnet den Menschen (Mikrokosmos) als ein Abbild des Göttlichen (Makrokosmos). Es existiert eine transzendente, geistige Welt, sowie eine der (augenscheinlichen) Trennung (Materie). Beides ist Eins.

Im *Christentum* kommt zum Ausdruck: "Was du säst, wirst du ernten." "Dir geschieht nach deinem Glauben." "Ich (Christus) und der Vater sind eins." "Das Himmelreich ist inwendig in euch." "Ihr könnt die selben Wunder tun wie ich, und noch viel größere." Und im Psalm 82,6 ist zu lesen: "Ihr seid allzumal Götter und Söhne des Höchsten!"

Im *Sufismus*, der inneren, mystischen Lehre des Islam, bilden Mensch und Gott eine untrennbare Einheit. Liebe ist das höchste Gesetz. Wer vertraut, wird geführt und geleitet.

Die *Huna-Lehre*, eine 5000 Jahre alte Philosophie von den polynesischen Inseln, beinhaltet ebenfalls 7 Grundprinzipien:

1. Die Welt ist, wofür du sie hältst.

2. Es gibt keine Grenzen.

3. Energie folgt der Aufmerksamkeit.

4. JETZT ist der Augenblick der Macht.

5. Lieben bedeutet glücklich sein, mit dem, was ist.

6. Alle Macht kommt von innen.

7. Wirksamkeit ist das Maß der Wahrheit.

Auch im traditionellen *Schamanismus* ist die Zeit (Vergangenheit und Zukunft) lediglich eine Illusion des begrenzten Verstandes. Es gibt eine transzendentale, alles verbindende geistige Welt, welche die Materie durchdringt, wie Wasser den Schwamm. Mensch und Kosmos sind auch hier untrennbar miteinander verbunden. Des Menschen Bewusstsein ist schöpferisch und beeinflusst die Realität. Krankheiten und Schicksalsschläge haben einen tieferen Sinn und dienen als natürliches Korrektiv.

An diesem Punkt erschließt sich auch die grundlegende Bedeutung der berühmten Inschrift am Eingang des *Orakels von Delphi* für uns Menschen.

Sie lautet: **"Erkenne dich selbst!"**

Die sieben Universalgesetze

Manchen Quellen zufolge reicht ihr Ursprung zurück bis ins alte Ägypten bzw. Atlantis. Nieder geschrieben wurden sie in der "Tabula Smaragdina", die als philosophische Grundlage der Hermetik gilt. Von Isaac Newton bis C.G. Jung haben sich viele Gelehrte mit dieser außergewöhnlichen Schrift auseinander gesetzt. In diesen sieben Gesetzen sind seit Anbeginn der Zeiten alle Weisheiten enthalten, und sie gelten wohl zurecht als *der Schlüssel* zum Verständnis des Lebens.

1. Das Gesetz der Geistigkeit

Das Universum ist geistig, ohne Anfang, ohne Ende. Alles was ist, ist ein schöpferischer Gedanke, eine Idee des Einen. **Geist ist die höchste Kraft und erhält alles am Leben. Auch des Menschen Wesenskern ist göttlich geistiger Natur** (Ebenbild), reines Bewusstsein, vollkommen, unantastbar, unsterblich und schöpferisch (Gedanke, Vorstellungskraft, Gefühl, Wille). **Dies ist der Schlüssel allen Wissens!**

Sinn und Zweck unseres Daseins ist, unser göttliches Potential (Idee) voll zu entwickeln und zum Ausdruck zu bringen, durch Erfahrung wissend zu werden, um schließlich zu verstehen, wer wir wirklich sind. Falsche Glaubenssätze hindern uns daran.

Gegenteil: Ego (Ich-Bezogenheit, Trennung, Angst, Schuld, Projektionen, niederes Selbst)

Anwendung: Kontaktaufnahme durch Stille, Meditation über die Vollkommenheit des inneren Wesens und allem, was ist. Schweigen, Natur, Sein anstatt sich in Gedanken zu zerstreuen.

Alle Wahrheit, alles was wir suchen, ist in uns enthalten. **Der einzige und wahre Lehrer, die höchste Autorität in Sachen Wahrheit, liegt in uns Selbst.** Der auf reiner Logik aufgebaute Verstand kann diese inneren Wahrheiten, die Liebe, das Leben, die schöpferische Intelligenz nicht begreifen, sowie man einem Blinden Farben nicht erklären kann. Abgesehen davon ist es auch nicht seine Aufgabe, weil er für diesen Zweck nicht konstruiert ist.

2. Das Gesetz der Entsprechung

Man sagt auch: **Wie innen, so außen, wie oben so unten.** Diese Erkenntnis beschreibt, dass das Größte auch im Kleinsten komplett enthalten ist, und es erinnert zwingend an das "holographische Universum" des Physikers David Bohm. Der Bauplan des gesamten Organismus ist beispielsweise in jeder Zelle enthalten, und in jedem Atom – im Menschen spiegelt sich der gesamte Kosmos wieder. Hat man das Eine erst verstanden, kann man analoge Rückschlüsse auf das Andere ziehen.

Dieses Gesetz besagt auch: **Alle gehen den gleichen Weg der Erfahrung durch alle Ebenen, (Freude und Leiden) deshalb ist nichts und niemand besser oder schlechter als ein anderer oder ein anderes.**

3. Das Gesetz der Schwingung

Nichts ist in Ruhe. Alles schwingt in unterschiedlichen Frequenzen. Harmonische Musik, Gedanken und Gefühle, hochwertige Ernährung, Schönheit, Natur etc. erhöht die Eigenfrequenz. **Das Beherrschen der eigenen Schwingung ist die wahre und einzige Macht! Auf dieser Ebene zieht Gleiches Gleiches an.** Deine Eigenschwingung beeinflusst die Schwingung deines Umfeldes.

Wenn du andere Lebensumstände anziehen, deine Stimmung oder einen geistigen Zustand ändern willst, so ändere deine Schwingung kraft deines Willens bzw. durch die Veränderung deines Fokus. (Mehr dazu im praktischen Teil.)

4. Das Gesetz der Polarität

Alles hat zwei Pole, zwei Gegensätze. Beide Pole sind nur extreme Ausprägungen ein und derselben Sache (alles ist nur Energie). Alle Wahrheiten (Meinungen) sind deshalb nur halbe Wahrheiten. Alle Widersprüche können prinzipiell miteinander in Einklang gebracht werden. **Jede Bewertung ist subjektiv** und immer durch den Filter der eigenen Erfahrungen, Vorstellungen und Glaubenssätze verzerrt. So sieht der Verstand nie die Wahrheit selbst, sondern lediglich das unvollkommene Zerrbild seiner Vorurteile.

Alle Gefühle etc. bestehen aus ein und der selben Energie und sind im Grunde neutral. (Vergleiche: Angst haben vor einer Prüfung und "verliebt sein" fühlt sich im Solarplexusbereich ähnlich an). **Indem man sich auf den Pluspol zubewegt erhöht sich die Schwingung.**

Beispiel: Wechsel zum positiven Pol, indem du Handlungen vollziehst, die dem erwünschten Zustand entsprechen. Bei Angst richte deine Aufmerksamkeit auf Mut und tue etwas, das Mut verlangt. Lies Bücher über mutige Menschen.

Bevor du nicht fähig bist, die Polarität zu verändern, bist du unfähig auf deine Umgebung irgend eine produktive Wirkung auszuüben. Bei entsprechender Übung kann man durch seinen Willen sogar die unangenehmen Emotionen anderer Menschen in angenehme verwandeln. Nichts existiert getrennt von dir!

Mache dir in jeder schwierigen Situation bewusst: **Es gibt nur Liebe im Universum! Sie ist die stärkste Macht und einzige Wirklichkeit. Alles, was etwas anderes zu sein scheint, ist die Suche nach Liebe.** Es ist das Spiel des Lebens.

Am Nullpunkt der Skala, im neutralen, austarierten Zustand hörst du auf zu urteilen, du stehst der Situation gleich-gültig gegenüber. Scheinbare Gegensätze lösen sich auf. Und: Ein liebevoller Gedanke wiegt hundert Negative auf!

5. Das Gesetz des Rhythmus

Alles fließt (Heraklit). Alles hat seinen Rhythmus. Was starr ist muss zerbrechen. **Das Hin- und Herschwingen des Pendels zeigt sich in allem.** Beispiele: Gezeiten, Jahreszeiten, Werden und Vergehen, Ein- und Ausatmen, Hochs und Tiefs körperlicher und seelischer Natur, Auf und Ab im Berufs- und Privatleben, in der Ökonomie, Geben und Nehmen (du kannst nur soviel erhalten, wie du selbst gegeben hast und nur soviel geben, wie du zu nehmen bereit bist) ... Das Maß des Schwungs nach rechts ist das Maß des Schwungs nach links. (Politische Extreme – ob rechts oder links – bedingen stets den selben extremen Ausschlag in die Gegenrichtung!) Schau auf die heutige Weltpolitik.

Dem Rückschwung des Pendels kannst du entgehen, indem du dich nicht länger von deinen negativen Gefühlen niederdrücken lässt und alles aus einer höheren, akzeptierenden, wertungsfreien, nach Möglichkeit liebevollen Perspektive betrachtest (7-Phasen-Prozess!). Der erwachte Mensch beherrscht seine Gefühle und Stimmungen, indem er sie annimmt und sich bewusst auf den Pluspol der Skala begibt. Wenn du dein Herz nicht öffnest, wirst du zwar weitestgehend von Schmerz verschont, aber auch von Freude! **Nur durch das Öffnen des Herzens wird der Schmerz transmutiert.** Erst aber muss der Schmerz zugelassen werden, um schließlich auf die andere Seite der Polarität zu gelangen. Damit verhinderst du die Erschaffung neuer negativer Ursachen. Du wirst vom Spielball zum souveränen Mit-Lenker deines Schicksals.

6. Das Gesetz von Ursache und Wirkung

Jede Ursache hat ihre Wirkung und jede Wirkung ihre Ursache. "Zufall" ist nur eine Bezeichnung für ein unbekanntes Gesetz bzw. einen nicht erkannten Zusammenhang. Das Denken, Handeln und Erleben der meisten Menschen läuft aufgrund unterbewusster Programme der Vergangenheit ab. Anstatt in einer Situation bewusst zu *agieren,* werden sie *reaktiv* und somit zu Sklaven abgespeicherter Automatismen. Hieraus wird deutlich, wie wichtig es ist, seine Schwingung zu erhöhen, sich auf den positiven Pol zu begeben, um vermehrt Wirkungen zu erfahren, die das Leben lebenswert machen. Das Erkennen der Konditionierungen und alten Muster führt zu Selbstbestimmung und Wahlfreiheit.

7. Das Gesetz des Geschlechts

Geschlecht offenbart sich auf allen Ebenen. Alles, auch jeder Mensch, ist Träger von männlichen und weiblichen Prinzipien (Yin und Yang). Eines ist nichts ohne das andere. Beide sind gleich wichtig.

Aufgabe: Erschaffen, Zeugen, Hervorbringen. Ziel: Harmonisierung beider Aspekte im Menschen.

Beispiel: Vereinigung von positiven und negativen Teilchen im Atom.

Aspekte des männlichen Prinzips: Geist, Sonne, Aktivität, Wille, Beeinflussung, Manipulation, Aggression, Suggestion, Durchsetzungskraft, Charisma, schöpferisch, Ausdruck, Impuls, eigene Gedanken, Ideen, Vorstellungen

Aspekte des weiblichen Prinzips: Seele, Mond, Passivität, Empfangen, Aufnehmen, Geborgenheit, Verwirklichung von Eindrücken, Gefühl, Empathie, Liebe

Erst das harmonische Zusammenspiel von männlichem und weiblichem Prinzip, von Gedanke und Gefühl, von Geist und Seele, ermöglicht Schöpfung in der Materie!

Bei schwacher Entwicklung des positiven männlichen Prinzips:

Leicht beeinflussbar, lenkbar und willensschwach, eingeschränkte Kritikfähigkeit, keine eigenen Gedankengänge, "Automatenmensch", Wille wurde in der Kindheit oft gebrochen und destruktive Glaubenssätze implementiert. Verharren auf dem passiven, weiblichen Pol des Geistes.

Bei schwacher Entwicklung des positiven weiblichen Prinzips:

Gefühlsarmut, Gewaltbereitschaft, Ausbeutung, Überbetonung der Ratio, Egoismus, Gier etc.

In der Außenwelt herrscht überwiegend der negative Pol des männlichen Prinzips (Manipulation, Unterdrückung, Kriege, Überwältigungen; => z.B. Nationalsozialismus, Kommunismus etc.). Auch das, was heute unter dem Begriff "Globalisierung" läuft, lässt ein brutales Machtgebaren einer selbsternannten Elite (Kabale) über den Rest der Welt erkennen. (Geldverteilung von fleißig nach reich, zunehmende Entdemokratisierung, Einschränkung der Meinungsfreiheit, Installation von Kontroll- und Überwachungssystemen).

Im Inneren hingegen herrscht überwiegend der negative Aspekt des weiblichen Prinzips. => z.B. leichte Manipulierbarkeit von Völkern durch Autoritäten (Staat, Pressewesen etc.)

Lösung: Stärkung des positiven weiblichen Aspekts in der äußeren Realität. Stärkung des positiven männlichen Aspekts im Inneren.

Als geistige Wesen existieren wir auf unterschiedlichen Ebenen und daher müssen wir auch auf unterschiedlichen Ebenen die weiblichen und männlichen Aspekte harmonisieren. Überprüfe alle sich wiederholenden Aussagen deiner Eltern, Lehrer etc. über dich selbst, deinen Wert, über das Leben und die Welt. Als Kind warst du ohne Schutz und aufnahmefähig wie ein Schwamm.

Entlarve unter diesen Gesichtspunkten deine installierten Einstellungen und Glaubenssätze und wie sie mit deinen Erfahrungen zusammenhängen. Du wirst auf zahlreiche Überraschungen stoßen.

Das überlieferte Wissen gibt uns
Antworten auf drei fundamentale Fragen der Menschheit

1. Wer oder was bin ich wirklich?

Ein individueller, vollkommener Ausdruck (Idee) des Absoluten, unsterblich, unantastbar, im Innersten aus reinem Licht und Liebe bestehend.

Was bin ich nicht? Meine sterbliche Persönlichkeit, mit ihrem Intellekt (Verstand), Gemüt, Emotionen und materiellen Körper.

2. Was ist Sinn und Zweck meiner Existenz?

- Durch die *Erfahrung* von ALLEM was ist, zur Ein-Sicht zu gelangen, *wer ich wirklich bin*. (Dies ist nur in der Dualität möglich, im Spannungsfeld zwischen Licht und Schatten.)

- Der göttlichen IDEE bzw. meinem wahren Wesenskern in der Materie vollkommenen Ausdruck durch mich zu verleihen.

3. Wie entsteht die Realität?

Durch den Einfluss deines einzigartigen, schöpferischen Bewusstseins (Gedanken, Gefühle, Absichten, Vorstellungskraft, Überzeugungen, = <u>Identifikation</u>). Alle Möglichkeiten sind bereits virtuell zur gleichen Zeit existent. Durch deine geistige Ausrichtung erzeugst du ein Resonanzfeld und erfährst somit eine Realität von unendlich vielen. Tatsächlich ist es eine Wahl, die in jedem Augenblick stattfindet.

Weitere häufig gestellte Fragen:

<u>Frage:</u> **Gibt es einen Maßstab für "Wahrheit"?** (Ob etwas Bestimmtes existiert bzw. möglich ist, oder nicht).

<u>Antwort:</u> Ja, es gibt diesen Maßstab.

Es ist die **SEHNSUCHT!** Nach was wir uns aus tiefstem Herzen sehnen, bildet irgendwo zwingend eine Realität, denn sonst würden wir uns nicht danach sehnen!

<u>Frage:</u> **Existiert ein paradiesischer Zustand jenseits von Leiden?**

<u>Antwort:</u> Ja, denn er entspringt der tiefsten Sehnsucht des Herzens. Du kannst dich unmöglich nach etwas sehnen, das du nicht bereits kennst bzw. erfahren hast!

Anders formuliert: Wenn du den Ozean niemals zu Gesicht bekommen, ihn nicht unmittelbar erlebt hast, kannst du auch kein inneres Verlangen, keine Sehnsucht nach ihm haben. **Nach was wir uns aus tiefstem Herzen sehnen, bildet die höchste Wahrheit und Wirklichkeit.** Niemand auf dieser Welt sehnt sich inbrünstig nach Leiden, Krankheit, Schmerz, Gefangenschaft, Mangel und Elend, somit sind diese Dinge, im Grunde, eine temporäre Erscheinung im Zuge unseres gemeinsamen Erfahrungsprozesses.

In diesem Sinne gibt es auch ein Weiterleben nach dem "Tod", denn in der Tiefe unseres Herzens sehnen wir uns alle nach einem unendlichen Leben in Glück und Freiheit.

<u>Frage:</u> **Gibt es DIE Wahrheit an sich?**

<u>Antwort:</u> Die tiefste Wahrheit (Wirklichkeit, Sein, Transzendenz, Gott) ist für den Verstand unergründlich. Sie befindet sich jenseits seiner Vorstellungskraft. Dieser absoluten Wahrheit können wir uns immer nur annähern, sie jedoch (womöglich) nie komplett erfassen. Sie bildet eine Erkenntnis der Seele. Hat man etwas von ihr erhascht, fehlen einem dafür die Worte.

<u>Frage:</u> **Gibt es einen Maßstab für den Wert einer Lehre?**

<u>Antwort:</u> Ja. Wenn deine Weltsicht, dein Denken, Fühlen und Handeln dir nicht zu mehr Lebensfreude, Glück und innerem Frieden verhelfen, bist du auf dem falschen Dampfer. **Deine äußeren Lebensumstände, vor allem das Ausmaß deines inneren Friedens, sowie deine Lebensfreude, sind der einzig zuverlässige Maßstab für den tatsächlichen Wert einer Lehre oder Lebensphilosophie. – Was in deinem Leben funktioniert, ist für dich wahr!**

<u>Frage:</u> **Welcher ist der richtige Weg für mich?**

<u>Antwort:</u> Die höchste Autorität in Sachen Wahrheit und Leben findest du nicht in der Außenwelt, weder in Büchern noch in Lehrern, wie hoch und heilig sie auch immer erscheinen mögen. **Sie liegt einzig und allein in Dir!** Höre aufmerksam zu, was andere dir wohlmeinend raten, und gehe schließlich *deinen* Weg. Den Weg den deine innere Stimme dir weist, den Weg deines Herzens.

<u>Frage:</u> **Warum bin ich hier? Welches ist meine Lebensaufgabe?**

Überlege dir dazu: *Was würde ich auch unentgeltlich tun, wenn ich finanziell bereits ausgesorgt hätte?* Was interessiert, fasziniert, fesselt mich? Welche besonderen Talente und Fähigkeiten habe ich? Frage andere, wenn du es selbst nicht weißt. Wenn du das, was du tust, mit Freuden verrichtest, bietest du einen Mehrwert, dienst dem Ganzen und dir selbst. Freude und Begeisterung sind hier der Maßstab.

<u>Frage:</u> **Was ist die tiefere Ursache allen Leidens** (vor allem von Ängsten)?

<u>Antwort:</u> Der Glaube an **Getrenntheit** und somit an **Schuld** (siehe auch: "Ein Kurs in Wundern").

<u>Frage:</u> **Wie real sind Probleme?**

<u>Antwort:</u> Jeder nimmt die Dinge durch seinen persönlichen Bewusstseinsfilter wahr. **Nicht die Umstände an sich sind dabei das Problem, sondern wie du darüber denkst und empfindest,** durch welchen Filter du eine jeweilige Situation wahrnimmst. Erst deine subjektive Bewertung macht aus einem (oft lapidarem Sachverhalt) ein "Problem" – oder auch nicht. Wie stark es dich belastet, hängt davon ab, wie sehr du dich damit identifizierst.

<u>Frage:</u> **Was ist der Unterschied zwischen Realität und Wirklichkeit?**

<u>Antwort:</u> Die **Realität** beschreibt unsere äußere 5-Sinnes-Welt, in der wir in einem physischen Körper unsere Erfahrungen machen. Auf dieser Bühne findet das große Rollenspiel des Lebens statt. Die Realität (duale Welt, Materie) befindet sich im ständigen Wandel, ist vergänglich und im Grunde illusionär. Sie zeichnet ein unvollkommenes Zerrbild der "dahinterliegenden" Wirklichkeit. Diese **Wirklichkeit** (Gott, Liebe, Licht) ist unveränderlich, unantastbar, in sich vollkommen und ewig. In ihr ist unser wahrer Wesenskern beheimatet, der gleichermaßen unantastbar und vollkommen ist. Es ist unsere Aufgabe uns dieser paradiesischen Wirklichkeit (nur sie existiert im wahrsten Sinne!) wieder bewusst zu werden und sie in die "Realität" (Materie) zu transformieren.

<u>Frage:</u> **Was lähmt unsere Lebenskraft?**

<u>Antwort:</u> Der (dauerhafte) **Zweifel**. Er führt uns in die Ver-zwei-flung.

(Der kurzfristige Zweifel ist nützlich, wenn er mich auf etwas hinweist, um wieder das zu tun, was für mich stimmig ist.)

<u>Frage:</u> **Warum sind so viele Menschen auf der Suche?**

<u>Antwort:</u> Sie ist in unserem Wesen angelegt. Wir alle suchen bewusst oder unbewusst (auf unterschiedlichsten Wegen) nach der Wahrheit über uns selbst. Manche spüren sie als brennende Sehnsucht. Es ist die Sehnsucht nach unserem Ursprung, nach der Quelle.

<u>Frage:</u> **Was ist der Sinn der Evolution?**

<u>Antwort:</u> Von der unbewussten Vollkommenheit über die bewusste Unvollkommenheit zur bewussten Vollkommenheit.

II.

Die stille Revolution in der Naturwissenschaft

Experimente, die

unsere Weltsicht verändern!

Physik jenseits von Zeit und Raum

Sie gilt gemeinhin als die wohl nüchternste aller Wissenschaften. Was zählt, ist das Experiment, ihre Grundlage bildet die Mathematik. Es ist noch gar nicht lange her, als die Forscher sich bereits auf der Zielgeraden wähnten, was die letzten Geheimnisse der Materie anbelangt. Man müsse, so glaubten sie, nur den kleinsten Baustein des Atoms ausfindig machen, was dann auch das letzte Wölkchen vom sonst so blauen Himmel der Physik fegen würde. Irgendwann mussten sie ernüchtert feststellen, dass es diesen kleinsten Baustein im Grunde nicht gab. Ganz im Gegenteil: In fast regelmäßigem Turnus stößt man auf neue Elementarteilchen – ein Fass ohne Boden scheint sich auf zu tun.

Gemäß dem traditionellen Atommodell kreisen Elektronen auf elliptischen Bahnen um den Kern. Im Atom selbst aber herrscht gähnende Leere. Man stelle sich dazu folgenden Vergleich vor: Gelänge es den winzigen Atomkern auf einen Durchmesser von 1m "aufzublasen", dann wären die ihn umkreisenden Elektronen ca. **10 km** weit von ihm entfernt! Dazwischen befindet sich nichts als Vakuum. Und aus diesem überwiegenden "Nichts" besteht eigenartigerweise unsere feste Materie!

Im Grunde ist das nur ein sehr vereinfachtes, hypothetisches Modell, damit es der Verstand halbwegs begreifen kann. Die Wirklichkeit im Atom ist viel verrückter als man glauben möchte. Mal erscheinen seine Bestandteile als materielles **Teilchen,** mal als immaterielle **Welle.** Hatte bereits Einsteins *Relativitätstheorie* die damalige Lehrmeinung erschüttert, so folgte der "Supergau" für den vorherrschenden Materialismus vor allem durch zwei interessante Experimente, die im folgenden ansatzweise beschrieben werden sollen.

Der berühmte **Doppelspaltversuch** von Thomas Young, zeigte, dass Licht sich manchmal wie eine nebulöse Welle und bei anderer Gelegenheit wie ein Teilchen verhielt, je nach Art der Versuchsanordnung bzw. der Erwartungshaltung des Experimentators. Suchte man nämlich nach Wellen fand man auch diese, ging es hingegen darum, die Teilchennatur des Lichtes nachzuweisen, stieß man auf materielle Partikel.

Rein logisch und verstandesmäßig betrachtet ist dies ein Paradoxon, ein Widerspruch in sich. Nach logischen Gesichtspunkten müsste sich Licht *entweder* aus materiellen Partikeln *oder* aber aus nichtmateriellen Wellen zusammensetzen. Entweder schwarz oder weiß – doch dem ist keineswegs so! Licht bzw. alle subatomaren Teilchen verfügen über eine quasi *Doppelnatur.* In der Welt der Quanten, aus der ja auch alles Sichtbare besteht, herrschen Gesetze, die unser herkömmliches Denken übersteigen. Die Mehrzahl der Wissenschaftler gehen dieser Problematik insofern aus dem Weg, als sie dieses Mysterium (es ist eines!) hinnehmen, ohne die nötigen weltanschaulichen Konsequenzen zu ziehen. Man tut einfach so, als wären diese Erkenntnisse hinsichtlich unseres Weltbildes geradezu bedeutungslos. Was die Väter der Quantenphysik, die großen Geister und Pioniere, noch im Innersten tief bewegte, ihnen schlaflose Nächte bereitete, sie stundenlang diskutieren ließ, wird heute auf einen Wust abstrakter Gleichungen reduziert. Der philosophische Aspekt, das wirklich Revolutionäre an der Geschichte, wird dem Physikstudenten heute nicht mehr vermittelt. Zu sehr scheint es darum zu gehen, das "Alte" zu konservieren, nicht das für möglich zu halten, was laut wissenschaftlichem Konsens einfach nicht sein darf. Tut man es dennoch, findet man sich alsbald in der Ecke der "Quantenmystiker" und "esoterischen Spinner" wieder.

Ein Wissenschaftler, wenn er nicht bereits Träger eines Professorentitels, oder noch besser, eines Nobelpreises ist, stellt mit solcherlei "unwissenschaftlichen" Äußerungen – wie bereits beschrieben – geradezu seine Karriere aufs Spiel. So trifft man auf eine generelle Ablehnung seitens der Konservativen, allem gegenüber, das sie mit dem Wort "Mystik" in Verbindung bringen, wobei sie einen Teil der Wirklichkeit ignorieren. Dabei ist es gerade diese Komplementarität (Sowohl-als auch), die überall im Leben sichtbar wird. In der östlichen Philosophie findet sie in der Symbolik von *Yin* und *Yang* ihren Ausdruck. Sie beinhaltet das männliche und das weibliche Prinzip, Geist und Materie, Energie und Masse, Vernunft und Intuition etc., wobei beide als gleichwertige Partner fungieren, und das eine ohne das andere überhaupt nicht vorstellbar ist.

So ist es wiederum die Physik, die uns die Tür zu einem erweiterten und im Grunde Jahrtausende alten Verständnis der Welt aufstößt. Die Welt der subatomaren Teilchen, der Quanten, bestätigt uns auf eindrucksvolle Weise, dass Geist und Materie zwei Komponenten ein und derselben Sache sind und der Gedanke der Trennung und Objektivität darüber hinaus nicht aufrecht erhalten werden kann.

Doch zurück zu unserem Doppelspaltversuch, der die Absonderlichkeit der Quantenwelt bestätigt:

Schickt man Licht durch eine Platte mit zwei schmalen Spalten, so bildet sich dahinter am Auffangschirm ein streifenartiges *Interferenzmuster.* Das rührt daher, weil sich das Licht in diesem Falle wie *immaterielle Wellen* verhält. Zum besseren Verständnis: Wirft man zwei Steine nebeneinander ins Wasser so wird man beim Aufeinandertreffen der Fronten auf eben solche *Interferenzen* stoßen – Wellenberge und Wellentäler und Zonen, wo sich beide neutralisieren.

Hält man nun einen Spalt zu, hören die Interferenzmuster augenblicklich auf und es bildet sich auf der fotografischen Hintergrundplatte ein "Häufchen", so als hätte man Gewehrkugeln durchgeschossen. Die Lichtphotonen verhalten sich nun wie *Teilchen*.

Mittels aufwändiger Technik gelang es irgendwann tatsächlich **einzelne** Photonen auf den geöffneten Doppelspalt abzufeuern. Nach traditionellem Verständnis hätte man erwarten dürfen, dass jedes Lichtteilchen durch *entweder* den linken *oder* den rechten Spalt geht und sich dahinter die üblichen Häufchen bilden, die dem Durchgang von beispielsweise "Gewehrkugeln" entsprechen. Doch es kam ganz anders als vermutet: **Es bildeten sich wiederum Interferenzmuster!**

Wie aber konnte es sein, fragten sich die Forscher verwundert, dass einzeln abgeschossene Lichtphotonen Muster bilden, die nur durch das Aufeinandertreffen von Wellen möglich sind? Die unglaubliche Antwort: Das **einzelne** Photon war offenbar (als geistige Wahrscheinlichkeitswelle) durch **beide** Spalten gleichzeitig gegangen und hatte **mit sich selbst interferiert!** Erst im Augenblick der Messung bzw. Beobachtung wird es zum nachweisbaren Teilchen. Vor dem Mess- bzw. Beobachtungsvorgang ist das Photon zu unterschiedlichen Wahrscheinlichkeiten als "nebulöses Etwas" überall im Raum (verschmiert) vorhanden! Keiner weiß in diesem Zustand, wo es sich befindet, welchen Weg es nehmen wird. In der subnuklearen Welt der Kleinstteilchen aus der sich alles zusammensetzt, gibt es keine konkrete Vorhersagbarkeit, lediglich Wahrscheinlichkeiten und Tendenzen zur Existenz. Die Newtonschen Gesetze von Raum und Zeit greifen hier definitiv nicht mehr. Gesagtes gilt nicht nur für Lichtquanten, sondern für alle subatomaren Partikel, wie beispielsweise Elektronen etc.

Der selbe Versuch wurde dann noch zu unterschiedlichen Zeiten an unterschiedlichen Orten durchgeführt – mit dem selben Ergebnis. Hier drängen sich folgende (ungewöhnliche) Fragen auf:

1. Woher "weiß" das Photon, dass beide Spalten offen sind? Erst durch die Beobachtung bzw. Messung bricht die Wellenfunktion ja zusammen und es entsteht ein registrierbares Teilchen. Vorher existiert es, wie gesagt, als immaterielle Welle überall im gesamten Universum zu unterschiedlich hohen Wahrscheinlichkeiten.

2. Woher "weiß" das Photon, dass wir es beobachten bzw. messen? Für manche Physiker gibt es keine andere Erklärung als, dass das Photon (als Welle) zu jeder Zeit an jedem Ort ist (jenseits von Raum und Zeit), und mit jedem anderen Teilchen auf nicht lokale Weise verbunden ist (verschränkt), und dass der menschliche Geist in der Lage ist, die subnuklearen Quanten zu beeinflussen. Die Weisheitslehren sagen, dass alles (auch Materie) Bewusstsein hat, lediglich in unterschiedlichen Graden. So hätte auch ein Atom ein gewisses Maß an "Bewusstsein" und das menschliche Bewusstsein könnte darauf einwirken. Es gibt Physiker, die genau dieser Auffassung sind.

Fazit: Wenn nun das Gehirn in der Lage ist, nichtlokale Quantensysteme zu beinflussen, muss es zwangsläufig selbst ein Quantensystem sein. So beruhen, nach Aussagen von John Eccles, Nobelpreisträger für Medizin und Physiologie, auch Nervensignale im Gehirn auf Quantenwellen, da Neuronen pausenlos Elektronen abfeuern.

Als ob dem nicht genug wäre, fand man in weiteren Versuchen heraus, dass das Bewusstsein den Weg eines Quantenteilchens nachweislich selbst dann noch verändern kann (also rückwirkend in die Vergangenheit!), wenn es den Weg bereits gegangen ist! (Wenn du hier kopfschüttelnd aussteigst, ist das nur verständlich). Schließlich stellt es unser rationales Denken auf eine harte Probe, und vieles auf den Kopf, was wir bisher zu wissen glaubten. Bekannte Wissenschaftler, wie der Physikprofessor Paul Davies, kamen sogar zu dem Schluss, das Universum erlange seine konkrete Existenz nur durch die Auffassung des bzw. der Beobachter, also durch das Bewusstsein eines jeden Einzelnen. (Davies, Other Worlds)

Innerhalb dieser neuen Sicht besteht das Innere der Materie, das Universum, aus einem gigantischen Netzwerk unbestimmter Möglichkeiten in Form diffuser Wellen. Diese breiten sich mit Lichtgeschwindigkeit in alle Richtungen aus, interagieren miteinander, verschwinden und entstehen erneut als Möglichkeit. Auf dieser Ebene findet ein ständiger Prozess von Neuschöpfung statt, ein kontinuierliches Werden und Vergehen, nichts ist vorherbestimmt, nichts durch irgendwelche uns bekannten Gesetze vorhersagbar. In diesem kosmischen "Tanz" gibt es auch nichts mehr, was im wahrsten Sinne als separat betrachtet werden kann. Alles ist mit allem verwoben, und das, was es verbindet, kann auch beim besten Willen nicht als irgend etwas "Materielles" definiert werden. *Wir leben in einem Teilnehmeruniversum,"* behauptet der US-Physiker John Wheeler. Der Mensch ist nicht länger isolierter Beobachter, sondern aktiver Mitgestalter, eingebunden in ein multidimensionales System, in dem alles mit allem interagiert und sich in gegenseitiger Wechselwirkung beeinflusst.

Hier drängt sich auch der Gedanke auf, dass Platons Idee über das "abstrakte, undefinierbare, innere Wesen aller Dinge", auf einer genialen Intuition begründet sein musste. Ähnliches gilt beispielsweise für die *Dogon*, einem alten afrikanischen Bauernvolk, das bereits in frühester Zeit über eine hochentwickelte Kosmologie verfügte und genauste Kenntnisse über Lichtjahre entfernte Sterne, wie beispielsweise den Sirius B hatten, welcher erst vor kurzer Zeit mit modernster Technik sichtbar gemacht werden konnte. Sehr vieles deutet darauf hin, dass es einen Informations- und Wissenspool gibt, auf den unser analytischer Verstand von Natur aus keinen Zugriff hat – Informationen und Erkenntnisse, die einzig auf intuitivem Wege gewonnen werden können.

Während eines Treffens bezüglich der "Neuen Dimensionen des Bewusstseins", bemerkte der Atomphysiker und Nobelpreisträger Eugene Wigner: *"Das Bewusstsein ist die eigentliche grundlegende Wirklichkeit. Wir stehen erst am Anfang eines Verständnisses über Bewusstsein."*

Der wohl endgültige Todesstoß für die rein mechanistische Sicht der Dinge kam mit dem **Photonenexperiment** der *Aspect-Gruppe*, welches in den Jahren 1981 und 1982 durchgeführt wurde. Obwohl beispielsweise die Gravitation (Schwerkraft) den Forschern nach wie vor ein Rätsel ist, hat die Tatsache, dass diese mit dem Abstand abnimmt, dazu beigetragen, dass sie in das alte Raum-Zeit-Schema platziert wurde. Ganz im Gegenteil zum nun folgenden Experiment, das etwas völlig Neues ans Tageslicht brachte. Der bekannte Physiker Henry Stapp von der Universität in Berkeley beschrieb es in einem Bericht nicht weniger als **"die grundlegendste Entdeckung in der Wissenschaft."**

Worum geht es also? In diesem Versuch werden *Zwillingsphotonen* von einem gemeinsamen Ausgangspunkt gleichzeitig in die entgegengesetzte Richtung abgeschossen. Das Absonderliche dabei: Wenn das eine Photon einen Filter passiert und seinen Spin (Drehrichtung) ändert, verändert sich **zeitgleich** der Spin seines Zwillingsbruders in die gegensätzliche Richtung, und das **ungeachtet der Entfernung** voneinander!

Zum besseren Verständnis nehmen wir einfach mal an, du wärst ein solches Teilchen und hättest einen netten Zwillingsbruder, der sich ein paar Millionen Lichtjahre von dir entfernt, auf einem anderen Planeten befindet. Angenommen dein Bruder hebt nun das linke Bein, dann würdest du, im **selben** Augenblick, jedoch seitenverkehrt, das rechte Bein heben. Dreht er den Kopf nach links, drehst du ihn im gleichen Moment nach rechts usw. Ähnlich verhalten sich auch die Zwillingsphotonen im Aspect-Versuch.

Wenn nun irgendeine physikalische Verbindung zwischen den Zwillingsteilchen besteht, muss, laut konventioneller Physik, zwischen Ursache und Wirkung, ein bestimmter, wenn auch noch so geringer Zeitraum verstreichen (Lichtgeschwindigkeit) – und genau das ist hier eben nicht der Fall! **Aktion und Reaktion – sofern man hier überhaupt davon sprechen kann – fallen zeitlich exakt aufeinander.**

Ein (von Einstein noch händeringend gesuchter) lokaler Impuls, ein physikalisches Signal, das sich zwischen den beiden Teilchen hätte abspielen können, so konnte der Physiker John Bell mathematisch nachweisen, kam nicht in Frage. Die einfache Lösung des Problems findet sich in der Annahme einer uns bisher unbekannten **raumzeitlosen, alles durchdringenden und miteinander verbindenden Dimension.** Jener geistige Urgrund, der im östlichen Gedankengut schon seit Jahrtausenden verankert ist. In diesem universellen Feld, in dem auch unser Bewusstsein beheimatet zu sein scheint, (siehe auch das Kapitel "Archäologie mal ganz anders") fallen Ursache und Wirkung in einem Punkt, im raumzeitlosen "Nichts" zusammen. Jegliche Trennung von Lebewesen und Objekten, Vergangenheit und Zukunft werden hier als grundsätzliche Illusionen entlarvt. Die Konsequenz lautet wiederum: **Auf dieser Ebene steht alles in unmittelbarer Wechselwirkung zueinander, in einem pulsierenden Lebensnetz, das alles durchdringt und umspannt.** Es ist die für den menschlichen Verstand nicht vorstellbare *Einheit*.

Das wirklich Revolutionäre am beschriebenen Photonenexperiment ist, dass die Verbindung der Teilchen **durch keine physikalische Kraft** in Zeit und Raum beschrieben werden kann! Mit dem Aspect-Versuch haben die Physiker definitiv die "alte" Naturwissenschaft überschritten, die die Materie als Grundlage der Wirklichkeit betrachtete.

Hier lassen sich auch deutliche Parallelen zum Modell des Freudschülers C.G. Jung erkennen, der unter anderem das Phänomen der "Synchronizität" beschrieb. Jung, (welcher in regem Kontakt mit dem Physiker Wolfgang Pauli stand), fiel auf, dass bestimmte Ereignisse nahezu zeitgleich aufeinander trafen bzw. auffällig gehäuft auftraten. Geschehnisse, die zwar offensichtlich miteinander zu tun hatten, sich jedoch nicht mit dem mechanischen Ursache-Wirkungs-Prinzip in Raum und Zeit beschreiben ließen.

Beinahe jeder von uns kennt das Phänomen, dass Personen auch, oder gerade, wenn man schon lange keinen Kontakt mehr zu ihnen hatte, genau zu dem Zeitpunkt anrufen, wenn man an sie denkt. Oder der häufig beschriebene Umstand, dass Uhren exakt dann stehen blieben, ein Bild von der Wand fiel etc., als der Sohn im Krieg tödlich verwundet wurde, was im Nachhinein durch überlebende Kameraden bestätigt werden konnte. Mütter spürten oft, dass es in einem bestimmten Augenblick geschehen war, den sie als solchen schmerzlich erkannten. Für Jung waren dies keine Zufälle im herkömmlichen Sinne. Er glaubte, wie auch Koestler *(Die Wurzeln des Zufalls)*, an eine geistige Dimension, die alle Ereignisse, jenseits physikalischer Verbindungen, koordiniert und vernetzt.

Natürlich gibt es da immer noch die große Mehrheit an Wissensverwaltern und Technokraten, die diese weiterführenden Gedanken als haltlose Spekulation bzw. "esoterischen Nonsens" abtun. Das ist ihr gutes Recht. Und in der Tat ist es auch viel einfacher und bequemer, mit den Wölfen zu heulen und Andersdenkende im Dunstkreis Gleichgesinnter zu diskreditieren, als sich dem zu öffnen, was bisher unmöglich schien.

Letztendlich waren es stets die wenigen herausragenden Pioniere, die unsere Entwicklung voran trieben und nicht zuletzt Weltanschauungen aus den maroden Angeln hoben, wenn diese sich selbst überlebt hatten. Es sind die Forschungsergebnisse und mutigen Gedankengänge dieser Avantgarde von Freidenkern, die zunehmend das experimentell bestätigen, was so mancher, auf intuitivem Wege, längst als Wahrheit für sich erkannt hat.

Das Primat der Gene und andere Irrtümer

Seit einiger Zeit macht ein neuer Forschungszweig der Biologie von sich Reden – die Epigenetik. Was sie ans Tageslicht bringt, darf ebenfalls als sensationell bezeichnet werden. Hier wurde unter anderem entdeckt, dass die DNS in den Genen beim Zeitpunkt der Geburt noch gar nicht vollständig festgelegt ist. Was nichts anderes bedeutet, als dass diese nicht, wie bislang angenommen, unser Leben vorausbestimmen und diktieren! Äußere Faktoren, wie Stress, Strahlung, Gedanken, Gefühle, Ernährung etc. können die Gene beeinflussen, ohne jedoch ihre grundlegende Zusammensetzung in Frage zu stellen. Die Epigenetiker haben herausgefunden, dass die Proteine in den Chromosomen eine mindestens ebenso wichtige Rolle bei der Vererbung spielen, wie die DNS selbst. Wie ist das zu verstehen?

Ein Chromosomenstrang besteht im Grunde aus der DNS und aus einfachen Regulationsproteinen, die diese wie eine Art Mantel umhüllen. So lange diese Hülle intakt ist, kann die Information eines Gens nicht gelesen werden. Es ist sozusagen inaktiv. Nun stellten sich die Forscher die Frage, wie diese Ummantelung gelöst werden kann, damit etwas geschieht. Die einfache Antwort lautet: Durch *Signale aus der Umgebung*, welche das schützende Regulationsprotein dazu bringen seine Form zu verändern, damit das Gen lesbar bzw. aktiv wird. Durch diese neue Erkenntnis entsteht ein völlig neuer Informationsfluss, welcher die DNS sozusagen vom "Chefsessel" stößt.

Zuerst erfolgt nämlich das Signal aus der Umgebung, welches das schützende Mantelprotein verändert, von dort geht es über die DNS zur RNS und schließlich zum biologischen Motor des Lebens, zum Protein. Ein Informationsfluss, der in eingeschränktem Maße sogar in die umgekehrte Richtung möglich ist. Nun weisen all diese Sachverhalte darauf hin, **dass unser Leben, unser Verhalten, nicht wie lange behauptet, in erster Linie durch die DNS konditioniert wird, sondern durch äußere Umweltsignale, die bestimmte Gene überhaupt erst aktiv werden lassen!**

Wie zu erwarten, wird an den Universitäten, ungeachtet jüngster Erkenntnisse, auch auf diesem Sektor, nach wie vor, das alte Modell vom "Primat der Gene" gelehrt. Das mechanistische Weltbild soll auch in der Biologie möglichst unversehrt bleiben. Auch hier hat man offenbar wenig Lust darauf, sich kapitale Irrtümer einzugestehen, Lehrbücher umzuschreiben, und zudem steckt sehr viel Kapital in der Genforschung, von der man nach wie vor Dinge erwartet, die sie nie und nimmer erfüllen kann.

Wo befindet sich nun das eigentliche "Gehirn" der Zelle? Bislang wähnte man es im Zellkern, ein wissenschaftliches Postulat, das immer mehr in Zweifel gezogen werden muss, denn: Sogenannte *Prokaryoten*, die primitivste aller Lebensformen, bestehen aus einem Tropfen Zellflüssigkeit, umgeben von einer Membran. Sie verfügen weder über einen Zellkern noch über Organellen! Diese Bakterien- bzw. Mikrobenart kann dennoch Nahrung aufnehmen und ausscheiden, kann Außenreize verarbeiten, Nahrung orten und sich darauf zu bewegen. Der Prokaryot ist sogar in der Lage Feinde wahrzunehmen und vor ihnen zu flüchten, … er muss also über ein gewisses Maß an **Intelligenz** verfügen. Wo aber hat diese ihren Sitz, wenn überhaupt kein Zellkern vorhanden ist? Die Antwort der Epigenetiker lautet: **In der Zellmembran!**

Die Zellmembran ist um ein vielfaches komplexer als bis dato vermutet. Noch vor Mitte des 20. Jahrhunderts wussten wir nicht einmal um deren Existenz. In ihr befinden sich sogenannte *Membranproteine*, die sich in zwei Gruppen unterteilen lassen: *Rezeptorproteine* und *Effektorproteine*. Erstere lassen sich mit unseren Sinnesorganen vergleichen, letztere mit der ausführenden Motorik. Die traditionelle Lehrmeinung, dass nur physikalische Moleküle, beispielsweise Hormone, auf die Zelle einwirken können, wurde mit den Enthüllungen der Epigenetik hinfällig. Man stellte fest, dass selbst Licht, Klang, Strahlung von z.B. Mobilfunktelefonen, ja sogar Gedanken und Gefühle, von speziellen Rezeptoren registriert und verarbeitet werden. Ist ein Reiz erst mal aufgenommen, treten die ausführenden Effektorproteine in Aktion, die nun über spezielle Signale auf die "Mantelproteine" der Gene und somit auf die DNS selbst Einfluss nehmen. **Das Gen wird auf diese Weise aktiviert oder deaktiviert! Und der Impuls dafür kommt nicht etwa aus dem Zellinneren, sondern von außen über die Zellmembran!**

Die Zellfunktionen werden somit durch ihre Interaktion mit der Umgebung gesteuert, und erst in zweiter Linie durch ihren genetischen Code. In der DNS ist zwar der gesamte Bauplan enthalten, doch steuert sie keineswegs die Funktion der Zelle. Die Tatsache, dass die Zellmembran intelligent auf Umweltreize reagiert und daraus ein Verhalten ableitet, macht sie zum eigentlichen Gehirn der Zelle. Entferne von einer Zelle die Membran und sie wird unmittelbar zugrunde gehen. Ohne Kern, ohne DNS jedoch, wird sie noch ein paar Wochen leben, und auch nur deshalb sterben, weil ihr ohne Kern das Gen-Programm fehlt, um alte Proteine zu ersetzen bzw. andere zu erzeugen. Im Grunde funktioniert die Zellmembran ähnlich wie ein Computerchip. Auch der Chip ist ein flüssiger Halbleiter mit unterschiedlichen Kanälen, und Zellen sind gleichermaßen programmierbar wie ein Chip. Was den Programmierer angeht, so sitzt dieser sowohl bei der Zelle als auch beim Rechner außerhalb. Man könnte sagen: **Das Umfeld programmiert die Zelle über die Membran!**

Wir wissen jetzt, dass sämtliche Lebensprozesse durch Proteinbewegungen gesteuert werden, Proteine, die wiederum aus Aminosäureketten bestehen bzw. aus subnuklearen Teilchen. Der Forscher Bruce Lipton ("Intelligente Zellen") beklagt, dass der Durchschnittsbiologe weder von Quantenphysik noch von Epigenetik eine Ahnung hat, da sie erstens in seinem Studium nicht enthalten sind, und zweitens bei den meisten auch das Interesse dafür fehlt. Dasselbe gilt natürlich für die meisten Physiker im umgekehrten Fall.

Dabei muss man sich darüber im Klaren sein, dass sich sogar Vertreter innerhalb der selben Wissenschaftsdisziplin oft schwer damit tun, zu verstehen, von was der Kollege überhaupt spricht. Der Grund ist: Wir leben in einer Zeit der extremen Spezialisierung auch innerhalb der Fachgebiete. Man kennt sich in seinem Teilbereich zwar sehr gut aus, hat aber meist keine große Ahnung davon, was der andere so treibt. Wenn dieses Phänomen der "Betriebsblindheit" schon in der gleichen Disziplin beobachtbar ist, um wie viel ausgeprägter muss dieses Kommunikationsproblem gar zwischen den Vertretern unterschiedlicher Fakultäten sein? Selbstverständlich muss die Quantenphysik auch in die Zellbiologie, ja überall mit hinein spielen, da nun mal alles in unserer Welt aus subatomaren Teilchen bzw. Wellen (Quanten) besteht.

Dem materialistischen Weltbild mitunter am meisten verhaftet, ist nach wie vor die moderne Medizin. Bei allen großen, segensreichen Fortschritten, was den operativen, den Akut- und Notfallbereich anbelangt, haben wir, ungeachtet (oder wegen!) einer Flut chemischer Arzneimittel, ein Heer chronisch kranker Menschen. Der Arzt, einst noch ein Künstler der Heilkunde, der das Wesen von Mensch und Krankheit ganzheitlich erfasste, wird heute mehr oder weniger zum Techniker ausgebildet. Gebannt starrt man auf Blutbilder, Laborkurven, Richtwerte und Diagramme, bekämpft Krankheitssymptome, analysiert, zerpflückt und zergliedert, in der fixen Überzeugung, des Menschen Essenz und Wesen erschöpfe sich in der genauen Kenntnis seiner Biochemie. Die umwälzenden Erkenntnisse der Neuen Physik, Biologie, Transpersonalen Psychologie, Hirnforschung etc. sowie das Wissen der alten Lehren, die ein gravierendes Umdenken in Diagnostik und Behandlungsweise erfordern würden, werden dem Studenten bis dato nicht einmal ansatzweise vermittelt. Das Grundproblem stellt auch hier eine Medizin dar, die am Tropf einer gewaltigen Industrie hängt, die Abermilliarden damit verdient, dass der Mensch auch weiterhin krank bleibt! – Das klingt geradezu grotesk, ist aber in unserem System die zu beobachtende Normalität.

Wenn es daher um Heilung im wahrsten Sinne gehen soll, um Prävention, sowie das "Gesundbleiben", dann wird man in Zukunft auch in diesem Bereich an einem generellen Umdenken nicht vorbeikommen. Die Beendigung der Herrschaft des pharmazeutischen Kartells über die Medizin ist dabei unabdinglich. Die bevorstehende globale Bewusstseinserweiterung wird es mit sich bringen.

Experimente mit menschlicher DNA

An der russischen Wissenschaftsakademie unter der Leitung von Dr. Vladimir Poponin wurden von 1993 – 2000 Versuche mit genetischem Material durchgeführt.

Mit faszinierenden Ergebnissen:

1. Experiment:

In einer Spezialröhre wurde ein Vakuum hergestellt, wobei sich als Folge in der Röhre nur noch Lichtphotonen befanden. Die Lichtteilchen wiesen dabei, wie erwartet, eine chaotische Verteilung im Raum auf. Als man nun Proben menschlicher DNS in die Röhre gab, geschah etwas Merkwürdiges: **Wie durch "Zauberhand" ordneten sich die Photonen plötzlich nach Mustern!** Wurde die DNS aus der Röhre wieder entfernt blieb die Ordnung dennoch bestehen.

Daraus ergaben sich für die Forscher zwei wesentliche Schlussfolgerungen:

1. **Es existiert ein bisher unbekanntes, alles verbindendes Energiefeld.**

2. **Menschliche DNS beeinflusst Materie, sprich Photonen (woraus unsere Welt besteht).**

2. Experiment:

Isolierte DNS-Proben wurden **räumlich getrennt** von den jeweiligen Spendern aufbewahrt. Anschließend wurden den Probanden Videosequenzen zur Erzeugung unterschiedlicher Gefühle, wie Wut, Angst, Trauer, Mitgefühl etc. gezeigt.

Das Resultat: **Es konnte eine deutliche elektrische Reaktion an der DNS verzeichnet werden!** In einem Folgeexperiment wurde eine Probe 350 Meilen entfernt vom Spender aufbewahrt. Das für die Forscher Unfassbare: Gefühlsreaktion des Spenders und Reaktion der räumlich entfernten DNS erfolgten **gleichzeitig,** was mit einer Atomuhr gemessen wurde.

(Wir erinnern uns: Laut traditioneller Physik ist das nicht möglich, weil hier zwischen Ursache und Wirkung immer etwas Zeit vergehen muss.)

Die weiteren Schlussfolgerungen:

1. **Es existiert ein alles verbindendes, raumzeitloses Quantenfeld.**

2. **Menschliche Gefühle haben eine direkte Auswirkung auf die DNS (vgl. Epigenetik). Die Entfernung spielt dabei keine Rolle!**

(Unter diesen Gesichtspunkten müssen auch Organverpflanzungen neu bewertet werden.)

In einem 3. Experiment wurde festgestellt, dass menschliche Gefühle sogar die *Gestalt* der DNS beeinflussen.

Zusammenfassung:

1. **Menschliches Bewusstsein bzw. Gefühle beeinflussen die DNS, welche wiederum eine direkte Wirkung auf die Substanz (Lichtphotonen) hat, aus denen unsere Welt besteht!**

2. **Die bisherige Lehrmeinung, wir seien die Opfer unserer unveränderbaren Gene und ihnen hilflos ausgeliefert, erweist sich als weiterer Trugschluss.**

<u>Weitere Versuche:</u>

Bei Untersuchungen mit HIV-Patienten im *HearthMath Institute* zeigte sich, dass Gefühle von Dankbarkeit, Wertschätzung und Liebe 300000 mal mehr Abwehrkräfte erzeugten, als bei Personen, die keinen Zugang zu diesen Gefühlen hatten.

Bei einem Versuch im *Pavlow-Institute of Psychology* in Moskau nahm man einer Rattenmutter ihre sechs Jungen weg und brachte sie, weit voneinander entfernt, an sechs verschiedene Orte. Später wurden unterschiedliche Gefühlszustände bei der Mutter erzeugt, wobei die Jungen wiederum zeitgleich darauf reagierten.

Psychologie in der Sackgasse

Erst im 19. Jahrhundert in den Stand der empirischen Wissenschaften erhoben, wurde die Psychologie in akademischen Kreisen lange Zeit stiefmütterlich behandelt. Um von den konservativen Naturwissenschaften schließlich ernst genommen zu werden, sah sie sich gezwungen, einen folgenschweren Kompromiss einzugehen: Sie passte ihr Denken und Ihre Methodik der mechanistischen Weltsicht an. Verfügte der Mensch der Antike noch über einen unsterblichen Geist und eine Seele, so sah er sich nun auf eine, wenn auch hochkomplexe, Maschine reduziert. Alles, was ihn ausmachte, wurde kurzerhand auf das lapidare Zusammenspiel von Biochemie und Neuronen vereinfacht. Das spirituelle Wesen des Menschen, seine essentielle Natur, wurde aus den Fakultäten verbannt, und mit ihr die Chance auf Heilung im ursprünglichen Sinne. Die Erfolge einer derart entwurzelten, vereinfachten Psychologie müssen schon allein aus diesem Zusammenhang heraus temporär und auch sonst limitiert bleiben – was durchaus der beobachtbaren Realität entspricht.

Damit soll die universitäre Psychologie keineswegs herabgewürdigt werden. All ihre therapeutischen Maßnahmen haben ihren unbestreitbaren Wert. Mit ihren theoretischen und auch praktischen Ansätzen können sie dem Einzelnen sinnvolle Hilfe und Unterstützung geben. Wenn es jedoch um die Belange des spirituellen Menschen, die Seele geht, erweist sich ihre Methodik als unzureichend, was in nicht wenigen Fällen zur dauerhaften Verabreichung fragwürdiger Medikamente führt, welche die tiefliegende Problematik oftmals nur "deckeln". Tatsächlich kann sie dem Menschen weder seine tief verwurzelten Ur-Ängste nehmen, ihn zum stabilen inneren Frieden führen noch seine brennende Sehnsucht stillen, da sie im Grunde, ähnlich dem schulmedizinischen Vorbild, zumeist Symptome behandelt und nicht die zugrundeliegenden Ursachen, die sich gerade hier auf einer völlig anderen Ebene befinden. Mit der Annahme eines unsterblichen Geistes, welcher eben solchen Gesetzmäßigkeiten unterliegt, einer inneren Intelligenz- und Kraftquelle als sicherste Anlaufstation für alle Lebensprobleme, sowie einer rigorosen Eigenverantwortlichkeit für das eigene Schicksal, ist die konventionelle Psychologie ebenso überfordert, wie der Frosch im Brunnen mit der Beschreibung des Ozeans.

Die künstliche Trennung von wahrer Religion (Spiritualität) und Naturwissenschaft hat uns in die berühmte Sackgasse geführt. "Religio" bedeutet "Rückbindung" und in eben dieser Ankoppelung an die geistige Heimat, an unseren göttlichen Ursprung, findet Heil-Sein im eigentlichen Sinne statt. Menschen, die es erleben, beschreiben es als ein "nach Hause kommen". Im rationalen Weltbild der Schulpsychologie ist dieses Wissen nicht mehr enthalten, wodurch sie ihren Wirkungsgrad unnötig begrenzt.

Der in Fachkreisen angesehene Arzt und Psychiater Stanislav Grof hat zusammen mit seiner Frau ein System entwickelt, welches die konventionellen Grenzen überschreitet. Sie nennen es "Holotrope Therapie", ein ganzheitlicher Ansatz, der aus einem beschleunigten Atemrhythmus, spezieller Musik und gezielter Körperarbeit besteht. Die Mysterienschulen und Naturvölker, die Heiler und Priester alter Kulturen wussten seit jeher, dass der Atem als Bindeglied zwischen Seele, Geist und Körper fungiert. Selbiges Gedankengut findet sich im Kundalini- und Siddhi-Yoga, in der buddhistischen und taoistischen Meditation, sowie in anderen spirituellen Traditionen. In Verbindung mit Tanz, Klang und Rhythmus werden Trancezustände erzeugt, die in der Lage sind, tiefgreifende Heilungsprozesse auf psychischer und körperlicher Ebene einzuleiten. Grof selbst hatte viele Jahre konventionelle Psychotherapie betrieben und war über die unbefriedigenden Resultate frustriert. Auf der Suche nach neuen Möglichkeiten verband er traditionelles Wissen mit den neuesten Erkenntnissen der Bewusstseinsforschung, woraus eine bestimmte Richtung der **"Transpersonalen Psychologie"** entstand. Transpersonal deshalb, weil sie weit über die biographische Ebene, sprich, die aktuelle Persönlichkeit bzw. Verkörperung und das individuelle Unbewusste hinausgeht. In der klassischen Psychotherapie, angelehnt an die Arbeiten Sigmund Freuds, wird in erster Linie mit verbalen Techniken gearbeitet. Hier werden vor allem Kindheitstraumata bearbeitet, soweit diese überhaupt erinnert werden können, und man erhält Zugang bestenfalls zum persönlichen Unbewussten. Dieses beinhaltet alle Geschehnisse, die einer Person in ihrem aktuellen Leben bis zurück in die frühe Kindheit widerfuhren – es ist die *biographische Ebene*.

Grofs Ansatz hingegen verlässt den begrenzten Rahmen unserer Fünf-Sinne-Welt und öffnet das Tor zum transpersonalen Bereich, dort wo die Grenzen von Zeit und Raum verschwimmen. Er hat in über 40 Jahren therapeutischer Arbeit Tausende von Klienten betreut, zum Teil Menschen, die unter schwersten Depressionen, Psychosen, Schizophrenie, traumatischen Neurosen, Verhaltens- und Angststörungen etc. litten. Was Grof beschreibt, ist, dass hier oft mit wenigen Sitzungen mehr erreicht wird, als in jahrelanger Psychoanalyse bzw. mühseliger Gesprächs- und Verhaltenstherapie. Dabei ist es, wie er stets betont, nicht er, Grof selbst, der diese zum Teil spektakulären Ergebnisse hervorbringt, sondern die Aktivierung tiefenpsychologischer Heilmechanismen, verursacht durch **veränderte Bewusstseinszustände**. Zustände, in denen tiefliegendste Problematiken und Blockaden an die Oberfläche gebracht und angeschaut bzw. aufgelöst werden können.

So kommt es nicht selten zu sogenannten "perinatalen Erfahrungen", welche unter anderem die embryonale Situation im Mutterleib, wie auch den biologischen Geburtsvorgang beschreiben. Auffällig ist, dass der Klient die damalige Situation nicht etwa als teilnahmsloser Beobachter erlebt, sondern als Hauptakteur des Geschehens. So nehmen viele die für Embryonen typisch eingerollte Körperhaltung ein, empfinden das Gefühl ozeanischer Geborgenheit in der Fruchtblase, erleiden womöglich Todesängste bei Einleitung des Geburtsvorganges und so fort … Dieses Wiederaufflammen pränataler (vorgeburtlicher) Ereignisse, geht dann oft einher mit ähnlich gearteten Erlebnissen aus früheren Existenzen oder Zuständen, die ebenfalls mit dem Schlüsselthema "Geburt und Tod" in Zusammenhang stehen. Im positiven Fall könnte es sich um eine Situation handeln, in der man durch einen klaren Gebirgssee schwimmt, sich unendlich wohl und getragen fühlt oder auch eine gegensätzliche Szenerie auf einem Schlachtfeld, wo man als Krieger von einem Speer durchbohrt wird und dem Tod unmittelbar ins Auge blickt. "Tod und Geburt" fungieren hier sozusagen als Schnittstelle zur transpersonalen Ebene des Seins.

Dies erklärt dann auch einen interessanten Aspekt der schon zum Gegenstand zahlreicher Untersuchungen wurde: Warum so viele Menschen mit Nahtoderfahrungen, wie beispielsweise verhinderte Selbstmörder, Schwerstkranke oder Unfallbeteiligte, zum Teil drastische Persönlichkeitsveränderungen erfahren, die ihr gesamtes Leben, gerade in weltanschaulicher Hinsicht, komplett verändern.

Im Grunde lässt sich das menschliche Leben auf die Phasen zwischen Empfängnis und Geburt reduzieren. Alles, was er "draußen" an Gefühlen und Zuständen erfahren kann, ist hier in der Zeitrafferversion enthalten. Von dem Gefühl grenzenloser Harmonie und Geborgenheit, bis hin zu heftiger Todesangst, Schmerz und Bedrängnis. Diese Ansicht ist nicht neu. Sie ist seit vielen Jahrhunderten Inhalt spiritueller Lehren. Dass die Transpersonale Psychologie diesen Sachverhalt auf ihre Weise wiederentdeckt, ist nur ein weiterer Hinweis auf eine allgemeine Rückbesinnung des vergessenen Wissens. Und eine weitere Bestätigung des universellen Gesetzes, das da lautet: "Wie oben, so unten". In jedem Teil spiegelt sich das Ganze wider. Ebenfalls bemerkenswert ist, dass manche Klienten während der Holotherapie "Zugriff" auf das Tier-, Pflanzen- und Mineralreich, auf Vergangenheit und Zukunft, auf Archetypen, auf die Sphären der unsichtbaren Welten, jenseits von Raum und Zeit haben, also auf ein Wissen, das sich weit jenseits der Verstandesgrenzen befindet.

Wenn jemand sich im Laufe einer holotropen Sitzung mit dem Bewusstsein einer Pflanze identifiziert und urplötzlich umfassende Kenntnisse über Botanik und den hochkomplizierten Vorgang der Photosynthese erlangt, die selbst für Biologen Neuland sind, dann sollte das auch Skeptiker zumindest nachdenklich stimmen. Es gibt zahlreiche dokumentierte Beispiele, wo Sitzungsteilnehmer spontan zu Informationen kamen, die sie über die gewöhnliche Sinneswahrnehmung unmöglich hätten erreichen können bzw. nie zuvor gehört oder gelesen hatten. Dazu gehören auch detaillierte Beschreibungen von Orten der Gegenwart und fernen Vergangenheit, von Gegenständen, Fakten und Begebenheiten, deren Authentizität im Nachhinein überprüft werden konnten. Grof selbst hatte genügend Fälle, in denen Teilnehmer sogar atomares oder kosmisches Bewusstsein erlangten und plötzlich zu einem tiefen Verständnis über die kompliziertesten Zusammenhänge des Mikro- und Makrokosmos kamen.

Was er hier skizziert, ist im Grunde nichts anderes, als eine **neue Kartographie der menschlichen Psyche.** Eine erweiterte Theorie über die Natur menschlichen Bewusstseins, welche das cartesianisch-newtonsche Modell aus den mittlerweile rostigen Angeln hebt. Es zeigt, dass der Mensch weitaus mehr ist als Gehirn, Verstand und Biochemie, dass er über ein Bewusstsein verfügt, welches sowohl Raum und Zeit als auch unser herkömmliches Denken übersteigt.

In seinem Buch "Das Abenteuer der Selbstentdeckung", schreibt Grof:

"Es gibt zahlreiche Hinweise darauf, dass der transzendente Impuls die wichtigste und mächtigste Kraft im Menschen ist. Das systematische Leugnen und Verdrängen der Spiritualität, das für die moderne westliche Gesellschaft so charakteristisch ist, kann sich als ein kritischer Faktor erweisen, der zu Entfremdung, Existenzangst, zu psychopathologischen Erscheinungen beim einzelnen Menschen und der Gesellschaft, zu Kriminalität, Gewalttätigkeit und selbstzerstörerischen Tendenzen der heutigen Menschheit beiträgt ... Bedeutung und Wert transpersonaler Erlebnisse sind gewaltig. Es ist eine große Ironie und eine der Paradoxien der modernen Wissenschaft, dass Phänomene, deren heilende Kräfte das meiste übertreffen, was die westliche Psychiatrie in dieser Hinsicht zu bieten hat, im Großen und Ganzen als pathologisch (krankhaft) abqualifiziert und wahllos mit Pharmaka oder anderen Mitteln gedämpft bzw. unterdrückt werden."

Selbsterfahrungstherapien wie Stan Grof sie vorstellt, sind in der westlichen Psychotherapie relatives Neuland. Nichtsdestotrotz sind sie seit vielen Jahrhunderten bzw. Jahrtausenden in Gebrauch. Man denke dabei an die Prozeduren von Schamanen, in Heilungszeremonien von Naturvölkern, in Übergangsriten, in den alten Tod- und Wiedergeburtsmysterien usf. Dass die akademische Psychologie dieses wertvolle Wissen, das sich in der Praxis bereits zigtausendfach bewährt hat, nicht freudig in ihren Maßnahmenkatalog integriert, sondern sich vielmehr dagegen sträubt, zeigt eine immer noch herrschende Unflexibilität im System. Ein System, in dem es offenbar weniger um Wahrheitsfindung und das höchste Wohl des Menschen geht, sondern um Bilanzen, akademische Arroganz und das rigorose Verteidigen alter Zöpfe. Natürlich bedarf es einer gewissen Größe, um zuzugeben, dass eine holotrope Therapie, eine spirituelle Gotteserfahrung bzw. das Erleben einer Grenzsituation manchmal in Sekunden oder Minuten einen derart tiefgreifenden Heilungsprozess auslöst, der sonst einer jahrelangen konventionellen Therapie bedarf. *"Eine wirklich effektive Behandlung kann sich nicht auf das Aufarbeiten biographischer (dieses Leben betreffender) Probleme beschränken"*, schreibt Grof unmissverständlich dazu. Seiner Erfahrung nach müssen sowohl der Geburtsvorgang als auch der transpersonale (Raum und Zeit überschreitende) Bereich mit einbezogen werden.

So bleibt es zu hoffen, dass die vielversprechenden Ansätze Stanislav Grofs und anderer Forscher ernsthaft untersucht werden. Dies könnte man zumindest als wissenschaftliches Gebaren bezeichnen.

Andererseits: Die moderne Naturwissenschaft ist nicht zuletzt ein Kind der Ratio und diese wird, wie bereits beschrieben, alles unternehmen, um die Kontrolle über das Geschehen zu behalten. Im mechanistischen Weltbild fühlt sie sich sicher und zuhause. Sie kann es verstehen. Gleichwohl hat der rationale Verstand durch seine herzlose, rein analytische Betrachtungsweise und entsprechendem Handeln, unsägliches Leiden über die Welt gebracht. Dazu gehören auch sogenannte "Religionskriege", die ausschließlich aus einer rationalen, total beschränkten, von blindem Fanatismus und Intoleranz geprägten Interpretation religiöser Texte entstehen können.

Der Ausweg aus dem persönlichen und kollektiven Dilemma findet sich in der Wiederentdeckung, der Anerkenntnis und dem konsequenten Leben dieser vergessenen spirituellen Dimension, der wahren geistigen Natur des Menschen, die den tiefen seiner Seele entspringt. Sie allein ist in der Lage ihn aus der zersetzenden Abwärtsspirale von Lüge, Angst und Gier zu befreien, da Selbsterkenntnis, gesunde Souveränität, spirituelle Einsicht und die Fähigkeit (unpersönlich) zu lieben ihre Grundlage bilden.

Im 3. und 4. Teil dieser Schrift wird dieser Ausweg deutlich und praktikabel beschrieben.

Die Entschlüsselung der "grauen Zellen"

In der modernen Hirnforschung ist heute gut dokumentiert, welche Aufgaben die jeweiligen Gehirnhälften zu erfüllen haben. Der Idealzustand wird dadurch charakterisiert, dass beide Hemisphären ausgewogen und synchron zusammenarbeiten. Ein gutes Beispiel dafür, was der einseitige Gebrauch der linken (rationalen) Hirnhälfte mit sich bringt, zeigt sich im Leben des bereits erwähnten Genies Charles Darwin (siehe "Darwins Vermächtnis"). In einer testamentarischen Bemerkung, kurz vor seinem Tode, schreibt er, *"dass er nach vielen Jahren rein analytischer Betrachtung der Entwicklung des Lebens das Gefühl für das Ganzheitserlebnis verloren habe, was besonders gegenüber Kunst und Natur erforderlich ist. So sei er seit vielen Jahren außerstande, auch nur eine einzige Zeile Poesie zu lesen. Er habe es mit Shakespeare versucht, doch er fand dies "ungeheuerlich langweilig". Auch habe er jeglichen Sinn für Malerei und Musik verloren. In der Schönheit der Natur finde er lange nicht den Nutzen früherer Tage. Dies sei ein merkwürdiger und beklagenswerter Verlust aller höheren ethischen Sinne. Der Verlust dieser Fähigkeit sei ein Verlust an Glück und könne sogar schädlich für die Intelligenz sein."*

Immer mehr beginne ich zu verstehen, was es bedeutet, eine Hälfte der Wirklichkeit zu Lasten der anderen zu vernachlässigen. Man denke an die einseitig rational orientierte Ausbildung an unseren Schulen und Universitäten, an unsere moderne, überwiegend von Analytikern und Technokraten gesteuerte Gesellschaft, an die hochspezialisierten Gehirne, die in der Lage sind komplexe Waffen- und Vernichtungssysteme zu entwickeln, um diese in Eiseskälte gegen andere Staaten und deren Zivilbevölkerung zu richten. An die fortschreitende Vergewaltigung von Lebewesen, Ressourcen und Natur, des Machbarkeitswahns und des Geldes wegen, ohne einen Funken Gefühl, ohne Weitblick, ohne jeglichen Respekt und Achtung vor dem Wunder dieses Lebens.

Könnten sich die Folterknechte, Tierquäler, Unterdrücker, Vergewaltiger und Massenmörder dieser Welt auch nur annähernd in ihre Opfer hineinfühlen, ... es wäre ihnen unmöglich so zu agieren. Der Oberbefehlshaber, der den Abwurf der Hiroshimabombe anordnete, konnte dies meines Erachtens nur tun, indem er die entsetzlichen Qualen, das unsägliche Leid der betroffenen Menschen rigoros ausblendete, indem seine linke, rationale, analytische Gehirnhälfte die ausschließliche Kontrolle übernahm, wo der Tod, der Schmerz und das Elend von Millionen in Statistiken und Zahlenspielen, in "Menschenmaterial" bzw. "Kollateralschäden" zum Ausdruck kommt.

Um Missverständnissen vorzubeugen: Dies soll keineswegs heißen, dass die linke, rationale Hirnhälfte in irgendeiner Form "minder" sei als die rechte. Es geht hier um die beobachtbare Tatsache, dass jegliche einseitige Ausbildung und Ausrichtung massive

Probleme auf unterschiedlichen Ebenen mit sich bringt. Beide Hemisphären sind gleich wichtig und nur in ihrer Balance ist der Mensch auch im Einklang mit sich und der Welt. Erst die Ausgewogenheit zwischen Rationalität und Analytik auf der einen Seite, sowie Intuition, Spiritualität und Einfühlungsvermögen auf der anderen, machen ihn zu einem verantwortungsbewussten Wesen, das sich als reif und entwickelt bezeichnen darf.

"Wenn man nicht an transzendentale Phänomene glaubt,
sind Gespräche für mich uninteressant. Das Fruchtbare der Quantenmechanik ist, dass sie
die Seiten der Wirklichkeit offenlegt, die vorher ausgeschlossen waren.
Ich sage es so wie Walter Heitler: "Das Geheimnisvolle liegt offen zutage!
(...) Ein Mensch, der nicht an Gespenster glaubt,
ist nach meiner Auffassung intellektuell unredlich."

(Prof. Sven Oluf Sorensen, Physiker)

Archäologie mal ganz anders

Unter dem Begriff "Archäologie" kann sich beinahe jeder etwas vorstellen. Spricht man hingegen von "psychischer Archäologie", so glauben die meisten, sie hätten sich verhört. Dem aber ist nicht so, denn tatsächlich gibt es sensitive Menschen, die über die außergewöhnliche Gabe verfügen, anhand eines ihnen unbekannten antiken Gegenstandes, exakte Rückschlüsse und Beschreibungen hinsichtlich seiner Herkunft und Vergangenheit zu erstellen.

Dabei können die Aussagen sowohl die Örtlichkeit, an welcher der Gegenstand gefertigt wurde, die an seiner Herstellung beteiligten Personen als auch seine komplette Geschichte umfassen. Auch sind diese Leute in der Lage, präzise Angaben darüber zu machen, wo alte Städte, Gebäude oder Ruinen sich in welcher Tiefe unter dem Erdreich befinden, inklusive einer verblüffend genauen Positionsangabe von verschütteten Mauergrundrissen, Türmen und Bauten, mit einer charakteristischen Beschreibung derselben.

Nun denkt man auch hier sofort an billige Taschentricks, an Täuschung und Bauernfängerei, da es nicht in unser vorgefertigtes Grundraster passt, von dem, was möglich ist. Stellt sich unweigerlich die Frage: Existiert eine ernstzunehmende, seriöse Forschung innerhalb dieses Bereiches?

Der mittlerweile verstorbene Präsident der kanadischen Gesellschaft für Archäologie, Prof. Norman Emerson, dürfte in punkto Glaubwürdigkeit und Seriosität allen Anforderungen entsprechen. Emerson galt in Fachkreisen als großer Skeptiker paranormaler Phänomene und hat sich zeitlebens mit "intuitiver Archäologie", wie er sie selbst nannte, befasst. Seine umfangreichen, jahrzehntelangen Experimente und Untersuchungen mit hochbegabten Personen auf diesem Gebiet, bei denen schrittweise jede Möglichkeit der Täuschung ausgeschlossen werden konnte, ließen für ihn keinen anderen Schluss mehr zu, als dass es sich hierbei um Phänomene handelte, die sich dem traditionellen Verständnis entziehen – harte Fakten, vor denen man die Augen nicht länger verschließen konnte.

Selbst die schärfsten Kritiker verstummten angesichts der Beweislast, welche die akribisch durchgeführten Arbeiten Emersons, und der ihn begleitenden Wissenschaftler unterschiedlichster Fakultäten, aufwiesen.

Physikalische Ursachen und Erklärungsmodelle – und nach solchen hatte Emerson und sein Team die ersten Jahre händeringend gesucht – konnten explizit ausgeschlossen werden.

Mit welchen Absonderlichkeiten wurde Emerson nun im Laufe seiner Forschungsarbeit konfrontiert? Man stelle sich dazu mal folgendes Szenario vor:

Eine, sagen wir, vergleichsweise ungebildete Person ist allem Anschein nach in der Lage, über große Entfernung hinweg, detaillierte Positionsangaben über einzelne Bestandteile, einer vor Jahrtausenden verschütteten Siedlung zu erstellen, von der in keinem Archäologie- oder Geschichtsbuch je etwas erwähnt wurde! Die Person trifft unmissverständliche Aussagen darüber, wie sich das Leben in dieser, bis dato unbekannten Siedlung einst abgespielt hat, mit einer erstaunlich genauen Beschreibung der Bauwerke, der damals dort befindlichen Menschen, inklusive deren Lebensgewohnheiten. Angaben, deren Wahrheitsgehalt sich durch die darauf folgende Ausgrabung und Auswertung der Funde bestätigen lassen.

Emersons Team, wie auch andere Forscher (darunter natürlich auch zahlreiche Skeptiker), führen daraufhin – in der Hoffnung, die vermeintlichen Schwindler zu entlarven – eine Reihe von Versuchen mit sensitiv Begabten durch. Dabei wird den Probanden ein antiker Gegenstand in die Hand gedrückt, worauf diese offenbar in der Lage sind, bildhaft, alle Aspekte und Verhältnisse zu beschreiben, mit welchen dieser Gegenstand seit seiner Herstellung in Berührung kam, und das, ungeachtet seines Alters und seiner Herkunft. Hierbei handelt es sich größtenteils um ausgewählte archäologische Fundstücke aus vergangenen Kulturen, von denen der "Prüfling", zumeist schon aufgrund seiner einfachen Schulbildung, keine Ahnung haben kann. Die daraufhin erzielten Ergebnisse sind derart signifikant und geradezu schockierend für die Fachwelt, dass die Tests ausgeweitet werden. Auch vergleicht man die Aussagen verschiedener Sensitiver unabhängig voneinander zum selben Thema und kommt wiederum zu einer sehr hohen, über jede Statistik erhabenen, Übereinstimmung.

Jeden aufgeschlossenen Naturwissenschaftler, dessen Weltbild nicht auf alle Zeit in den Hirnwindungen zementiert ist, müsste so etwas höchst nachdenklich stimmen und neugierig machen. **Was die "psychische Archäologie" vor allem für die moderne PSI-Forschung wertvoll macht, ist die Tatsache, dass hier handfeste Beweise erbracht werden können, die mit nichts wegzudiskutieren sind: Ausgrabungen vor Ort und Stelle!**

Die Arbeiten Emersons dienen nicht zuletzt als Beleg dafür, dass wir in Sachen "Geist und Bewusstsein" erst an den untersten Sprossen einer hohen Erkenntnisleiter stehen und unsere angestaubten Wirklichkeitsmodelle überdenken sollten.

Wer sich nun als Wissenschaftler ernsthaft dafür interessiert, kann jederzeit Einsicht in die ausführlichen Dokumente nehmen, um sich von deren Authentizität zu überzeugen.

Von der Macht des Geistes

Wenn man heute von der "Kraft der Gedanken" spricht, dann sind die meisten Menschen nach wie vor der Überzeugung, dass deren Einfluss über den eigenen Organismus nicht hinausreicht. Schon allein die Vorstellung einer Zitrone lässt bekanntlich Speichel und Verdauungssäfte fließen. Denkt man an eine bevorstehende Prüfung "schlägt es einem auf den Magen", der Appetit ist wie weggeblasen. Das kann jeder nachvollziehen. Die wenigsten jedoch glauben oder wissen, dass der menschliche Geist sogar prinzipiell in der Lage ist, feste Materie über eine gewisse Distanz hinweg zu beeinflussen.

John Hasted war Professor für experimentelle Physik am Birkbeck College der Universität London. Er genoss einen tadellosen Ruf als Wissenschaftler, der sich ein halbes Leben mit Atom- und Molekularphysik beschäftigt hat, und davon, über zehn Jahre hinweg, mit dem Phänomen des "psychischen Metallbiegens". Hierbei handelt es sich um Menschen (Hasted arbeitete fast ausschließlich mit Kindern), die allein durch einen geistigen Willensakt, mess- und teils sichtbare Veränderungen in einer Metallstruktur, im Sinne einer Erweichung und Biegung, erwirken können. In Fachkreisen spricht man auch von "Psychokinese".

Nun erweist sich die Forschung im wissenschaftlichen Grenzbereich als äußerst schwierig und anspruchsvoll, da die zahlreichen Skeptiker gerade dort das kleinste Haar in der Suppe suchen, und es in der Regel auch finden. Deshalb muss die grundsätzliche Frage auch hier lauten: Hat Hasted deren hohe Ansprüche hinsichtlich etwaiger Schwachstellen seiner Tests erfüllen können? Die Antwort lautet: Ja, und zwar ausnahmslos! Auch in diesen Versuchsreihen waren stets mehrere Wissenschaftler beteiligt, wobei die Experimente mit verschiedenen Kameras gefilmt wurden.

Wie darf man sich das Ganze nun vorstellen?

Zunächst brachte man hochsensible Sensoren an den zu biegenden Metallstäben an. Statische Elektrizität, elektromagnetische Wellen oder Verhältnisse in der Umgebung, die das Metall oder die Messgeräte hätten beeinflussen können, ließen sich, durch einen extra abgeschirmten Raum mit Metallboden, von vorn herein ausschließen. Zudem kam ein empfindliches Kontrollmessgerät zum Einsatz, welches *dann* ausschlägt, wenn der Hauptdetektor elektromagnetische, also physikalische Kräfte, anstatt psychischer Einwirkung misst.

Die Versuche wurden wiederholt und genauestens dokumentiert, mit stufenweise verbesserten Kontrollmethoden, unter wechselnden Augenzeugen, worunter sich natürlich auch Wissenschaftler befanden, die Hasted des Schwindels überführen wollten. Dass es ihnen trotz größter Bemühungen nicht gelang, ist ein weiterer Hinweis auf die tatsächliche

Existenz derartiger Phänomene. Was jedoch am meisten irritiert, ist der Umstand, dass trotz der mittlerweile satten Fakten- und Datenlage immer noch so getan wird, als hätten derartig erfolgreiche Experimente niemals stattgefunden. Oder darf hier, wie auch auf zahlreichen anderen Gebieten, schlichtweg das nicht sein, was nicht sein soll?

Eine Fragestellung, an der letztlich keiner, der sich ernsthaft mit der Wahrheitssuche befasst, auf Dauer vorbei kommt.

Quantenbewusstsein

Das Doppelspaltexperiment hat uns gezeigt, dass der menschliche Geist offensichtlich in der Lage ist, subnukleare Teilchen (Quanten) zu beeinflussen. Erst durch den Akt des Beobachtens bzw. Messens wird aus einer unbestimmten nicht-materiellen Welle ein messbares Teilchen. Bis zu diesem Zeitpunkt existiert es in einem "nebulösen" Zustand zu unterschiedlich hohen Wahrscheinlichkeiten überall im Raum verteilt. Gleiches gilt für das ebenfalls beschriebene Photonenexperiment der Aspect-Gruppe, das auf eine alles verbindende raumzeitlose Dimension hinweist. Der Umstand, dass sich die junge Generation von Physikern mittlerweile an diese Phänome gewöhnt haben, sollte uns nicht darüber hinweg täuschen, dass dies nach wie vor höchst sonderbar ist und unsere rein mechanistische Sicht der Dinge klar in Frage stellt.

In diesem Zusammenhang sollen auch Experimente mit sogenannten "Zufallsgeneratoren" erwähnt werden. Ein Forscher, der hier Pionierarbeit leistete, war Robert Jahn, damals Professor und Dekan an der eher als konservativ eingestuften Princeton University. Ende der 70er Jahre führte er umfangreiche Tests mit empfindlichen Geräten durch, die den Einfluss des menschlichen Bewusstseins auf die Umwelt entweder widerlegen oder aber verifizieren sollten. Ausgewählte Testpersonen wurden angewiesen, sich zwischen "Plus" und "Minus" zu entscheiden. Dadurch sollten sie versuchen, die mathematische Normalverteilung (50% Plus : 50% Minus), die das Gerät in unbeeinflusstem Zustand erbrachte, willentlich, durch geistige Aktivität, messbar zu verändern.

Das Ergebnis war höchst interessant: Erwiesen sich die Probanden doch als offensichtlich in der Lage, die erwartete Zufallsverteilung des Generators statistisch signifikant zu verändern. Mit anderen Worten: Allein die bewusste Absicht, die Vorstellungs- und Willenskraft bestimmter Versuchspersonen reichte aus, um das erwartete 50%-zu-50%-Ergebnis derart zu verändern, dass der Zufall als verursachender Faktor, mathematisch gesehen, nicht mehr in Frage kam. Bemerkenswert ist auch, dass bei später durchgeführten Versuchen gleichgeschlechtliche Paare das Gegenteil ihrer Absicht bewirkten, gegengeschlechtliche Paare ein fast viermal stärkeres Resultat erzielten als Einzelpersonen, und Paare, bei denen liebevolle Zuneigung eine Rolle spielte, ein fast *sechsmal* so starkes Ergebnis erzielten wie Einzelpersonen.

Liebe ist wohl nicht umsonst das zentrale Thema der meisten philosophischen Strömungen, in Dichtung, Kunst und Musik. Die oft gehörte Aussage, sie sei die "stärkste Kraft im Universums", findet hier womöglich eine halbwegs wissenschaftliche Grundlage, und wenn man sie selbst schon nicht messen kann, dann wenigsten ihre Auswirkungen. In diesem Kontext wird auch das in der Medizingeschichte häufig beschriebene Phänomen verständlich, dass bei manchen Patienten, allein durch die innige Liebe einer ihnen nahe stehenden Person, sich bösartige Tumoren zurückgebildet haben. Das Gleiche gilt für den Akt aufrichtiger Vergebung, dem nichts anderes als Liebe zugrunde liegt. (Mehr Informationen dazu im praktischen Teil).

Ein weiteres Experiment fand unter der Leitung der amerikanischen Psychologen Dean Radin und Roger Nelson statt. Diese installierten 1997 Zufallsgeneratoren weltweit an 37 verschiedenen Orten. Am 11. September 2001 wichen die Geräte in einem nie da gewesenen Ausmaß vom Zufallsprinzip ab! Die Aufmerksamkeit, die psychische Energie von vielen Millionen Menschen war in diesen Stunden auf das dramatische Ereignis der Anschläge auf die Zwillingstürme fokussiert. Ähnliches ließ sich bereits beobachten, als die Weltöffentlichkeit vom Unfalltod Lady Dianas erfuhr und dementsprechend schockiert war. Auch dies führte zu einer Art Gleichschaltung der Zufallsgeneratoren weltweit, hervorgerufen durch die Kraft des gebündelten kollektiven Bewusstseins zahlreicher Individuen.

Wenn nun das Bewusstsein einen Einfluss auf scheinbar zufällige Quantenprozesse hat – aus welchen sich unsere Realität ganz offensichtlich zusammensetzt – dann hätte dies unabsehbare Konsequenzen auf unser gesamtes Weltbild und auf das, was wir Eigenverantwortung nennen. In einem Universum, in dem im Grunde nichts getrennt voneinander existiert, in dem auf tiefster Ebene alles mit allem interagiert, in einem virtuosen Wechselspiel von Werden und Vergehen, sind wir nicht Zuschauer, sondern aktive Teilnehmer. Untrennbar verwoben in ein multidimensionales, pulsierendes Lebensnetz, "erschaffen"* wir in jedem Augenblick, mit jedem Gedanken unsere Welt, unser Leben, unser Schicksal.

* Wenn man, wie manche Physiker, davon ausgeht, dass alle Möglichkeiten gleichzeitig existieren und wir mit einer davon kognitiv "in Resonanz gehen", dann handelt es sich hierbei keineswegs um einen schöpferischen Akt, sondern um eine Wahl, eine Entscheidung. In einem Multiversum, in dem alle Varianten gleichzeitig vorhanden sind, kann grundsätzlich nichts Neues "erschaffen", sondern nur ausgewählt werden.

Noetik – Die neue Wissenschaft

Ihr Ziel ist es, die Erkenntnisse der modernen Quantenphysik mit denen der Bewusstseinsforschung auf einen gemeinsamen Nenner zu bringen, wobei diese Fachrichtung mittlerweile von großen Institutionen wie der US-Weltraumbehörde NASA finanziell gefördert wird. Der Begriff "Noetos" kommt aus dem griechischen und heißt soviel wie, "geistig wahrnehmbar".

Experimentelle Ergebnisse großer Forschungsinstitute wie IONS oder PEAR weisen darauf hin, dass Bewusstsein unabhängig von Materie existiert und diese sogar verändern kann. Physiker sprechen neuerdings vom "Nullpunkt-Feld", das nichts anderes ist, als das Feld des reinen Potentials, die göttliche Matrix, der schöpferische Urgrund der alten Lehren, oder wie man es auch immer nennen möchte. Es ist das intelligente, informierende, raumzeitlose Feld, das alle Materie durchdringt und alle Teile verbindet. Es ist der Quell allen Lebens, aller Energie, aller äußeren Manifestation. Es ist die Brücke zu Gott selbst, zum "unbewegten Beweger" von Aristoteles.

Der Physiker Puthoff beschreibt das Nullpunkt-Feld als ein *"riesiges Energiereservoir, über das wir noch fast nichts wissen ..."* (...) *"Wenn man zwei Stöcke am Strand in den Sand steckt, die von einer heranrollenden Welle getroffen werden und umfallen"*, versinnbildlicht er, *"dann könnte man sich über die Gleichzeitigkeit wundern, wenn man nichts von der Existenz der Welle weiß."*

Ein weiteres anschauliches Beispiel: Stelle dir fünf Finger vor, die von unten durch eine Gummifläche drücken. Von oben betrachtet ist die verbindende Hand nicht sichtbar und alle Finger <u>scheinen</u> getrennt voneinander.

Auch in der noetischen Wissenschaft, unterstützt von zahlreichen Experimenten, geht man davon aus, dass Gedanken nicht etwa substanzlos sind, sondern eine Art "substanzielle Energieform" bilden, die wiederum in der Lage ist, Materie, sprich unsere Realität, nachhaltig zu beeinflussen.

Hierzu einige interessante Beispiele aus diesem Forschungsbereich:

Experimente des Biologen Bernard Grad von der McGill University in Montreal konnten aufzeigen, dass von Geistheilern behandelter Pflanzensamen deutlich schneller wuchs als unbehandelter.

Carroll Nash, ebenfalls Biologe an der St. Josephs University in Philadelphia, ließ in Laborversuchen Probanden durch gezielte Absicht das Wachstum von Bakterien beeinflussen. Die Ergebnisse waren statistisch signifikant.

In einem weiteren aufschlussreichen Experiment unter Leitung des New Yorker Lügendetektor-Spezialisten Clive Backster wurde die Oberflächenspannung von verschiedenen Pflanzen bei Bedrohung bzw. Verletzung mit einem empfindlichen Gerät gemessen. Das Ergebnis: Die Instrumente zeigten einen deutlichen Ausschlag noch **bevor** Hand an die Pflanzen gelegt wurde. Das bedeutet: Allein die **Intention**, die destruktive Absicht der ausführenden Person genügte, um es die Pflanzen "spüren" zu lassen, was schließlich zu einer Veränderung des elektrischen Potentials führte.

Dr. med. Elisabeth Targ, vom California Pacific Medical Center in San Francisco, ließ 1998 über einen Zeitraum von 6 Monaten hinweg AIDS-Patienten von 40 ausgebildeten Heilern geistig fern behandeln. Das Resultat: Körperliches sowie psychisches Befinden der behandelten Patienten verbesserte sich dramatisch im Vergleich zur Kontrollgruppe.

Anhand dieser Experimente, die nur einen Bruchteil des gesamten Materials bilden, ließen sich, nach Ansicht einiger Wissenschaftler, vermutlich auch Phänomene wie Telepathie (Gedankenübertragung), Präkognition (Vorauswissen), Telekinese (Bewegung von Gegenständen durch Geisteskraft) und viele weitere Phänomene der Parapsychologie plausibel erklären. Auch das "kollektive Unbewusste" C.G. Jungs, das Biophotonenmodell des deutschen Physikers Prof. F. A. Popp, sowie die morphogenetischen Felder des Biologen Rupert Sheldrake fügen sich nahtlos ein in diese Theorie.

Fazit:

Auch diese Experimente weisen auf ein universales Feld hin, über das wir alle – Pflanzen und Gegenstände eingeschlossen – miteinander verbunden sind und kommunizieren. Je nachdem, mit welcher Art Information wir dieses Feld speisen, resultiert daraus Krankheit oder Heilung – für den Einzelnen und die Gesamtheit.

(Quelle: P.M., Welt des Wissens, März 2010)

"Ich habe den Verdacht, dass Geist und Bewusstsein nicht vom Gehirn produziert werden, sondern ein eigenständiges Dasein führen."

(Dr. Sam Parnia, University Southampton)

"Geist muss eine Art dynamisches Muster sein, das nicht so sehr in einem neurologischen Substrat gründet, sondern über diesem und unabhängig von ihm schwebt."

(Richard Feynmann, Nobelpreisträger)

Zwischen Tod und Leben

Mit Erlebnisberichten von Menschen, die sich an der Schwelle des Todes befanden, ließen sich ganze Folianten füllen. Entsprechende Erfahrungen ziehen sich durch alle Zeitalter, Kulturen und Glaubenssysteme. Was überrascht, sind die verblüffenden Übereinstimmungen der Berichte, ungeachtet des Bildungsgrades der Person bzw. ob es sich dabei um einen Moslem, Hindu, Christen, Atheisten etc. handelt. Die bekannte Sterbeforscherin Elisabeth Kübler-Ross hat über Jahrzehnte hinweg, in akribischer Arbeit, in zahllosen Gesprächen mit Menschen, die ein Nahtodeserlebnis hatten, Erkenntnisse gesammelt, die die Annahme einer Weiterexistenz nach dem Tod in den Bereich hoher Wahrscheinlichkeit rückt.

Ein bemerkenswertes Projekt aus dem Jahre 2001 bildet die sog. "Holländische Studie" des Kardiologen *Pim van Lommel*, die er im renommierten britischen Medizinjournal "The Lancet" veröffentlichte. In dieser Arbeit befragten er und sein Forscherteam über 344 Patienten, die allesamt nach einem Herzstillstand reanimiert wurden, innerhalb von 5 Tagen nach der erfolgten Wiederbelebung. Nach Ende der umfangreichen Untersuchungen gelangte er zu einem Schluss, der die Fachwelt aufhorchen ließ:

"Was wir nun wissen, ist, dass die üblichen Erklärungen für Nahtodeserfahrungen nicht stimmen. Sie treten nicht aufgrund von absterbenden Hirnzellen oder einer Veränderung in der Blutzufuhr auf. Auch das Alter, Geschlecht, der Beruf oder die Religion spielen keine Rolle."

Bei sämtlichen Untersuchungsteilnehmern waren zu einem bestimmten Zeitpunkt weder Atem, Puls noch Gehirnaktivität medizinisch nachweisbar. Zwölf Prozent der Untersuchten hatten während des klinischen Todes Empfindungen, Visionen oder erlebten sich außerhalb des Körpers. Van Lommel stellte fest, dass weder physiologische Faktoren, wie die Dauer des Herzstillstandes, Medikamente noch psychologische Komponenten, wie Todesangst oder Religionszugehörigkeit einen Einfluss darauf hatten, ob sich die Probanden an die Nahtodeserfahrung (NTE) erinnern konnten. Trotz eines flachen EEG's, also unter Ausschluss jeglicher Gehirnaktivität, hatte ein Teil der Patienten volles, ja sogar gesteigertes Bewusstsein. Sie erinnerten sich an längst vergessene Kindheitserlebnisse, sahen sich selbst auf dem Operationstisch liegen, konnten Gespräche zwischen dem medizinischen Personal detailgetreu wiedergeben, nahmen Dinge wahr, die sich gänzlich außerhalb ihres Gesichtsfeldes (zum teil sogar außerhalb des Raumes) befanden, spürten ein unbeschreiblich intensives Gefühl von Liebe und Geborgenheit, sahen ein Licht, dessen Strahlkraft und Beschaffenheit sich jeglicher Beschreibung entzieht, hatten Begegnungen mit Verstorbenen und Wesenheiten ...

Es handelte sich um tiefgreifende Erlebnisse, die bei diesen Menschen, nach eigenen Angaben, zu teils dramatischen Persönlichkeitsveränderungen im positiven Sinne führten. Die meisten verloren jegliche Angst vor dem Tod und gelangten zu einer neuen Lebenseinstellung, die es ihnen ermöglichte, das für sie Wesentliche völlig neu zu definieren.

Ein Sachverhalt, der von Kritikern gerne aufgegriffen wird, ist, dass es durch elektrische Reizung bestimmter Hirnareale zu ähnlichen Erlebnissen kommen kann. Dies ist absolut richtig.

Der gravierende Unterschied zu realen NTE's jedoch ist, dass bei klinisch Toten, im Gegensatz zu den "elektrisch Stimulierten" nachweislich <u>keine</u> Hirnaktivität mehr vorhanden ist. Also ein Zustand, in dem das Gehirn weder Bilder, Erinnerungen, Gefühle noch sonst etwas produzieren kann. Auch fehlt bei den künstlich herbeigeführten Zuständen generell das prägende Erlebnis des universellen Lichts, das von Menschen aller Kulturkreise seit jeher beschrieben und nur im Angesicht des Todes wahrgenommen wird. Des weiteren können Personen mit tatsächlichen Körperaustritten bei Nahtodeserfahrungen im Nachhinein Vorgänge beschreiben, die zum Teil völlig außerhalb ihres Gesichtskreises, ja oft kilometerweit entfernt stattfanden. Bei künstlicher Stimulation von Hirnarealen ist dies keineswegs der Fall. Auch konnte bei keinem dieser Probanden ein <u>komplettes</u> Nahtodeserlebnis produziert werden, mit jenen universellen Kriterien und Abläufen, wie sie von Reanimierten weltweit beschrieben wurden und werden. Als letztes Kriterium sei noch angemerkt, dass sich die grundsätzliche Weltanschauung und Gewichtung der Dinge bei Menschen mit realen NTE's oft drastisch verändert. Bei künstlich erzeugten Phänomen ließ sich diese Beobachtung nicht machen.

Ungeachtet der zahlreichen Indizien und Fakten werden in der akademischen Lehrwissenschaft alle genannten Phänomene, nach wie vor, auf rein physiologische Vorgänge wie Durchblutungsstörungen, Sauerstoffmangel oder die Wirkung von Endorphinen reduziert. Alles andere würde selbstredend ein komplettes Umdenken in Sachen Mensch, Bewusstsein, Leben und Tod erfordern, neben dem Eingeständnis – dass man sich geirrt hat.

Der weltweit bekannte Physiker David Bohm bemerkt zu diesem Phänomen:

"Es ist nicht wahr, wenn man behauptet, die Wissenschaft beginne mit Tatsachen. In Wirklichkeit geht die Wissenschaft von der Theorie aus und stellt ihre Fragen aus der Theorie. Nur das, was diese Fragen beantwortet, wird anerkannt. Alle Tatsachen, die gegen die Theorie sprechen, werden ausgeschlossen."

So wird auch die sogenannte "Englische Studie" unter der Leitung des Herzspezialisten Sam Parnia bestenfalls ignoriert. Die britischen Wissenschaftler kamen nämlich zu dem Ergebnis, dass keiner der von ihnen untersuchten Herzinfarktpatienten erniedrigte Sauerstoffwerte im Gehirn während der Zeit des Herzstillstandes aufwies. Auch ist unter Fachleuten bekannt, dass ein Sauerstoffmangel im Gehirn ganz andere Phänomene produziert als ein reales NTE. **Tatsächliche Nahtodeserlebnisse sind allesamt durch einen strukturierten geordneten Ablauf gekennzeichnet, mit verifizierbaren Wahrnehmungen innerhalb der materiellen Welt, sowie auch übersinnlichen Wahrnehmungen.** Dies alles lässt sich bei einem alleinigen Sauerstoffmangel nicht beobachten. Nach NTE's kommt es, wie bereits erwähnt, häufig zu drastischen, oft dauerhaften Persönlichkeitsveränderungen hinsichtlich Lebenseinstellung und Lebensweise. Gier, Engstirnigkeit, Arroganz, Gewinnstreben, Egoismus und Angst vor dem Tod weichen Mitgefühl, Gelassenheit, Vertrauen, Sanftmut und Akzeptanz. Dinge, die bis dato unglaublich wichtig erschienen, geraten in Anbetracht dieser gewaltigen Erfahrung zur Nichtigkeit, was gerade von einstmals sehr materialistisch eingestellten Menschen berichtet wird. **Derart tiefgreifende, dauerhaft positive Veränderungen der Geamtpersönlichkeit in Sachen Lebenseinstellung sind durch äußere physiologische Faktoren wie Sauerstoffmangel, chemische Stubstanzen etc. nicht zu erreichen.** Selbiges gilt für spezifische Hormone. Ihre Ausschüttung während des Sterbevorganges kann zwar flüchtige Glücksgefühle erzeugen, jedoch keine bildhaften Vorstellungen, sowie alle anderen in diesem Zusammenhang beschriebenen außergewöhnlichen Erfahrungen. Auch lassen sich durch diese mechanistische Theorie keineswegs die eher seltenen, aber ebenfalls vorkommenden negativen Sterbeerlebnisse interpretieren, bei denen es ja definitiv zu keinerlei Glücksempfinden kommt.

Die herrschende Lehrmeinung, Bewusstsein wäre vom materiellen Gehirn abhängig, muss nach diesen Ergebnissen eindeutig in Frage gestellt werden. Die Annahme, dass unser Geist etwas Eigenständiges, Autarkes ist – etwas, das weder an Raumzeit noch an Materie gebunden zu sein scheint, wird durch zahlreiche (zum Teil in diesem Kapitel beschriebene) Forschungsergebnisse untermauert. Nimmt man noch hinzu, dass Menschen unterschiedlichster Kulturen und Glaubenssysteme seit Jahrtausenden von spontanen, aber auch willentlich kontrollierten Austritten aus ihrem Körper (ohne dabei zu sterben) berichten, dann ist die anekdotische- und Indizienbeweislast derart hoch, dass man sich fragen muss, worum es den meisten konservativen Geistern wirklich geht.

Prof. Dr. med. Walter van Laack schreibt dazu:

"Nach meinem Dafürhalten ist es (...) erforderlich, auf ganzer Breite der modernen Naturwissenschaften, die Unzulänglichkeit bisheriger, rein auf das Materielle reduzierter Modelle nachhaltig und ganzheitlich aus den Angeln zu heben."

*"Jede Art von Beweisführung wird so lange abgewiesen, wie sie gegen die etablierte
Theorie über die Beschaffenheit der Wirklichkeit verstößt."*

(David Bohm, Physiker)

Ein neues Weltbild entsteht

Wer sich einmal über einen längeren Zeitraum mit dieser Thematik befasst hat, gelangt irgendwann immer wieder zur selben Frage: Bei allem Lug und Trug im Bereich des Paranormalen, bei allen Scharlatanen, Blendern und Trittbrettfahrern, die sich auf diesem Markt tummeln und alles in Verruf bringen, was mit ihnen in Berührung kommt ... Weshalb orientieren sich unsere schulwissenschaftliche Elite und die Vielzahl der Kritiker ausschließlich an jenen schwarzen Schafen, um daraufhin leichtfertige Rückschlüsse hinsichtlich des gesamten Forschungsfeldes zu ziehen?

Die Beweggründe und Verhaltensmuster, so lässt sich leicht erkennen, sind stets die selben. Wenn man beispielsweise heute einen Artikel studiert, in dem beispielsweise die Parapsychologie der "Unwissenschaftlichkeit" überführt werden soll, wird man bald feststellen, dass die jeweiligen Autoren sich gezielt die unseriösen und schwachen Beispiele für ihre Argumentation herauspicken. Dabei werden in der Regel auch nur jene Forscher zitiert, die ohnehin eine starke Voreingenommenheit bezüglich der Thematik haben. Jene Wissenschaftler jedoch, die zu ganz anderen (unliebsamen) Ergebnissen kommen, werden dabei entweder gar nicht oder nur marginal, am Rande erwähnt. Bei manchen wird gar Rufmord betrieben. So wird bewusst oder aus Unkenntnis die aufwändige Forschungsarbeit jener Leute ausgeklammert, deren Inhalte die größte Beweiskraft für die Authentizität parapsychologischer Phänomene in sich bergen. Mit derartiger Vorgehensweise aber müssen sich die selbsternannten Kritiker jener Unwissenschaftlichkeit bezichtigen lassen, die sie den anderen bei jeder Gelegenheit unterstellen.

Zahlreiche Forscher im Bereich der Parapsychologie haben mittlerweile resigniert, weil ihnen längst klar ist, dass jene voreingenommenen Leute niemals auch nur irgendeine Art von Beweis gelten lassen werden, weil von vornherein feststeht, dass dies einfach nicht sein soll. Nur so lässt sich erklären, dass all das umfangreiche und aussagekräftige Datenmaterial gewissermaßen ausgeblendet wird. Die orthodoxe Lehrwissenschaft ist eine der "heiligen Kühe" unserer Zeit. Schon allein der Begriff lässt die meisten von uns in Ehrfurcht erstarren. So unterstellen wir ihr selbstredend Integrität, Aufrichtigkeit und Objektivität, so als ob hier nicht ebenso Menschen mit Charakterschwächen wie Engstirnigkeit, Geltungssucht, Standesdünkel, Profitgier, Eitelkeit etc. beteiligt wären.

Wo es um sehr viel Geld, Ansehen und Einfluss (Macht) geht, wird auch geschwindelt, zurechtgebogen, betrogen und gefälscht. Dieses Faktum zieht sich durch die komplette Geschichte der Menschheit und betrifft *sämtliche* Bereiche unseres Zusammenlebens. Dass ausgerechnet die sogenannte Schulwissenschaft davon ausgenommen ist, wäre höchst verwunderlich und auch gegen jegliche Beobachtung und Erkenntnis menschlicher (Macht)Psychologie.

So wurde beispielsweise durch die Veröffentlichung der Tagebücher des berühmten *Luis Pasteur*, dieser geradewegs des Schwindels überführt, indem er nachweislich Zahlen fälschte, um seiner Zeit die Wirksamkeit der Pockenimpfung zu belegen. Auch befindet sich die gesamte Forschung in starker Abhängigkeit von finanzkräftigen Lobbyisten und Großunternehmen, was allein schon Bände spricht. Selbst in Mainstreamblättern wie der "Süddeutschen" liest man regelmäßig von herstellergesponserten Medikamentenstudien, die in haarsträubender Weise jegliche Transparenz vermissen lassen und – selbstredend – genau die erwünschten Ergebnisse liefern. *(Siehe dazu den mehrfach ausgezeichneten Dokumentarfilm "Das Pharmakartell – wie wir als Patienten betrogen werden.")*

Die Pioniere und Wegbereiter des Neuen Paradigmas beschreiten gewissermaßen den Weg des Widerstandes gegen die gängige Lehrmeinung. In diesem Sinne sind sie durchaus Rebellen. Anstatt die festgefahrenen Glaubenssätze des wissenschaftlichen Establishments widerzukäuen, fordern sie, aufgrund eigener Forschungsergebnisse, ein generelles Umdenken in Sachen Geist und Materie. Ein Umstand, der alle Hebel der Maschinerie in Bewegung setzt, um sie auf wissenschaftlichem Felde ins Aus zu katapultieren, was längst nicht nur für den Bereich der Parapsychologie bzw. PSI-Forschung gilt.

Wenn nun über einen längeren Zeitraum hinweg, in immer strenger kontrollierten Experimenten, unter völligem Ausschluss physikalischer Einwirkungen und Betrugsmöglichkeiten, signifikante Ergebnisse erzielt werden, wie in den letzten Kapiteln beschrieben, tun sich selbst die unerbittlichsten Gegner schwer, das Datenmaterial zu entkräften. Was dann aus Missgunst, Rechthaberei und Hilflosigkeit respektierten Wissenschaftlern zum Teil unterstellt wird, nur um deren Arbeiten zu diskreditieren, geht zum Teil ins Peinliche. Im Sinne einer integren Wissenschaft, die ihren Namen auch verdient, wäre es somit folgerichtig, die sauber dokumentierten Fälle genauer unter die Lupe zu nehmen, anstatt, durch das gezielte Herausfiltern und Hochspielen der Schwindler und Fehlzünder, der Öffentlichkeit ein komplett verzerrtes Bild der gesamten Szene zu vermitteln.

Der unter Kollegen als kritisch eingestufte Psychologieprofessor Hans Jürgen Eysenck schrieb in seinem Buch *"Sense and Nonsense in Psychology"* zum Thema Telepathie, (...) *"wenn es sich dabei nicht um eine gigantische Verschwörung handelt, die weltweit zirka dreißig Universitäten umfasst und einige hundert hochrespektierte Forscher – von denen viele die Behauptung der parapsychologischen Forschung ursprünglich abgelehnt hatten – kann ein unvoreingenommener Beobachter nur zu dem Schluss kommen, dass es eine gewisse Anzahl von Menschen gibt, die Informationen über psychische Inhalte anderer Menschen oder über äußere Sachverhalte auf Wegen erhalten, die für die Wissenschaft noch unbekannt sind!"*

Trotz aller Widerstände scheint der grundsätzliche Wandel im naturwissenschaftlichen Denken nicht mehr aufzuhalten zu sein. Von der Öffentlichkeit kaum wahrgenommen, treffen sich heute namhafte Forscher aus unterschiedlichsten Disziplinen in regelmäßigen Abständen mit Religionsführern und spirituellen Lehrern auf Symposien, um ihre

Erkenntnisse zu diskutieren, um das "Unglaubliche" auf einen Nenner zu bringen. Sie sind die Vorreiter einer erweiterten Weltsicht, eines tieferen Verständnisses der Zusammenhänge unseres Daseins, das in seiner Aussagekraft von unschätzbarem Wert für unsere weitere Existenz sein könnte. Spiritualität und Wissenschaft, zwei Geschwister, einst einer künstlichen Trennung unterzogen, finden in den heutigen Tagen wieder zueinander. Die sichtbare Materie (äußere Realität), sowie die ihr zugrunde liegenden physikalischen Gesetzmäßigkeiten, sind lediglich ein Teil einer weitaus umfassenderen, transzendenten Wirklichkeit. Aus sich selbst heraus kann Materie weder entstehen, existieren noch tätig werden.

Nach wie vor stoßen wir mit unseren einfachen Erklärungsmodellen an natürliche Grenzen: Fragst du beispielsweise einen Physiker, wer oder was das Innere des Atoms zusammenhält, so wird er die Kernkräfte bemühen und eine wirklich befriedigende Antwort auf die Frage schuldig bleiben. Frage einen Mediziner oder Biologen, wie es sein kann, dass ohne unser bewusstes Zutun der hochkomplizierte Heilungsprozess einer Wunde vonstatten geht, so endet sein Latein, in aller Regel, mit der Beschreibung biochemischer Abfolgen. Fragst du ihn weiter, wie sich Zellen mit identischem Genmaterial im Laufe der Entwicklung plötzlich spezialisieren bzw. warum sich die eine zur Knochenzelle und die andere zur Leberzelle entwickelt, wird er höchstwahrscheinlich nur mit den Schultern zucken. Fragst du den Neurologen oder Hirnforscher, was Leben, was Bewusstsein wirklich ist, so muss er zwangsläufig passen. Im Laufe einer solchen Diskussion wird sich jeder Wissenschaftler, soweit möglich, auf bekannte Naturgesetze und mechanistische Grundlagen berufen.

Die wirklich grundlegende Frage aber, die kaum einer zu stellen wagt, lautet:

Wer oder was hat all die Gesetzmäßigkeiten kreiert, ohne die nichts wäre, wie es ist?

Aus sich selbst heraus können sie nicht entstanden sein. Nein, um Gesetze zu kreieren, die auf den Prinzipien höchster Mathematik basieren, braucht es wo etwas wie INTELLIGENZ. Ohne diese Intelligenz, ohne diesen organisierenden, strukturierenden, geistigen Impuls, wäre so etwas wie Materie, sowie deren hochkomplexes Zusammenspiel, überhaupt nicht vorstellbar. Dass unter Ausschluss eines übergeordneten, regulierenden und koordinierenden "Ganzheitsprinzips" auch die Entwicklung der Arten nicht so hätte stattfinden können, wurde bereits weiter oben erörtert. Gleiches gilt für die genannte Zellspezialisierung, wo einzelne Zellen plötzlich ihre Funktion ändern, um die Aufgabe in einem beschädigten Teil des Ganzen zu übernehmen. Dies alles erfordert ein von "oben nach unten" regulierendes "Prinzip", das zwar in die Materie hineinwirkt, jedoch unabhängig von ihr existiert.

Nun sind all diese Begrifflichkeiten eher steril und abstrakt und wohl gut dafür geeignet, die spirituelle Weltsicht auch dem Atheisten/Materialisten halbwegs plausibel zu machen. Der große Max Planck hat sich hingegen nicht gescheut, diesen für den Verstand unbegreiflichen, alles durchdringenden, schöpferischen Geist, der in uns und in allem lebt, so zu benennen, wie es die alten Völker seit jeher getan haben – Gott.

III.

Reality-Resonanz-Training

♦

Allgemeine Theorie

Das Resonanzgesetz – eine Liebeserklärung an das Leben

Eines der wundersamsten Phänomene dieses Universums ist wohl das der Resonanz. Kaum eine Gesetzmäßigkeit zeigt uns eindrucksvoller, dass im Leben nichts getrennt voneinander existiert, außer in unserem Denken und Dafürhalten. "Wie oben, so unten, wie innen, so außen", heißt es in den hermetischen Schriften und die moderne Forschung bestätigt dies mittlerweile auf ihre Weise. "Resonanz ist das erzwungene Mitschwingen eines schwingungsfähigen Systems", lautet die wissenschaftliche Definition. Dieses Prinzip ist den meisten aus der Musik bekannt. Wird beispielsweise eine Stimmgabel angeschlagen, wird eine gleichgeartete ebenfalls in Schwingung versetzt. Das ist längst nicht alles. Wie sehr das Resonanzgesetz unser aller Leben bestimmt, sollen folgende Beobachtungen verdeutlichen:

- Viele Pendeluhren zusammen in einem Raum schwingen sich bald in den selben Rhythmus ein.

- Es besteht eine Angleichung des Atemrhythmus schlafender Personen.

- Sich angleichender Herz- und Atemrhythmus von Patient und Behandler.

- Nähert man zwei isolierte, in ganz verschiedenen Rhythmen pulsierende Herzzellen einander, kommt es noch **bevor** sie sich berühren, zu einer sprunghaften gegenseitigen Angleichung des Rhythmus, der auch beibehalten bleibt.

- Legt man in entspannter Stimmung das Ohr auf die Herzgegend eines Partners, kommt es zur Übereinstimmung der Herzfrequenzen.

- Noch **bevor** man bei einem Radio die exakte Frequenz eingestellt hat, geht es bereits in Resonanz und auf Empfang.

- Es besteht eine Resonanz zwischen Elektron und Positron. Phasenverriegelung (Verbundenheit) aller Teilchen seit dem Urknall.

- In Kristallen bilden Atome Muster, die ihnen erlauben, in energiesparender Weise harmonisch zusammen zu schwingen.

- Resonanz zwischen den Organen.

- Verhalten von Personen, die sich sympathisch sind (dieselben "Wellenlänge" haben).

- Herr und Hund bzw. Partner werden sich im Laufe der Jahre immer ähnlicher.

- Theodor Landscheidt fand eine beeindruckende Analogie zwischen den Zahlenverhältnissen im Sonnensystem und denen im Atom (Goethes Sphärenharmonie, Keplers Vison von Rhythmus, Harmonie und Resonanz der Himmelskörper).

- *"Die Proportionen zwischen Planetenbewegungen sind fast identisch mit denen, die Pythagoras für die Intervalle unserer Tonleiter errechnete."* (Kepler).

- Der Amerikaner Condon fand heraus, dass sich in Gesprächen Zuhörer absolut synchron zu den Worten des jeweiligen Sprechers bewegen. Diese resonanten Minimalbewegungen sind dabei keineswegs die Reaktionen auf Worte sondern finden **ohne Zeitverzögerung** statt.

- Der Physiker David Bohm beschreibt in seinen Arbeiten eine überall auffindbare "implizite Ordnung". Demnach bildet das gesamte Universum eine Art *Hologramm*, wobei das Große auch im Kleinsten enthalten ist. Eine Trennung der Dinge im ursprünglichen Sinne kann in diesem Modell nicht mehr aufrecht erhalten werden.

  Weitere Beispiele hierfür sind: Das Ohr, das Auge, die Zunge, die Hände, die Fußsohlen etc. auf denen sich bekanntlich der menschliche Organismus in all seinen Bestandteilen im Kleinen widerspiegelt, bis hinunter zur Zelle, in welcher ebenfalls der komplette Bauplan des menschlichen Körpers enthalten ist.

Schweigen und sich der Kommunikation entziehen, bildet das Gegenteil von Resonanz, von Reden und Zuhören. Es ist die härteste Waffe und auf Dauer verletzender als Schreien!

Hieraus ergeben sich folgende Erkenntnisse:

Sender und Empfänger tendieren dazu in RESONANZ zu gehen. Es gibt eine der Schöpfung innewohnende Tendenz, Harmonie und Balance anzustreben.

Wir leben in einem Teilchen- bzw. Quantenmeer und Resonanz ist sein Grundgesetz!

Im Reality-Resonanz-Training nutzen wir diese Gesetzmäßigkeit, in dem wir mit der erwünschten Realität in Resonanz gehen. (Wie das funktioniert, wird dir im praktischen Teil schrittweise vermittelt).

<u>Vorteile der Resonanz:</u>

Geringerer Energieaufwand bei gleichzeitig größerer Energieerzeugung.

Beispiele:

- Marschierende Soldaten (Gleichschritt, Singen, Atemrhythmus) => Gefühl von Einheit, Mut und Durchsetzungskraft. (Das Beibehalten des Gleichschritts beim Überqueren von Brücken hat manche schon zum Einsturz gebracht).

- Ein Beispiel aus der Technik ist die enorme Energie, welche freigesetzt wird, wenn die Einzelstrahlen eines Lasers sich bündeln, sprich, in Resonanz gehen.

- Viele Menschen, die gleichzeitig beten, erzeugen ein starkes Kraftfeld. (Siehe auch "Maharishi-Effekt").

Der Gegenpol von Resonanz zeigt sich in der sogenannten "Entropie". Definiert wird diese als eine steigende Tendenz zu Unordnung, Disharmonie, Chaos und Energieverlust in einem **geschlossenen System**. Einige Wissenschaftler sind nun der Ansicht, dass das Universum aufgrund zunehmender Entropie in einer sehr fernen Zukunft den "Wärmetod" sterben wird.

Gegen diese Theorie spricht jedoch, dass es außer unter strengsten Laborbedingungen keine abgeschlossenen Systeme gibt und selbst dort ist es äußerst fraglich. **Wo auf raumzeitloser Ebene alles mit allem zusammenhängt, sind abgeschlossene Systeme rein illusorischer Natur.**

Resonanz wirkt jenseits von Raum und Zeit und schafft Harmonie, Übereinstimmung und Ordnung im augenscheinlichen Chaos. Sie überwindet alle Grenzen, in dem sie die vermeintliche Trennung zwischen den Teilen aufhebt.

So gesehen ist das Resonanzgesetz das Gesetz der Liebe!

Die Macht der Gebete

In einer Zeit der einseitigen Übergewichtung der nüchternen Ratio haben Gebete zunehmend an Bedeutung verloren. So werden sie gerne als "naive Selbstberuhigung" und "Aberglaube" abgetan. Diese Haltung ignoriert jedoch zahllose Erfahrungen und wissenschaftliche Untersuchungen, die in eine andere Richtung weisen.

Der Psychologe Harald Wiesendanger beschreibt in seinem wegweisenden Kompendium, "Das große Buch vom Geistigen Heilen", mitunter das Phänomen der Gebetsheilung.

Wiesendanger: *"Was sich innerhalb dieser Bewegungen (Christian-Science-Church, den Pfingstgemeinden etc.), ebenso wie an Wallfahrtsorten oder im Rahmen christlicher Gebetskreise gelegentlich an "Heilwundern" vollzieht, lässt keinen Zweifel daran: Beten vermag Kranken wirklich zu helfen.*

Zwar machen religiöser Überschwang und bloßes Hörensagen einen Großteil entsprechender Berichte unglaubhaft – doch an etlichen sorgfältig belegten, teilweise sogar von Ärzten dokumentierten Fällen kommen auch hartnäckige Skeptiker schwerlich vorbei. Allein die Christian-Science-Kirche sammelt und veröffentlicht seit über einem Jahrhundert beeindruckende Zeugnisse für die Heilkraft des Gebets, darunter etliche mit medizinischen Gutachten. (...) Es verschwanden keineswegs nur funktionelle Leiden. Auch schwerste organische Krankheiten, derentwegen Betroffene oft schon an der Schwelle zum Tod standen, scheinen mittels Gebet manchmal geradezu schlagartig gelindert oder beseitigt worden zu sein. Belege dafür würden ganze Regalwände füllen. (...) Ähnliche kaum fassbare Spontanheilungen nach Gebeten hat die amerikanische Ärztin Rebecca Beard dokumentiert. (...)

Teilweise vorbildlich belegt sind auch die des italienischen Franziskaners Francesco Forgione, besser bekannt als Pater Pio, der fünfzig Jahre lang die Wundmale Christi an Händen und Füßen trug. Der Rechtsanwalt Alberto del Fante veröffentlichte 47 Gebetsheilungen Pios, die durch ärztliche Zeugnisse und Dokumente belegt sind. So genas der Arzt Dr. Francesco Ricciardi, ein radikaler Atheist, buchstäblich auf dem Sterbebett von einem schweren Krebsleiden, nachdem Pater Pio ihn in seine Gebete eingeschlossen hatte. Bei dem Chirurgen Dr. Antonio Scarparo verschwand ein Unterleibstumor mit Lungenmetastasen. Die Fabrikantentochter Nicoletta Mazoni, die an Gehirnstörungen mit

Zungenparalyse erkrankt war, hatte ihre Eltern seit 6 Monaten nicht mehr erkannt. Die Ärzte hatten sie aufgegeben, doch seit einer Fürbitte Pater Pios galt sie als vollständig geheilt. Gemma di Giorgi war blind, ohne Augäpfel zur Welt gekommen – trotzdem schien Pater Pio sie sehend gemacht zu haben, wie ein fassungsloser Augenarzt in Wahrnehmungstests bestätigt fand. Psychologen der Universität in Freiburg im Br. verbürgen sich für einen Fall von Fernheilung eines organischen Leidens im Anschluss an Pios Gebete, dem sie eingehend nachforschten: Ein an beiden Beinen gelähmter italienischer Landarbeiter, der sich 1940 eine schwere Wirbelsäulenverletzung zugezogen hatte, konnte wieder ungehindert gehen. (...)

Erwähnenswert sind auch die Studien des Arztes Randolph Byrd zur Fernheilung von Herzkranken mit signifikant positiven Ergebnissen. (...) An solchen Fakten ist schwer zu rütteln. Mutmaßungen über zufällige Koinzidenzen muten eher hilflos an."

Auch durch den häufig zitierten *"Placebo-Effekt"* lassen sich viele der Heilungsfälle nicht erklären. Beispielsweise dokumentierte Fernheilungen, wenn Kranke **überhaupt nichts davon wussten,** dass für sie gebetet wurde. Selbiges gilt für entsprechende Erfolge bei Kindern und Bewusstlosen bzw. für Gebetseffekte selbst bei Tieren und Pflanzen, die sich experimentell nachweisen ließen. Auch hierzu wird in Wiesendangers Buch auf seriöse Quellen und Untersuchungen verwiesen.

Bleibt nur zu hoffen, dass derartig revolutionäre Erkenntnisse immer mehr Zugang zu den Menschen finden, so dass ein generelle Erweiterung des Horizontes diesbezüglich nicht mehr aufzuhalten ist.

Wie entsteht die Realität?

Auf welche Faktoren kommt es hier hauptsächlich an? Gregg Braden, Wissenschaftler und Bestsellerautor, ist dieser Frage auf seinen ausgedehnten Reisen nachgegangen. Er sprach mit Schamanen, Heilern, Mönchen, Nonnen ... und fragte sie, **was genau beim Beten sie eigentlich tun?**

Alle antworteten ihm dasselbe: **Es ist das Gefühl!**

Nicht das bloße Wiederholen leerer Worthülsen, sondern das Fühlen, das tiefe Empfinden dessen, was du imaginierst oder sagst, ist der große Katalysator! Wenn das Gefühl (inklusive Vorstellungskraft), im Sinne von **felsenfester Überzeugung**, hinzu kommt, bist du in der Lage "Berge zu versetzen".

Die fünfte Art zu beten

Die Forscherin Margaret Poloma identifizierte vier typische Formen des Gebetes, die im heutigen Westen üblich sind:

1. Umgangsprachliches Gebet

2. Bittendes Gebet

3. Rituelles Gebet

4. Mediatatives Gebet

Braden entdeckte nun auf seinen Studienreisen eine fünfte, vergessene Form des Gebets. Als Quellen dienten ihm die alten Kulturen Chinas, Tibetische Klöster, die Stammestraditionen nordamerikanischer Indianer, sowie die Schriften der Essener (500 v. Chr.), speziell die Schriftrolle des Propheten Jesaja.

Die vergessene **fünfte** Art zu beten ist:

Das erfüllte Gebet!

Bei dieser Form handelt es sich keineswegs um das übliche "Flehen" oder "Bitten", sondern vielmehr um ein **Danken dafür, dass etwas bereits verwirklicht ist!** Diese Geisteshaltung verschiebt nichts in die Zukunft und verhindert zugleich jeglichen Zweifel, dass es sich auch in der Materie realisieren muss.

"Alles, worum ihr betet und bittet – glaubt (fühlt, seid überzeugt, wisst), dass ihr es schon erhalten habt, dann wird es euch zuteil!" (Markus Kapitel 11, Vers 24)

In diesem universellen Schlüsselsatz ist der wohl wichtigste Aspekt der Realitätserschaffung enthalten. Im Grunde erschaffst du nichts, denn alles ist bereits vorhanden. Mit deinem Bewusstsein erzeugst du lediglich eine Resonanz (Gleichschwingung) zur erwünschten Realität und gehst auf Empfang.

Hast du den Impuls gesetzt, besteht dein einzige Aufgabe darin, **im Gefühl der Erfüllung zu verweilen** und keinerlei Zweifel mehr zuzulassen – egal, wie sich die "äußere Realität" im Augenblick noch darstellt!

Du tust das, was getan werden muss, bist wachsam, schaust nach Hinweisen und Gelegenheiten, und bleibst fokussiert. Mehr braucht es nicht.

(Ausführlich beschrieben im 7-Phasen-Prozess im praktischen Teil.)

"Das Feld ist die alleinige Kraft, die die Materie bestimmt."

(Albert Einstein)

Der Maharishi-Effekt

Weltweit gibt es heute eine große Anzahl an wissenschaftlichen Untersuchungen im Bereich der Bewusstseinsforschung. **Mehr als 700 Studien davon untersuchten allein die Auswirkungen der Transzendentalen Meditation an ca. 250 unabhängigen Universitäten und Forschungsinstituten in 30 Ländern.** Die ersten Untersuchungen aus den sechziger und siebziger Jahren waren größtenteils Doktorarbeiten aus Medizin, Psychologie und Soziologie. In den letzten Jahren kamen zahlreiche Arbeiten hinzu, die den höchsten Anforderungen moderner Forschung genügen und daher in über 160 namhaften wissenschaftlichen Fachzeitschriften veröffentlicht wurden. Inzwischen gibt es über 364 gutachtergeprüfte Veröffentlichungen.

Bei den Studien der letzten 25 Jahre wurden die strengsten Forschungsmethoden und Bewertungssysteme der Sozialwissenschaft angewandt, einschließlich der Zeitreihen-Analyse, die wöchentliche und saisonbedingte Zyklen oder Trends der entsprechenden Daten mit einbezieht (Fastenzeit, Jahreszeiten etc.)

Was aber fand man heraus?

Bereits im Jahre 1974 entdeckten Wissenschaftler, dass in vier Städten im mittleren Westen der U.S.A., in denen 1% der Bevölkerung die TM erlernt hatte, die Kriminalitätsrate zu sinken begann! Angeregt durch dieses Ergebnis, sowie durch theoretische Vorhersagen, untersuchte man daraufhin in einer wissenschaftlichen Studie systematisch elf Städte, in denen mindestens 1% der Bevölkerung mit der Praxis der TM begonnen hatte. Diese Studie und weitere wissenschaftliche Untersuchungen ergaben, dass in Städten und Ortschaften der Trend wachsender Kriminalität umgekehrt wird, wenn dort lediglich ein Prozent der Bevölkerung die Technik der TM ausübt – ein Anzeichen wachsender Ordnung und Harmonie.

Wissenschaftler nannten dieses Phänomen *Maharishi-Effekt*, da Maharishi Mahesh Yogi diese Auswirkung bereits 1960 vorausgesagt hatte. **Der Maharishi-Effekt bestätigt nicht weniger, als dass das Bewusstsein jedes Einzelnen einen Einfluss auf das kollektive Bewusstsein und somit auf die gesamte Realität hat!**

Allein die Tatsache, dass viele dieser Studien in führenden wissenschaftlichen Journalen (wie *Journal of Conflict Resolution; Journal of Crime and Justice; Journal of Offender Rehabilitation; Journal of Mind and Behavior; Psychological Reports; Psychology, Crime & Law; Social Indicators Research*) veröffentlicht wurden, unterstreicht deren Glaubhaftigkeit, da genannte Journale hohe Anforderungen an die wissenschaftliche Arbeit stellen.

Die erste experimentelle Bestätigung dieses neuen Ansatzes erfolgte 1982 im Libanon-Krieg. Eine täglich erstellte Studie mit einer Gruppe von Meditierenden zeigte, dass an Tagen, an denen die Teilnehmerzahl hoch war, die Zahl der Kriegstoten um 76 % sank. Außerdem verringerten sich Kriminalität, Verkehrsunfälle, Brände und andere Indikatoren für sozialen Stress signifikant. Andere mögliche Ursachen wurden statistisch herausgerechnet (*Journal of Conflict Resolution.*)

Diese Ergebnisse wurden anschließend in sieben aufeinander folgenden Experimenten über einen Zwei-Jahres-Zeitraum während des Höhepunktes des Libanonkrieges wiederholt. Die Ergebnisse dieser Interventionen waren u.a.:

- **kriegsbedingte Todesfälle verringerten sich um 71 %**

- **kriegsbedingte Verletzungen sanken um 68 %**

- **das Konfliktniveau war um 48 % zurückgegangen**

- **die Zusammenarbeit zwischen den Antagonisten erhöhte sich um 66 %**

Die Wahrscheinlichkeit, dass diese kombinierten Ergebnisse auf reinem Zufall beruhten, war geringer als $1:10^{19}$, so dass diese Wirkung der Verringerung von gesellschaftlichem Stress und Konflikten das signifikanteste Phänomen in der Geschichte der Sozialwissenschaften darstellt (Journal of Social Behavior and Personality, 2005).

Wissenschaftliches Erklärungsmodell:

Wenn eine kritische Masse (Anzahl der Meditierenden) überschritten wird, kommt es zu einem sog. "Phasenübergang". Darunter versteht man das **"plötzliche Ansteigen von Kohärenz (Übereinstimmung, Gleichklang, Harmonie) in der Gesellschaft."**

Gleiches lässt sich im Verhalten von physikalischen Systemen beispielsweise beim Laser oder Supraleiter beobachten. Unterhalb eines gewissen Schwellenwertes herrscht Chaos und Unordnung. Wird der kritische Schwellenwert eines Reizes überschritten, kommt es auch hier zum Phasenübergang, zum perfekten kohärenten gleichförmigen Zustand aller Elektronen – zur Inneren Kohärenz, zur Harmonie im gesamten System.

Das Ganze nennt man **Feldeffekt!**

Fazit: Wenn nur ein relativ geringer Teil der Bevölkerung Frieden in sich erzeugt, ihn fühlt und aufrecht erhält, spiegelt sich dieser Frieden messbar in unserer Umgebung wider!

Hier stellt sich mir wiederum die Frage, wie unsere Welt wohl aussähe, wenn wir bereits von Kindesbeinen an über die Existenz und Funktionsweise unserer psychonoetischen Kräfte aufgeklärt würden, anstatt uns eine sinnentleerte Weltsicht zu vermitteln, in der wir das

Zufallsprodukt eines Maschinenuniversums sind, auf das unsere Geisteshaltung keinen nennenswerten Einfluss hat.

Obige Untersuchungen sind eine weitere Bestätigung des spirituellen Wissens, dass die Außenwelt lediglich ein Spiegelbild (eine Projektion) unserer inneren kognitiven Muster bildet.

Im Klartext: **Da "draußen" passiert überhaupt nichts! – Es ist alles in uns!!!**

Hier erschließt sich auch, welch großartige und faszinierende Möglichkeiten sich vor uns auftun, Menschen, Tieren und Natur zu helfen, selbst wenn wir selbst gar nicht vor Ort sind! Das Gefühl der Ohnmacht und Resignation, das viele von uns empfinden, nach dem Motto, "ich kleiner Wurm kann ohnehin nichts bewirken", kann mit dieser Erkenntnis endlich ad acta gelegt werden. Das **Sein** ist hier von weitaus größerer Bedeutung als das Tun, da es auf der raumzeitlosen Kausal- bzw. Ursachenebene wirkt. Und aus dem richtigen Sein entspringt ganz automatisch das richtige Tun, ganz ohne Schweiß und Tränen.

Hieraus wird auch deutlich, wie wenig zielführend es ist, sich in die allgemeine (von gewissen Kreisen bewusst geschürte) Angst- und Hasspirale zu begeben, die uns alle gegeneinander aufhetzen und trennen soll. Wer in dieser Welt etwas zum Besseren bewirken will, sollte aufhören "gegen" etwas zu sein, und ausschließlich das fokussieren, *wofür* er steht. Oder wie Mahatma Gandhi es so wunderbar formulierte:

"Sei die Veränderung, die du in der Welt sehen möchtest!"

Die Experimente des japanischen Forschers Emoto

Dieser versuchte vor Jahren einzelne Wasser- bzw. Eiskristalle zu isolieren und photographisch darzustellen, was ihm mit Hilfe aufwändiger Technik auch gelang. Hierbei stellte er zu seiner eigenen Verwunderung fest, dass nur sauberes Wasser sechseckige Kristallformen ausbildete. War es verunreinigt und belastet, zerfielen die schönen geometrischen Strukturen in amorphe unansehnliche Gebilde.

In einem Folgeversuch wurde destilliertes Wasser mit unterschiedlichster Musik beschallt, danach eingefroren und die Kristallspitzen wiederum fotografiert. Das Resultat: Wunderschöne Formationen ergaben sich bei den Symphonien der großen Meister der Klassik, sowie chaotische, zerrissene Gebilde bei Heavy-Metal-Stücken mit destruktiven Textinhalten. Dabei fiel dem Team auf, dass beispielsweise die "Pastorale" von Beethoven nahezu identische Kristallmuster erzeugte, wie das Wasser berühmter Heilquellen. Nun wollte Emoto es wissen: Konnten sich vielleicht auch Gebete, Stimmungen, Worte der Liebe oder des Hasses auf die Wasserqualität, auf dessen innere Formgebung auswirken?

Das Ergebnis: Wurde das Wasser mit Gedanken oder Worten des Wohlwollens "beschallt", ließen sich schon bald filigrane sechseckige Exemplare, gleich funkelnden Diamanten, erkennen. Beschimpfte man das Wasser mit schlimmen Ausdrücken, war das Gegenteil der Fall. Es zeigten sich formlos disharmonische, geradezu hässliche Strukturen, die denen von verunreinigtem Wasser stark ähnelten.

Dankbarkeit und **Liebe**, so stellte Emoto ergriffen fest, brachten die schönsten und erhabensten Muster, gleich sonnendurchfluteten Kathedralen, hervor. Was die beteiligten Wissenschaftlern nun gänzlich irritierte, war der Umstand, dass sich die Kristallstrukturen auch dann veränderten, wenn man auf mit Wasser gefüllte Fläschchen Aufkleber mit verschiedenen Worten anbrachte! Egal in welcher Sprache diese Worte geschrieben wurden, das Wasser reagierte entsprechend deren Sinnhaftigkeit und Bedeutung. Die Möglichkeit der mentalen Beeinflussung des Wassers schloss man aus, indem man nicht in das Experiment eingeweihte Personen die Schildchen anbringen ließ.

Ein gedrucktes Wort mag auf physikalischer Ebene eine bloße Ansammlung schwarzer Punkte sein. Dahinter jedoch verbirgt sich reine Information.

Um ein weiteres Experiment durchzuführen, lud Emoto den höchsten Priester des Jyuhouin-Tempels, Pater Kato Hoki ein. Es galt für das Wasser des stark verschmutzten Sees am Fujiwara-Damm in Japan zu beten. Über zweihundert Freiwillige nahmen an der Zeremonie teil. Nach Beendigung des Rituals wurde, wie schon zuvor, eine Wasserprobe tiefgefroren und die sich ausbildenden Kristallspitzen fotografisch abgelichtet. Das sichtbare Ergebnis: Aus den unförmigen, geradezu quallenartigen Gebilden des hochbelasteten Gewässers formten sich, wie durch Zauberhand, feinziselierte, klare, leuchtende Kristallgitter. Und was die Teilnehmer besonders ergriff: Eines der Kristalle wies nicht, wie gewöhnlich sechs, sondern sogar sieben Spitzen auf!

Auch diese Forschungsergebnisse reihen sich nahtlos ein in das Neue Paradigma und bestätigen nicht zuletzt den Einfluss von Gedanken, Worten und Gefühlen auf uns selbst und unser Umfeld. Aus diesem Blickwinkel heraus wird auch das in manchen Kulturen praktizierte Segnen von Speisen und Getränken (Eucharistie) verständlich. Auch die Entscheidung, welcher Art von Musik/Texten und Filmen man sich zukünftig aussetzt, ist, in Anbetracht dieser Untersuchungen, und der Tatsache, dass wir nun mal zu ca. 70% aus Wasser bestehen, von nicht zu unterschätzender (gesundheitlicher) Bedeutung.

Eine Frage des Feldes

Ein Wissenschaftler, der sein gesamtes Leben der sogenannten *Energiefeldforschung* gewidmet hat, ist der russische Heiler und Psychologe Sergej N. Lazarov. Dieser hat die besondere Gabe, das Energiefeld zu "sehen" und zu "lesen", das jeden Menschen umgibt.

Seine Erkenntnis: **Negative Gedanken, Worte und Emotionen verursachen Deformationen in diesen Energie- und Informationsstrukturen.** In diesem Fall befinde man sich nicht mehr im Einklang mit der Harmonie des universellen Feldes.

Lazarov entdeckte, dass Familien, also Großeltern, Eltern, Kinder und Enkel, auf dieser energetischen Ebene ein einheitliches Ganzes bilden, und sich der Gefühlszustand der Eltern direkt auf das Kind, wie auch umgekehrt auswirkt. Bei kleinen, kranken Kindern bemerkte er, dass beispielsweise die Deformation der Feldstruktur des Kindes mit der Deformation des Energiefeldes der Mutter übereinstimmte. Zudem bemerkenswert: Als er die Feldinformation der Mutter korrigierte, hatte dies eine positive Auswirkung auf den Zustand des Kindes, indem es zusehends gesundete. Das heißt:

Die Felder der Familienangehörigen beeinflussen sich in gegenseitiger Wechselwirkung. So betrachtet, ist es von nicht zu unterschätzender Bedeutung, wie man über sein Kind denkt bzw. ob man sich selbst in Harmonie befindet. Er fand weiter heraus, dass dieses Phänomen sogar hinsichtlich Haustieren galt, und die Krankheit eines Tieres häufig aus dem seelischen Zustand des Besitzers resultierte. Die destruktiven Felder ähnelten sich verblüffend, und der Heilung des Besitzers folgte häufig die Genesung des Tieres.

Lazarovs tiefste Erkenntnis nach jahrelanger Forschung und Beobachtung:

Es ist die vertrauensvolle und aufrichtige Hinwendung zum inneren Gott – ihn/sie/es **an erste Stelle** zu setzen, zeitigte, laut Lazarov, die besten und nachhaltigsten Heilungsergebnisse! (Siehe auch "Das unpersönliche Leben"). So gilt es dieses Göttliche in allem und jedem zu sehen, anstatt sich auf die Mängel der begrenzten menschlichen Persönlichkeit zu konzentrieren. Nach seiner Erfahrung leidet der Mensch nur an einer schlimmen Grundkrankheit: **Es ist die mangelnde Fähigkeit wahrhaftig zu lieben – Gott, sich selbst, die Menschen, die Tiere, die Pflanzen, das Universum.** Das Grundproblem sei immer "die Tötung der Liebe in ihrer mannigfaltigen Form", resümiert er. Ein ähnlich hohes Wirkpotential bescheinigt Lazarov dem Akt wahrer **Vergebung**, (die ja nichts anderes als ein Ausdruck von Liebe ist) sich selbst und anderen gegenüber. Da ist es nicht weiter verwunderlich, dass ein permanentes "sich Sorgen", entsprechend seinen Beobachtungen, gleichermaßen eine pathologische Deformation der Feldstruktur hervorruft. Auch *Reue* scheint eine gewichtige Rolle zu spielen. Dabei bedeutet *Bereuen* nicht etwa, sich Vorwürfe zu machen, pausenlos darüber zu sinnieren und zu lamentieren, sondern sich Fehler einzugestehen und diese nicht zu wiederholen – das genügt vollauf.

Der Heiler und Psychologe stellte durch seine Hellsichtigkeit fest, dass sich das Energiepotential des menschlichen Geistes in den letzten Jahrhunderten vervielfacht hat, was nichts anderes bedeutet, als dass die Verwirklichung unserer Gedanken wesentlich schneller erfolgt, als dies in der Vergangenheit der Fall war. Hier empfiehlt er vermehrte **Achtsamkeit** bezüglich dem, was man den ganzen Tag über denkt, spricht bzw. fühlt. Eine regelmäßige, ehrliche Selbstbetrachtung sei eine absolute Notwendigkeit. (Im Praxisteil wird konkret darauf eingegangen.)

Bei vielen sogenannten "Heilungen", konstatiert er, wird das Problem lediglich auf eine andere Ebene verlagert. Ein Symptom verschwindet, ein neues taucht auf, körperlich oder psychisch. *(Dies erinnert durchaus an die Bemühungen unserer modernen Medizin, Krankheiten einzig durch chemische Medikamente zu eliminieren. Verschwindet das lästige Symptom, wird dies oft mit Heilung verwechselt. Die Ursachen, die sich zumeist auf seelischer Ebene befinden, werden in der Regel außen vor gelassen. Dadurch findet lediglich eine sogenannte "Etagenverschiebung" statt – ein neues Symptom entsteht, wofür man wieder ein passendes Medikament findet usf.)*

Nach den Erkenntnissen Lazarovs tut der Mensch gut daran, Geld, Macht und Besitz nicht an erste Stelle seiner Bestrebungen zu stellen, will er körperliche und seelische Gesundheit erlangen. Damit ist keine Verteufelung materieller Dinge gemeint, sondern eine intelligente Auswahl der Prioritätensetzung. Jeder solle sich in erster Linie um die *geistigen Belange*, um sein *Innenleben* kümmern, um die *Hinwendung zur göttlichen Quelle*. Daraus resultiere wahres Glück, innerer Frieden und Heilung im wahrsten Sinne.

Mit diesen Aussagen befindet sich Lazarov im Einklang mit der Philosophie dieses Kurses.

Gesamtbetrachtung und weltanschauliche Konsequenzen

Halten wir ein paar wichtige Dinge fest:

- Es gibt kein "vor dem Urknall" (Singularität, Einheit), da mit ihm erst Materie, Raum und Zeit entstanden (und mit ihm die Illusion der Getrenntheit). Seitdem sind alle Teilchen korreliert d.h. miteinander "verschränkt" (siehe auch Aspect-Versuch) und durch ein raumzeitloses, alles durchdringendes, intelligentes Feld untrennbar miteinander verbunden.

- Dieses kreative, informierende Bewusstseinsfeld, in dem alle Möglichkeiten und Seinszustände enthalten sind, reagiert ganz offensichtlich auf unsere Gedanken, Gefühle und Überzeugungsmuster – wodurch es "codiert" wird. Aus dieser unsichtbaren Matrix kristallisiert sich – mit einer gewissen Zeitverzögerung – die materielle, sichtbare Erscheinungswelt. Durch die Ausrichtung unseres Bewusst-Seins gehen wir in Resonanz mit einer von zahllosen Möglichkeiten und Variationen. Sie wird zu unserer physikalischen Realität in Raum und Zeit.

- Der Mensch, als individueller Ausdruck des universellen Göttlichen, mit einem schöpferischen Bewusstsein ausgestattet, ist auf tiefster Ebene eigenverantwortlich für sein Schicksal, und hat daher auch die Möglichkeit es konstruktiv, in seinem Ermessen, zu verändern. Dieses kreative Bewusstsein ist der ursächliche Faktor aller Manifestation und Erfahrungen im Außen. Die Welt wird zum getreuen Abbild des individuellen und kollektiven Bewusstseins. *"Wie der Mensch denkt, so ist es mit ihm!"* (Joseph S. Benner, "The Impersonal Life").

- Jedes Individuum ist von einem individuellen Energiefeld umgeben, welches von Gedanken und Gefühlen beeinflusst und geformt wird. Alle Felder beeinflussen sich gegenseitig. Alles was ist, befindet sich in stetiger Wechselwirkung zueinander. Trennung existiert auf dieser Ebene nicht.

- Das raumzeitlose Bewusstsein ist autark. Es unterliegt nicht den physikalischen Gesetzen der Materie, ist unabhängig vom materiellen Gehirn und somit unsterblich.

- Es gibt keinen Zufall. Nur das, was uns gesetzmäßig zu-fällt.

- Die jüngsten Forschungsergebnisse bieten mögliche Erklärungsmodelle für parapsychologische Phänomene aller Art und zeichnen zugleich ein neues, tiefgreifendes Bild von Mensch und Universum.

Der EgoVerstand –
warum er Probleme liebt, die Erleuchtung sabotiert und die Welt nicht versteht

Will man verstehen, warum wir so sind, wie wir sind, kommt man nicht umhin, sich kritisch mit den Grundmechanismen des Verstandes auseinanderzusetzen. Dass er "ein guter Diener ist, jedoch ein schlechter Herr", wusste bereits Goethe. Bedauerlicherweise hat keiner auf ihn gehört, denn er diktiert und dominiert nach wie vor fast ausschließlich unser Leben. Die meisten Menschen bilden sich viel darauf ein "verstandesgemäß" zu handeln. Will man einen Menschen als Narren hinstellen, so heißt es oft, er sei "nicht recht bei Verstand" oder gar "verrückt". Viele Visionäre, Menschen, die etwas wirklich neues, bahnbrechendes kreierten, mussten sich derart titulieren lassen. Ihre Einsichten und Ideen waren nicht konform mit dem eindimensionalen Denken der (oft indoktrinierten) Mehrheit.

Sinnvoll eingesetzt, ist der menschliche Verstand tatsächlich ein wunderbares Instrument, dafür geschaffen, die sichtbare Welt und ihre Gesetzmäßigkeiten zu ergründen bzw. zu verstehen. Die Funktionsweise des Verstandes basiert auf Logik. Im praktischen Alltag ist er (im Idealfall) dafür zuständig, dass wir alte Fehler nicht ständig wiederholen, mit ihm schmieden wir Pläne für die Zukunft. Sein Denken ist linear, gefangen in Raum und Zeit, in Vergangenheit und Zukunft. Er misst, analysiert, zergliedert und vergleicht im bereits Bekannten. Alles, was darüber hinaus geht, wie Gott, Liebe, Intuition, Transzendenz, Spiritualität, Geist, Bewusstsein, Leben, Einheit, Unendlichkeit, kreative Neuschöpfung, ist ihm suspekt, übersteigt gewissermaßen seinen naturgegebenen Horizont. Er hat darauf keinen Zugriff, der Blick hinter die Kulissen der äußeren Sinneswelt muss ihm aufgrund seiner Funktionalität verwehrt bleiben. Das ist in Ordnung und wäre auch nicht groß der Rede wert. Problematisch wird es erst dann, wenn man in ihm das Maß aller Dinge sieht, wenn wir uns mit seinen Inhalten identifizieren, wenn wir unbewusst werden und er sozusagen die alleinige Kontrolle übernimmt – wenn wir glauben, wir seien unser Verstand!

Der Versuch, das Wesen der Dinge, die innere Wirklichkeit rein verstandesmäßig, mit den Methoden der orthodoxen Naturwissenschaften erfassen zu wollen, erweist sich als ähnlich sinnvoll, als käme jemand auf die Idee, Radioaktivität mit einer Briefwaage zu messen. Es handelt sich schlicht und ergreifend um das falsche Instrument. Für den Verstand ist eine raumzeitlose, alles verbindende Dimension ebenso wenig existent und vorstellbar, wie der Klang einer Hundepfeife für das menschliche Ohr. Der Vergleich hinkt, aber jeder sollte verstehen, was damit gemeint ist. Seit Anbeginn unserer Zeitrechnung berichten Mystiker, Schamanen und Eingeweihte aller Kulturen und Traditionen von Erfahrungen und Erkenntnissen innerhalb meditativer Versenkung, die sich unserem Vokabular komplett entziehen. Auf intuitivem Wege wurden ihnen kosmische Zusammenhänge offenbar, jene verborgene Wirklichkeit, die sich hinter den Kulissen unserer äußeren Fünf-Sinnes-Welt befindet. Die unvergleichliche Erfahrung von grenzenloser Liebe, das mit Worten nicht zu beschreibende Gefühl des Eins-Seins, mit allem was ist, ein außerkörperliches bzw. Nahtodeserlebnis – all dies lässt sich natürlich weder messen, analysieren, wiegen noch auf

Abruf reproduzieren. Es ist in unserem strengen Sinne "unwissenschaftlich". Dessen ungeachtet wird es von jenen Personen zumeist als realer und intensiver beschrieben als alles, was sie bisher durchlebt hatten. Sie berichten von einschneidenden Erlebnissen, die einen kompletten Wandel ihrer Lebenseinstellung und ihres Verhaltens nach sich zogen. Aus eingefleischten Atheisten wurden Gläubige, nicht etwa durch blinden Glauben, verstandesmäßige Überzeugung oder Herdentrieb, sondern durch eine innere, tiefgründige Erfahrung, die keiner intellektuellen Beweisführung mehr bedarf.

Der Verstand, so wie er hier definiert wird, bildet, zusammen mit dem Ego, die menschliche Persönlichkeit, den sterblichen Teil unseres Wesens. Wichtig zu wissen ist, dass der Verstand immer an Vergangenheit und Zukunft gekoppelt ist. **Nimmst du ihm also die Zeit, indem du absolut gegenwärtig bist, das Nach-denken einstellst, hat er in diesem Augenblick keine Macht mehr über dich.** Sein immenser Einfluss besteht nämlich darin, dich ständig in der Vergangenheit oder Zukunft zu halten, nur nicht da, wo das Leben einzig und allein stattfindet, im Hier und Jetzt. Fast ein jeder von uns kennt den lästigen "Affenzirkus" im Kopf. Kaum ein Augenblick in dem nicht irgend ein Gedanke durch die Hirnwindungen schwirrt und uns vom Jetzt entfernt. Wie quälend und energieraubend das sein kann, wissen Menschen, die nicht mehr "abschalten" können. Nur ein paar Minuten der völligen Gedankenstille wären für sie der reinste Segen.

Im unbewussten Teil des Verstandes befindet sich deine komplette Vergangenheit, auch alle Verletzungen, Überwältigungen, aller Schmerz, der dir je zugefügt wurde. Sämtliche Glaubenssätze, die dir von Kindesbeinen an eingetrichtert wurden und welche bis heute dein Leben diktieren, sind hier abgespeichert. Schwillt dir grundsätzlich der Kamm, wenn ein Mitmensch sich nicht genauso verhält, wie du es für richtig empfindest, so ist es wiederum dein Verstand, der diese Reaktion aus dem Unterbewusstsein einleitet. Automatengleich spult er immer wieder die selben Verhaltensmuster ab, was dich selbst zum Automaten macht.

Wenn dir also beim nächsten Sonntagsausflug auf der Autobahn mal wieder einer zu knapp auffährt, lass dir zuhause nochmals durch den Kopf gehen, wie du darauf reagiert hast. Du wirst feststellen, dass deine möglichen Reaktionen (Wutausbruch, auf die Bremse treten, Vogel zeigen) zumeist unbewusste Automatismen sind. In diesen Augenblicken bist du nicht Herr der Lage, du agierst nicht, du re-agierst – ein gewaltiger Unterschied! Nur wenn du in dieser Situation gegenwärtig, das heißt, völlig bewusst bleibst, ohne jeglichen Widerstand gegen die Situation (er hängt nun mal an deinem Heck!), hast du die Möglichkeit zu wählen, das heißt eine bewusste (womöglich andere, intelligentere) Entscheidung zu treffen. Andernfalls bist du nicht mehr als der Pawlow'sche Hund, der anfängt zu sabbern, nur weil ein Glöckchen erklingt, das er mit eine Dose seines Lieblingsfutters verbindet.

Wenn du bewusst bleibst, bist du auf alles vorbereitet, egal was vor dir erscheint. Bist du vollkommen präsent, wirst du in der Regel besonnen und gelassen reagieren, da du aus dem Feld deines inneren Friedens heraus handelst. In der Rolle des bedrängten PKW-

Lenkers fährst du auf die rechte Spur und lässt den Anderen mit einem guten Wunsch seines halsbrecherischen Weges ziehen, ohne Schweißausbrüche und gefährlicher Erhöhung deines systolischen Blutdrucks. Das Schicksal wird sein "Mütchen" ohnehin kühlen, wenn der richtige Zeitpunkt gekommen ist. Es soll nicht deine Sorge sein. Deine Aufgabe ist es gegenwärtig und widerstandslos zu bleiben. Deine Wutanfälle, deine Abneigung und alles Gehader werden nämlich an dem Umstand nichts ändern, dass dir immer wieder solche Menschen begegnen werden, wenn nicht auf der Autobahn, dann eben beim Arzt, an deinem Arbeitsplatz oder beim Bäcker. Das Interessante daran ist, dass du umso häufiger damit konfrontiert wirst, je mehr du es ablehnst (du gibst dem Thema Aufmerksamkeit und somit Energie). Diese "schrecklichen" Mitmenschen kreuzen genau deshalb unsere Wege, *damit* wir unsere Einstellung und Verhalten ändern können. Um nichts anderes geht es!

Ego und Verstand bilden eine untrennbare Einheit und ihre Grundemotion ist die Angst, wobei die Urangst aus dem Gefühl der Trennung resultiert – der Trennung von der Quelle, von Gott, von der Schöpfung, von allem was ist. Verspürst du irgendeine negative Emotion, ob es sich nun um Hass, Wut, Gier, Verzweiflung, Eifersucht, Neid oder was auch immer handelt – an der Basis wirst du immer auf Angst stoßen. Die Angst der menschlichen Persönlichkeit, des EgoVerstandes vor dem Tod, vor Vernichtung. Sein Überlebensmodus besteht nun darin, dass du dich mit ihm und seinen Inhalten identifizierst. Das will er, und in den meisten Fällen schafft er das auch. Gemeint sind hier in erster Linie Gedanken, Emotionen und Überzeugungen. Sobald du in die Identifikation mit den Inhalten deines Verstandes gehst, dich beispielsweise nach der "guten alten Zeit" sehnst, deinen Selbstwert über die Vergangenheit, über Titel, Erfolge, Aussehen etc. definierst, (...) wenn du dich um die Zukunft sorgst und von ihr die Erlösung erwartest, ... wenn der Moment zum reinen Selbstzweck wird, nur um von ihm in die Zukunft zu gelangen, (...) wenn du dich dazu hinreißen lässt, zu (ver)urteilen und zu hadern, (...) wenn du glaubst, immerzu deinen Standpunkt mit Zähnen und Klauen verteidigen zu müssen oder andere anzugreifen, (...) wenn du den Augenblick nicht wahrnimmst und akzeptierst, wie er ist, dann bist du nicht mehr im Fluss, im Sein, sondern in der kleinkarierten Welt des EgoVerstandes. Er hat dich da, wo er dich haben will, und genau an diesem Punkt beginnt das Leiden.

Indem sich das Ego gegen den Augenblick wehrt, ihm sozusagen Widerstand entgegensetzt, kämpft es gegen das Leben selbst. Ein Kampf den es schließlich verlieren muss. Der Augenblick ist nun mal wie er ist. Er kann weder rückgängig gemacht noch verändert werden. So gibt es kein sinnloseres und auch energieraubenderes Unterfangen, als gegen das zu kämpfen, was jetzt gerade stattfindet, denn es ist ja bereits manifeste Realität! ... Schon gut, ich weiß, was dir jetzt womöglich auf der Zunge liegt. – Nein, damit ist <u>nicht</u> gemeint, dass du passiv sein musst, nicht mehr handeln darfst, ganz im Gegenteil. Es bedeutet nur, dass deine Handlung in absoluter Gegenwärtigkeit und der Annahme des Augenblicks stattfindet, so wie er sich gerade gestaltet. Du tust das, was zu tun ist, aber nicht mehr in Form eines unbewussten, reaktiven Verhaltensmusters. Erkennst du den feinen, aber bedeutenden Unterschied? In vielen Fällen wird es sogar besser sein *nicht* zu handeln. Bewusst wirst du die richtige Entscheidung im richtigen Augenblick treffen. Den

Rest erledigt das Leben. Schon bald wirst du bemerken, dass sich ein Problem im Außen oft allein durch deine Präsenz und innere Widerstandslosigkeit in Wohlgefallen auflöst, so dass sich jede weitere Handlung erübrigt. Das liegt daran, dass du dich im Zustand des Seins in einer Frequenz befindest, die harmonisierend, heilend, befriedend und ausgleichend auf alles wirkt, was sich in ihrem Umfeld befindet. Dies ist nicht weiter verwunderlich, denn dem reinen Sein entspringt eine hohe Ordnung, wohingegen chaotische Gedanken und Emotionen nur weiteres Chaos produzieren.

Jeder innere Widerstand nährt das, gegen was du dich auflehnst. Du kannst unangenehme Gefühle, wie Ängste etc. nicht los werden, indem du gegen sie anstürmst oder sie unterdrückst. "Aber kann der Mensch, kann ich denn wirklich frei werden von Angst, innerer Zerrissenheit und Seelenqual?", wirst du hier womöglich einwenden. Die Antwortet lautet: Du kannst, denn es existiert etwas in dir, das von all diesen Dingen völlig unberührt ist und nur darauf wartet, von dir wieder erschlossen zu werden.

Ein weiteres Merkmal des EgoVerstandes bzw. der menschlichen Persönlichkeit zeigt sich wie gesagt darin, dass sie ihre Identität, ihren Selbstwert aus äußeren Faktoren wie Statussymbolen, Geld, Ansehen, Aussehen, Anerkennung, Titel, Erfolge etc. bezieht. Mit dem Verlust eines oder mehrerer dieser Aspekte, kommt es häufig zum Selbstwerteinbruch, es entsteht eine Art Vakuum, da die Persönlichkeit sich darüber definiert und ihnen große Wichtigkeit verleiht. Nun ist der EgoVerstand der fixen Überzeugung, dass es in erster Linie um all diese Dinge geht, ohne zu erkennen, dass sie nur vorübergehende Requisiten sind und mit dem wahren Leben, mit der inneren Wirklichkeit, nichts zu tun haben. Als Anschauungsmaterial dürfte das Leben vieler sogenannter "Stars" dienen, denen es einerseits weder an Geld, Bestätigung, Sex, Ruhm, Freunden noch an körperlicher Attraktivität mangelt, jedoch andererseits regelmäßig zur Therapie müssen, um ihre Lebensängste, Essstörungen, Depressionen, Alkohol- und Drogenprobleme in den Griff zu bekommen. *"Ein reicher Mann ist oft nur ein armer Mann mit sehr viel Geld"*, bekannte der mehrfache Milliardär Aristoteles Onassis.

Wir stellten bereits fest, dass der Verstand in hohem Maße vom Faktor "Zeit" abhängig ist, woraus er im Grunde seine Macht über unser Leben bezieht. Stets ist er darauf bedacht, uns in Gedanken zu halten, um seinem Widersacher, dem "Jetzt" zu entgehen. Zeit aber ist auf innerster Ebene eine Illusion, ein künstliches Konstrukt des Verstandes selbst (was ihn zum Teil des Problems macht). Tatsächlich existiert nichts außer dem Jetzt, das sich in jedem Augenblick auf's Neue offenbart. Alles, was geschieht findet immer *Jetzt* statt, nicht eine Sekunde vorher oder nachher. Wir benötigen eine Zeitabfolge, damit wir uns in der 3-D-Welt zurecht finden und einen Bezugsrahmen für unsere Erfahrungen haben. Für unseren wahren Wesenskern ist sie jedoch vollkommen bedeutungslos, da dieser – ganz im Gegenteil zum Verstand – weder an Raum noch an Zeit gebunden ist.

Stell dir deine Lebensgeschichte einfach mal als Buch vor. Wenn du eine Seite aufschlägst, bist du womöglich fasziniert und gefangen von der jeweiligen Szene. In Wahrheit ist die gesamte Geschichte des Buches JETZT vorhanden, und der Eindruck, dass es sich um eine chronologische Abhandlung in Richtung Zukunft handelt, ein Trugschluss. Selbst wenn du an die Vergangenheit oder Zukunft denkst, dann tust du es immer Jetzt. In diesem Sinne ist die Gegenwart das Einzige, was *wirklich* existiert und daher auch der einzige Zugang zum SEIN. Warum rebelliert der Verstand gegen diese Tatsache? Warum fällt es ihm so schwer, dies zu akzeptieren, es zu ver-stehen? Weil sich das Jetzt außerhalb seiner Kontrolle befindet. Auf das Zeitlose, das Wesen der sichtbaren Schöpfung hat er keinen Zugriff. Es befindet sich jenseits seiner einfachen Konstrukte und Klassifizierungen, und das macht ihm Angst.

Erst wenn wir anerkennen, dass der Verstand zwar von Bedeutung, aber von Natur aus begrenzt ist, dass hinter unserer äußeren Realität eine zugrunde liegende Wirklichkeit existiert, die nicht analysiert, über die nicht nach-gedacht, die nur erfahren und unmittelbar erlebt werden kann, ist eine Wandlung möglich.

Man sollte auch nicht den Fehler begehen, das äußere Wissen des Intellekts mit Intelligenz bzw. Weisheit zu verwechseln, welche immer den Tiefen des Wesens entspringt. Ein hochbegabter Mensch von brillantestem Intellekt mag alles Datenwissen dieser Welt in seinem Computerhirn gespeichert haben, und doch kann er seinem Umfeld zur grausamen Bestie werden, ohne Selbstreflexion, ohne jeglichen Tiefgang. Es ist die Ratio, die uns die physikalischen Gesetze ergründen und verstehen ließ, die uns vom unreflektierten Aberglauben befreit hat, und es ist derselbe analytische Verstand, der Streubomben, Atomsprengköpfe etc. konstruiert, um sie, vom Wahn umnebelt, gegen Zivilbevölkerungen einzusetzen. Das ist nur aus einem Grund möglich: Er selbst hat keinen Zugang zu den essentiellen Qualitäten von Liebe, Empathie und Mitgefühl, denn das würde erfordern, den Gedanken der Trennung aufzuheben, innezuhalten, um sich in das Fühlen, das Leiden und den Schmerz anderer Lebewesen hineinzuversetzen – etwas, das der Seele vorbehalten ist.

Zusammenfassung:

Du bist mit den Inhalten deines EgoVerstandes identifiziert:

- wenn du meinst, es müsse grundsätzlich nach deinem Kopf gehen,

- wenn du zu Rechthaberei neigst,

- wenn du beschuldigst, urteilst und verdammst,

- wenn du ständig nörgelst, haderst und kritisierst,

- wenn du überall bist, nur nicht im Hier und Jetzt,

- wenn du die Vergangenheit nicht ruhen lassen kannst,

- wenn du dich um Zukünftiges sorgst,

- wenn du zu Überheblichkeit und Arroganz neigst,

- wenn dein Selbstwertgefühl von deinen Titeln, dem Hubraum deines Wagens, deiner Villa, deiner neuen Frisur, deinem Schmuck, deiner Figur, deiner Kleidung bzw. von der Meinung und den Komplimenten anderer abhängt,

- wenn du psychische und/oder körperliche Gewalt gegen Lebewesen ausübst, um deinen Willen durchzusetzen,

- wenn du jemanden zu etwas zwingst bzw. ihn an seiner freien Entfaltung hinderst,

- wenn du dich gerne als Opfer der Umstände betrachtest,

- wenn du den inneren Zwang verspürst alles kontrollieren zu müssen,

- wenn du allem und jedem misstraust,

- wenn du leicht beleidigt und nachtragend bist,

- wenn dein Gefühl von Sicherheit allein in materiellen Dingen gründet,

- wenn du dich allein, von allem getrennt fühlst,

- wenn du den Augenblick ablehnst, so wie er ist ...

In all diesen Zuständen bist du der Sklave deines Verstandes, nicht sein Herr. Es zu bemerken, ist der erste Schritt in die Freiheit.

Das Auflösen der Identifikation mit dem EgoVerstand bildet eine der grundlegenden Voraussetzungen für die individuelle Selbstermächtigung, welche sich in einer erhöhten Lebensqualität, seelischer Reife und innerem Frieden äußert.

Das hohe Potential reinen Bewusstseins

Falls es dir gelingen sollte, mal für eine kurze Zeit nicht zu denken, und du dich in deinen Körper hineinfühlst, dann wirst du (hoffentlich) bemerken, dass da etwas Lebendiges in dir ist. Diese Energie, dieses LEBEN in dir – du kannst dich davon selbst überzeugen – ist absolut zeitlos. Es fühlt sich im Alter von zwanzig genauso an, wie mit siebzig, neunzig oder hundertzehn. Es ist dein unsterbliches, einzigartiges Bewusstsein, dein wahres Selbst, der stille Beobachter, der sich jenseits deiner Verstandesaktivitäten befindet. Es ist das intelligente, alles verbindende Feld des reinen Potentials. Du findest es in der Stille, im Raum zwischen den Gedanken, im gegenwärtigen Augenblick. Ihm entspringt jegliche Kreativität, jeder Geistesblitz und alle Neuschöpfung.

Als Thomas Edison, völlig übermüdet und am Rande der Verzweiflung, aufhörte zu grübeln, als er das Problem endlich losließ, kam ihm die "zündende Idee", die ihm zur Entwicklung der Glühbirne verhalf. Einstein beteuerte, dass er *"nicht durch seinen rationalen Verstand zu den fundamentalen Erkenntnissen über das Universum gelangte"*. Wie wir bereits feststellten, operiert der Verstand im bereits Bekannten, welches aus einer Datenbank abgespeicherter Informationen und vergangener Erfahrungen besteht. Das ist äußerst wichtig, damit unser tägliches Leben überhaupt funktionieren kann. Kreative Neuschöpfung hingegen kommt einzig und allein aus dem Feld des reinen Potentials, welches sich jenseits von Raum und Zeit, jenseits von Ursache und Wirkung, jenseits aller Kausalität befindet. Es ist das grenzenlose, alles verbindende Sein, das Feld der Intuition, auf welches das herkömmliche Denken keinen Zugriff hat.

In vielen Religionen wird dieses SEIN als Brücke zu Gott, dem Absoluten, dem Unaussprechlichen verstanden. In ihm ist jene Erfahrung von Erleuchtung möglich, wie sie seit Zeitaltern als bedingungslose Liebe, innige Verbundenheit mit allem was ist, sowie als tiefer Frieden und Glückseligkeit beschrieben wird. Ein Frieden, der durchdrungen ist, von geistiger Klarheit und pulsierendem Leben. Ein Zustand, der im Grunde nicht beschrieben, sondern lediglich erfahren werden kann.

Die Verbindung zum SEIN wird durch Gegenwärtigkeit hergestellt!

Im hoch strukturierten Kraftfeld deiner ungeteilten Präsenz ist Heilung möglich, für dich und auch für andere. Identifizierst du dich hingegen mit den Inhalten deines Verstandes, wirst du unbewusst, trennst du dich automatisch vom SEIN, von deiner wahren Natur, welche allein in der Lage ist, deine tiefe Sehnsucht zu stillen. Der Verstand sagt: "Wenn dies und jenes eintrifft ... wenn ich dies oder jenes erreicht habe, besitze oder bin ... dann werde ich glücklich und zufrieden sein." Indem die Persönlichkeit ihr Glücklichsein aber in die

Zukunft projiziert, schiebt sie diesen Zustand von sich weg. Sie verhindert das Glück, den Frieden, den Reichtum des Augenblicks, der eben nur JETZT erfahren werden kann. Wir alle kennen das alte Spiel: Ist ein äußeres Ziel erst mal erreicht, stellen sich Freude und Zufriedenheit ein, die aber meist nur kurze Strohfeuer sind. Schon bald verfliegt die erste Euphorie und man sucht nach neuen Reizen, in Form von wechselnden Partnern, mehr Konsum, mehr Partys, mehr Besitz, mehr Luxus, mehr beruflichem Erfolg, noch ausgefalleneren "Kicks", welche die innere Leere, die unterschwellige Angst, das seelische Vakuum, füllen sollen. Es formt sich ein endloser Kreislauf, eine bizarre Jagd nach dem Glück, das sich einem immer dann entzieht, wenn man glaubt es gerade am Schopf zu packen.

Die gute Nachricht ist nun, dass es für diese Problematik eine schnörkellose, einfache Lösung gibt. Tatsächlich existiert ein Zustand des inneren Friedens, der sich als gänzlich unabhängig von äußeren Umständen erweist. Es ist der Frieden, die Liebe und die strahlende Freude des reinen Bewusstseins, welches du wirklich bist. In der Dualität, der Welt der Gegensätze, ist Glück stets mit Leiden gekoppelt. Du kannst das eine nicht ohne das andere haben. So beinhaltet eine romantische Liebesbeziehung in der Regel sowohl den siebten Himmel als auch die sprichwörtliche Hölle, wo es so richtig ans "Eingemachte" geht. Menschen der südlichen Hemisphäre sind bekanntlich der überschwänglichen Freude und Schwärmerei, wie auch des abgrundtiefen Leidens fähig. Das eine Extrem bedingt immer das andere.

Die Liebe, die Kraft und die Harmonie des reinen Bewusstseins jedoch sind nicht von dieser Welt. Sie sind von gänzlich anderer Qualität, da sie weder an Raum und Zeit und deren Gesetzmäßigkeiten noch an Bedingungen irgendwelcher Art gekoppelt sind. Es ist die goldene, wertungsfreie Mitte zwischen den Extremen, das von den Stürmen des Lebens unantastbare, zeitlose Kraftfeld deines innersten Wesens. In Wahrheit ist es die einzig brauchbare Zuflucht, die du hast, denn es ist deine wahre und letzte Heimat.

Das Gleichnis vom Fluss

Die fundamentalsten Lebensgesetze ergeben sich aus der aufmerksamen Beobachtung der Natur. So ist auch jede Quelle, jeder Strom, wie ein offenes Buch für den, der darin zu lesen vermag. Fließendes Wasser symbolisiert in einzigartiger Weise unser Leben, denn auch innerhalb unserer Erfahrungswelt, innerhalb von Raum und Zeit, ist alles im Fluss, im stetigen Wandel begriffen. Nichts in dieser Welt bleibt, wie es ist. Dies wird uns schmerzlich bewusst, wenn wir an etwas Geliebtem, Gewohntem krampfhaft festhalten und es uns schließlich entrissen wird. Das Gleichnis vom Fluss lässt uns das Leben aus einer veränderten Perspektive heraus betrachten.

Hast du schon mal etwas länger auf einen kristallklaren Bach geschaut und den Frieden dabei gespürt? Für den Wassertropfen im Fluss existieren weder Vergangenheit noch Zukunft. Er befindet sich einfach da, wo er gerade ist. Was geschah und was sein wird, "kümmert" ihn nicht im Geringsten. Für ihn zählt nur das, was ihm unmittelbar gegenüber steht – die gegenwärtige Situation. Trifft der Strom auf ein Hindernis, so bietet er keinerlei Widerstand, sondern passt sich klug den Gegebenheiten an. In dieser scheinbaren Schwäche liegt eine immense Kraft verborgen, denn im Grunde ist er nicht aufzuhalten. Ungeachtet aller Barrieren bahnt er sich mühelos und doch unaufhaltsam seinen Weg und gelangt letztlich genau an den Ort, der seiner Bestimmung entspricht.

Wenn du dich übermäßig anstrengen musst, dein Leben voller Ärgernisse, ein einziger Kampf ist, dann bist du nicht im Fluss. Du schwimmst gegen den Lebensstrom. Das mag für eine Weile funktionieren und auch gewisse Charakterqualitäten in dir fördern, doch sollte es kein Dauerzustand bleiben, denn es kostet viel Lebensenergie und hält dich im Leiden gefangen. Wenn der durch den Widerstand verursachte Schmerz irgendwann zu groß wird, wirst du ohnehin loslassen, weil du ihn nicht mehr erträgst. Wenn du beispielsweise einen geliebten Menschen verlierst und du dies auf Dauer nicht akzeptieren kannst, macht es dich mürbe. Wenn du den ganzen Tag über andere Leute meckerst, weil dir deren Denk- und Verhaltensweisen nicht passen, wird es dich ebenso krank machen – psychisch und körperlich. Im Fluss zu sein bedeutet, geschehen zu lassen, sich dem hinzugeben, was *jetzt* gerade ist. Das muss, wie bereits oben erwähnt, nicht zwingend Passivität bedeuten, sondern kann durchaus zielführende Aktionen beinhalten, indem man bei *vollem Bewusstsein* handelt. Wenn dir das ungerechte politische System in deinem Land nicht gefällt, dann kannst du dich womöglich für eine Partei einsetzen, die sich in ihrem Programm einer ethischen Linie verpflichtet oder aber an einer friedlichen Demonstration teilnehmen. Die Widerstandslosigkeit von der hier die Rede ist, ist mehr als eine *innere* Haltung zu verstehen. Dies bedeutet *präsent* zu sein, in jedem Moment, und diesen *wertungsfrei* so anzunehmen, wie er sich gerade gestaltet. Dazu gehört vor allem auch das, was du gerade fühlst! Es geht also um die bedingungslose Annahme des jeweiligen *Augenblicks* (er ist ja bereits da!), nicht um die der Gesamtsituation, die immer zum Besseren verändert werden kann und soll. Wenn du ständig mit dir selbst und Situationen haderst, wenn du am Vergangenen klebst und dich um Zukünftiges sorgst, dann stemmst du dich gegen das große LEBEN. Schmerz und Misserfolg sind die unausweichlichen Folgen. Ein untrügliches Zeichen dafür, dass du gegen den Strom schwimmst, besteht darin, dass du dich schlecht dabei fühlst, dass du oft mies gelaunt bist, und es dich mehr Kraft kostet, als du daraus ziehst.

Fließt du mit dem Strom des Lebens, fühlst du dich leicht und beschwingt.

Dies geschieht, wenn du dich mit dem reinen Sein, der Gegenwart, der inneren Stille verbindest, und in diesem Prozess die Identifikation mit den destruktiven Verstandesinhalten löst, welche die tiefere Ursache von seelischem Schmerz bilden. Und es bedeutet gleichermaßen, dass du dir in jedem Moment darüber *bewusst* bist, was du gerade denkst, sagst oder tust. Wird es beispielsweise nötig, jemanden zur Rede zu stellen, so bleibe dabei gegenwärtig und halte den Kontakt zu deinem inneren Energiefeld aufrecht. Auf diese Weise produzierst du keine neuen Konflikte in dir und gibst den Negativprogrammen keine Nahrung. Im Zustand des reinen Bewusstseins fällt es dir leichter, aus einer liebevollen Grundhaltung heraus zu agieren, egal, um was es sich dabei dreht. Du bist nur noch schwerlich aus der Ruhe zu bringen, was ein großes Maß an Freiheit bedeutet.

Nochmal: Leiden entsteht durch die unbewusste Identifikation mit den Inhalten des EgoVerstandes, sowie durch Widerstand gegen den Augenblick. Präsenz und Widerstandslosigkeit fungieren hier als Lösung des Problems. Bewusstsein in seiner höchsten Form, der Liebe, ist in der Lage alten Schmerz zu transzendieren und schafft zudem keinen neuen.

Im Gleichnis des Flusses ist im Grunde alles enthalten. So wie sich die zahllosen Tropfen aller Ströme in den weiten Ozean ergießen, führt auch die Reise der Seele – bereichert durch Erfahrung und Bewusstheit – zurück in die göttliche Einheit, aus der ihr Leben entsprang, um dort zu verweilen, oder aber einen neuen Zyklus zu beginnen. Sei von nun an wie das Wasser und beende das Leiden.

Altes Denken	**Neues Denken**
Der Mensch ist ausschließlich Materie	Der Mensch ist geistig-göttlicher Natur
Maschinenuniversum	Geist und Bewusstsein als Urgrund
Religiöse Dogmatik	Spirituelles Wissen
Glaube an Trennung	Innere Verbundenheit allen Lebens
Lebensangst	Liebe, Urvertrauen
Geist als Anhängsel des Gehirns	Autarkes, schöpferisches Bewusstsein
Schuldzuweisung	Eigenverantwortlichkeit
Zufall, Willkür, Ungerechtigkeit,	Gesetzmäßigkeit, Ordnung, Plan,
Das Leben als Kampf	Das Leben als (Erfahrungs-)Spiel
Gefangen im Kreislauf des Leidens	Verwirklichung des höchsten Potentials
Konkurrenzkampf als Lebensprinzip	Kooperation und Symbiose

"Alles was du siehst, es scheint außer dir, doch es ist in dir, in deiner Imagination, von der diese sterbliche Welt nur ein Schatten ist."

(William Blake)

"Nur ein Narr wartet darauf, dass ihn die Welt glücklich macht."

(Frederick Dodson)

Die wundersame Kraft
der gerichteten Aufmerksamkeit

Das Justieren der Aufmerksamkeit ist das wichtigste Basiswerkzeug, um die Realität zu verändern. Richtest du deinen Fokus auf Probleme, auf Negatives, denkst du schlecht über dich und die Welt und identifizierst dich damit, verringerst du automatisch deine Eigenfrequenz und ziehst laut Resonanzgesetz Ereignisse entsprechend minderer Qualität in dein Leben.

Leitsatz: Worauf du deine Aufmerksamkeit, deinen Fokus überwiegend richtest, bestimmt dein Sein (Identifikation), und was du bist erlebst du!

Jedes Problem, das du im Außen wahrnimmst, ist ein Hinweis darauf, dass *in dir* etwas gelöst, geordnet, verändert werden muss!

Frage dich nun:

Welche Qualität und Ausrichtung haben meine Worte und Gedanken überwiegend? Wie spreche ich über mich selbst, andere Menschen, das Leben und die Welt. Was lese ich? Welche Sendungen sehe ich im TV? Wenn du dir nicht darüber im Klaren bist, was du überwiegend äußerst, dann frag Menschen, die dich näher kennen und dir nahestehen. Sie werden es dir sagen.

Und denke daran: Jeder Augenblick enthält immer *alle Möglichkeiten*, deinen Fokus, deine Wahrnehmung, dein Denken, dein Handeln zu verändern. **Es ist deine Wahl!**

Faustregel: Negatives wird bezeugt – Positives wird erzeugt!

Das Richten der Aufmerksamkeit weg vom Problem hin zu LÖSUNG, ist ein wirksames Mittel, wenn man nicht genau weiß, wie das Resultat genau aussehen soll. Mit "Lösung" fokussierst du ein unbestimmtes Ziel im besten Sinne. Das intelligente Leben allein weiß den Weg dahin. Sei dabei wachsam und bleibe entspannt fokussiert. Die Lösung kommt gewiss!

Lass dich nicht länger von sogenannten "Tatsachen" beeindrucken. Schaff neue!

Magische Leitsätze,
die das Leben nachhaltig verändern können

Ich liebe das Leben und das Leben liebt mich!

Ich bin in der Liebe und die Liebe ist in mir!

Glück und Segen auf all meinen Wegen!

Danke für göttliche Ordnung!

Ich bin geborgen und getragen!

Philosophie des unpersönlichen Lebens

Das EINE UNPERSÖNLICHE BEWUSSTSEIN spaltet sich auf in unzählige Phasen bzw. Variationen, um sich selbst zu erfahren und auszudrücken. Dies ist nur möglich in der Polarität innerhalb der Materie, im Spannungsfeld zwischen Gut und Böse. Die materielle Er-schein-ungswelt dient dabei als Bühne für eine Tragikkomödie, in der wir unsere (unbewussten) Rollen spielen, indem wir unsere wahre Natur vergessen mussten. Aus dieser Sicht ist der Mensch ein spirituelles geistiges Wesen, das in einen physischen Leib schlüpft, um irdische Erfahrungen zu machen – Höhen und Tiefen, höchste Freuden und abgrundtiefes Leid. Durch die Widerstände und Prüfungen jeder Verkörperung, und die daraus resultierende Sehnsucht und Suche, gelangt er zur Erkenntnis, wer und was er wirklich ist.

Somit liegt der tiefere Sinn des menschlichen Lebens in der bewussten Kontaktaufnahme mit dem inneren, göttlichen Wesenskern und dem vollkommenen, ungehinderten Ausdruck desselben in der Materie. Dies erfordert nicht weniger, als eine bedingungslose und innige Hingabe, eine Rückbesinnung an die Quelle, an den Ursprung, an Gott in ihm selbst, im bedingungslosen Vertrauen. In der notwendigen Transformation des Egos wird der Mensch schließlich zum unpersönlichen Kanal jener namenlosen INTELLIGENZ, die jedes Atom der Schöpfung durchdringt und Welten gestaltet. Er wird zum einzigartigen, blühenden Ausdruck der göttlichen IDEE, die sich unpersönlich durch ihn stets als Liebe, Frieden, Gesundheit, Kraft und Weisheit, als Freude, Harmonie und Schönheit manifestieren will. Ein Zustand jenseits von Gut und Böse, der die Trennung der *dualen* Welt hinter sich lässt.

Die Ursache von Leiden ...

Für das persönliche Seelendrama des Menschen lassen sich zahlreiche Gründe auf unterschiedlichsten Ebenen finden. Manche vermuten die Ursache beim Ehepartner, suchen die Schuld bei den Politikern, dem Chef, beim Nachbarn oder der "bösen Welt" schlechthin. Bemüht man die Schulpsychologie, so enden ihre Bemühungen zumeist, wie schon erläutert, in der Aufarbeitung traumatischer Kindheitserlebnisse etc. Vielen kann dadurch wenigstens vorübergehend geholfen werden, doch ebenso viele stehen weiterhin im Regen. Verlässt man nun diese Ebene, so kann es sein, dass man auf die tieferen Ursachen für Leiden stößt, die eher der spirituellen bzw. transpersonalen Psychologie zugeordnet werden müssen.

In dem Werk "Ein Kurs in Wundern" heißt es dazu: *"Es ist der unterbewusste Glaube an die TRENNUNG, an das Getrennt sein von Gott und allem was ist, woraus ein (ebenfalls unbewusstes) Gefühl der SCHULD resultiert."* Dieses Gefühl der Schuld, das kollektiv weiter vererbt wird, ist so alt, wie die Menschheit selbst, und wir erkennen es daher nicht als solches. So bemerken wir zwar, in Form eines unterschwellig unguten Gefühls, einer undefinierbaren Sehnsucht, dass irgend etwas mit uns "nicht stimmt", aber wir wissen nicht, was es ist und projizieren es folglich nach Außen. An das Gefühl der Trennung und Schuld eng gekoppelt ist ein negatives Bild, das wir von uns zeichnen, das vom Gefühl der Minderwertigkeit bis hin zum Selbsthass reicht. Des weiteren verspüren wir an der Basis ANGST und SCHMERZ. Angst bildet in diesem Sinne das Gegenteil von LIEBE und VERTRAUEN. Wer sich getrennt vom LEBEN fühlt, hat nichts, worauf er bauen kann, wenn es richtig eng wird, wenn das Schicksal zuschlägt, wenn alle äußeren Schein-Sicherheiten wegbrechen. Im Glauben an die Trennung von Gott und der Schöpfung, und in der daraus sich ergebenden Selbstverachtung, liegt die Wurzel und der Beginn all unserer Probleme. Alle Konflikte, ob zwischen Nationen, zwischen Individuen oder die eigene Person betreffend, lassen sich auf diesen einfachen Nenner reduzieren. Es ist der Verlust des befriedenden Gefühls der Geborgenheit, mit der Quelle, und somit mit allem was ist, verbunden zu sein. Alle Gier, Angst, Minderwertigkeit, Sorge, Gewalt, Unterdrückung, aller krankhafte Egoismus, alles "Böse" resultiert einzig aus diesem Verlust.

Halten wir nochmal fest: Durch die Identifikation mit dem EgoVerstand denken und fühlen wir Trennung (Angst), was das Gegenteil von Verbundenheit und Einheit (Liebe) ist. Daraus resultiert ein Gefühl von Schuldhaftigkeit. Kurioserweise hat es sich die katholische Kirche (und nicht nur sie!) zur Aufgabe gemacht, den Schuld- Angst- und Sündenkomplex, das Schlechte und Unvollkommene im Menschen hervorzuheben, seine Schwäche und Unfähigkeit zu untermauern, womit sie paradoxerweise jenes Übel nährt, welches sie nach außen hin zu bekämpfen vorgibt.

Um das Gefühl von Schuld, Angst, mangelnder Selbstliebe, sprich, den unerträglichen seelischen Schmerz loszuwerden, ersinnt das Ego zweierlei Verteidigungsstrategien, die jedoch nicht funktionieren: Zunächst versucht es all die unangenehmen Gefühle zu ignorieren bzw. zu unterdrücken. Freud spricht hier von VERDRÄNGUNG. Dies geschieht in der Regel durch allerlei Ablenkung, übersteigerte Aktivität bzw. den Konsum von Alkohol und Drogen. All dies führt in der Regel dazu, dass der Schmerz wenigstens für kurze Zeit nachlässt. Was wir aber unterdrücken, nicht anschauen wollen, schlummert und wächst im Verborgenen. Wir beginnen in einer konstruierten Scheinwelt zu leben, einem gefährlichen Kreislauf aus Furcht, innerer Leere und darauf folgender Kompensation – gleich einem Süchtigen. Wenn der innere Druck dann irgendwann zu groß wird, kommt es zum zweiten Angriffs-/Verteidigungsmechanismus – zur PROJEKTION. Das Ego versucht nun, die innere Qual, die unerlösten Schatten und Defizite der eigenen Persönlichkeit auf die Außenwelt zu projizieren. Dieser sprichwörtliche "Sündenbock", der für alles herhalten muss, was man in sich selbst nicht anschauen kann oder will, ist so alt wie die Menschheitsgeschichte. Das innerseelische Drama, wird dadurch geschickt nach außen verlagert, wiederum in der fälschlichen Annahme, sich auf diese Weise davon zu befreien.

Wenn man sich in diesem Zusammenhang die Beziehungen in unserer Welt zwischen Nationen, Gruppen und Einzelpersonen etwas näher betrachtet, stößt man auf ein psychologisches Druckmittel, das seinesgleichen sucht: Die SCHULDZUWEISUNG. Wenn ich jemanden beschuldige, so ist dies ein ANGRIFF meines Egos auf ein anderes Ego, was dann in der Regel eine VERTEIDIGUNG (einen Gegenangriff) des Anderen provoziert. Beide Verhaltensmuster, der Angriff und der Reflex sich verteidigen und rechtfertigen bzw. recht haben zu müssen, verstärken letztlich das unbewusste Gefühl von Trennung, Schuld und mangelndem Selbstwert. Wir haben Angst, "das Gesicht zu verlieren". Die Resultate kennen wir alle zur Genüge in Form von infantilen Machtspielchen, gegenseitigen Drohungen, Kriegen, Vergeltungsmaßnahmen, Gewaltanwendung jeglicher Form, erbärmlichen Scheidungsschlachten etc.

Suggeriere einem Menschen, einer Nation unablässig Schuldgefühle oder Minderwertigkeit und du setzt ein zerstörerisches Werk in Gang, nicht nur für den jeweiligen Menschen bzw. das Volk selbst, sondern langfristig für alle Beteiligten. Alles was gedacht oder getan wird, hat eine Auswirkung auf alles, was ist. Sind es Liebe und Mitgefühl, sowie die Erkenntnis deines wahren Wesens, welche dich auf Flügeln in die Freiheit tragen, so sind es Angst und Schuld, welche dich an bleiernen Ketten nach unten ziehen und dich deiner Lebenskraft berauben.

Die Schuldzuweisung ist das psychologisch wohl effektivste Mittel, um andere gering zu halten, sie an der Entfaltung ihres vollen Potentials zu hindern. Dabei geht das projizierende Ego davon aus, dass es das Opfer äußerer Umständen ist und selbst mit seiner Situation nichts zu tun hat. Unter keinen Umständen möchte es Verantwortung dafür übernehmen, was ihm widerfährt, eine Taktik, die es in eine durchaus komfortable Position katapultiert. Als beglaubigtes Opfer kann es nämlich weiterhin angreifen, beschuldigen, denunzieren, fordern, sticheln, schmollen, sich empören, ohne sich groß um die eigenen

Dunkelfelder kümmern zu müssen. Beinahe jeder kennt Beispiele aus zwischenmenschlichen Beziehungen, wo sich exakt dieses Verhalten beobachten lässt. Das Ego erweist sich dabei immer als wahrer Meister von Angriff und Verteidigung, indem es alle Sachverhalte zu seinem Vorteil verdreht. Bekommt es nun nicht das, was es will, oder fehlen ihm irgendwann die Worte, kann es bis zur körperlichen Gewalttätigkeit führen. Neben diesem aggressiven Ausdruck, existiert noch eine zweite, mehr passive, jedoch nicht minder effektive Form der Schuldprojektion. In diesem Fall kommt das Ego mit der offensiven Variante nicht zum Erfolg. Seine Strategie besteht nun darin, dass es sich zurück zieht und schmollt, frei nach dem Motto: "Sieh nur her, wie schlecht es mir *wegen dir* geht." Beides hat zur Folge, dass das Gegenüber sich zunehmend schuldig (schlecht) fühlt, was ja auch der tiefere Sinn und Zweck des Unterfangens ist. So kann sich das projizierende Ego auch gewiss sein, dass sein Kontrahent, im Gefühl von Schuld, gekoppelt mit der zunehmenden Sehnsucht nach Harmonie, auch weiterhin seine Bedürfnisse erfüllt.

Der heilsame, zumeist schmerzhafte, da aufrichtige Blick in den Spiegel der eigenen Persönlichkeit, der automatisch die eigenen Defizite und Unzulänglichkeiten ans Tageslicht bringen würde, wird tunlichst vermieden. Ein Umstand, der sich auf allen Ebenen unserer Gesellschaft beobachten lässt. Unterschiede gibt es keine, lediglich in der Art und Weise. Ob Mann oder Frau, ob schwarz oder weiß, wir alle tragen gleichermaßen Licht- und Schattenseiten in uns, sind mal Engel, mal Teufel, je nach Situation. Dabei mag der Ausdruck von Gewalt beim einen mehr auf körperlicher, beim anderen mehr auf subtiler Ebene stattfinden – die Folgen sind stets verheerend.

Natürlich gibt es zahlreiche Varianten und Schattierungen gegenseitiger Ego-Machtspiele, die hier nicht erwähnt werden, doch bilden die hier beschriebenen die Grundproblematik aus der fast alle anderen hervorgehen.

... und wie man es beendet

Der Schuldzuweisende lebt nun in der irrigen Annahme, durch Projektion, indem er seine Hände sozusagen "in Unschuld wäscht" und die Last einem anderen aufbürdet, seinen eigenen Zustand zu verbessern. Im Grunde und auf lange Sicht passiert jedoch genau das Gegenteil, denn er verpasst damit die einzigartige Gelegenheit das Problem in sich selbst zu erkennen und zu lösen: Indem er sich ihm furchtlos stellt und es als das eigene Werk (Ursache) versteht – nicht als Schuld!, sondern als *Eigenverantwortung,* nach den Prinzipien der Resonanz. Das was wir im anderen wahrnehmen und kritisieren, hat demnach *immer* etwas mit uns selbst zu tun, sonst hätte wir keine Affinität (Entsprechung, Anziehung) dazu.

Erst wenn wir aufhören, über Menschen und Situationen zu richten, sie zu beschuldigen und zu verdammen – wenn wir ehrlich werden und die Lösung des Problems in uns selbst suchen, indem wir mutig und liebevoll auch die eigenen "hässlichen" Anteile konfrontieren, anstatt zu projizieren und zu verdrängen –   wenn wir uns als schöpferische Ursache für unser Leben erkennen, und somit die volle Verantwortung für dieses übernehmen – wenn uns klar wird, dass es da draußen nichts zu ändern gibt – wenn wir begreifen, dass in uns der "Generalschlüssel" zur Veränderung aller Umstände liegt – und dass alle Geschehnisse letztlich eine Spiegelung unseres eigenen schöpferischen Bewusstseins sind – erst dann sind wahre Freiheit und Frieden zu erlangen.

Dies geschieht im unablässigen, sanften Lenken des Bewusstseins auf die heilige Gegenwart in uns, in der widerstandslosen, liebevollen und urteilsfreien Akzeptanz dessen, was IST. Ein geistesgegenwärtiges Zulassen des lebendigen Augenblicks, anstatt ihn zu vermeiden. Es beinhaltet zudem das Loslassen aller Bindung an Resultate und Ergebnisse bezüglich unserer Ziele, Sehnsüchte und Wünsche.

Erlösung geschieht, wenn wir bereit sind uns selbst und anderen von ganzem Herzen zu vergeben. Wenn wir den Irrglauben an Trennung ersetzen durch die innere Weisheit, dass wir mit der göttlichen Quelle und allem Leben untrennbar verbunden sind, und dass unser wahres und bleibendes Wesen einen Teil und vollkommenen Ausdruck dieser Quelle bildet.

Es geschieht durch die vertrauensvolle Hingabe an diese, dem Verstand unbegreifliche, grenzenlose Liebe, Weisheit und Macht, in deren Verbindung selbst der furchtbarste Schmerz überwunden werden kann, und scheinbar unlösbare Konflikte sich bewältigen lassen. Der Zugang zu dieser Kraft, zu diesem Frieden, zu dieser immensen Freude, die nicht länger von äußeren Umständen diktiert wird, befindet sich im zeitlosen Jetzt, in der hellwachen Würdigung und Wertschätzung des kostbaren Augenblicks, egal, wie sich dieser auch gestalten mag. Es ist die Hingabe an jene Intelligenz in der Tiefe unseres Wesens, die uns alle Wege ebnet. Der Erfüllung im Inneren folgt gesetzmäßig die Harmonisierung der äußeren Erscheinungswelt. Der Mensch erkennt sich als maßgeblicher Mitschöpfer und Gestalter seiner Realität.

Alles Wissen ist völlig nutz- und sinnlos, wenn es nicht zur Anwendung kommt. So steht es dir frei all das hier Besprochene als haltlose Behauptungen zu verwerfen. Wenn du Gesagtes jedoch ernst nimmst und es bewusst in deinen Alltag integrierst, werden sich höchstwahrscheinlich viele Dinge in deinem Leben teils dramatisch zum Positiven verändern. So wirst du womöglich eine zunehmende Zentrierung, Stabilität und Belastbarkeit deines Wesens feststellen. Aus Situationen, die dich früher regelrecht ausgelaugt haben, wirst du gestärkt hervorgehen. Oh ja, du wirst dich auch in Zukunft noch ärgern, dich ängstigen und aufregen – der Verstand wird noch eine Zeit lang dafür sorgen, und es gehört zum Menschsein – du wirst jedoch erfreut bemerken, wie schnell du wieder im Lot bist, zu deiner inneren Gelassenheit zurückfindest und das Spiel bewusst beendest.

Deine verfeinerte Intuition wird dich zu Entscheidungen veranlassen, die sich segensreich für dich und alle, die mit dir zu tun haben, auswirken. Vielleicht wirst du bemerken, dass sich dein Körper jünger anfühlt und auch jugendlicher aussieht. Es ist das Licht in dir, das wächst und nach außen strahlt. Es werden sich dann vermehrt Fügungen in deinem Leben einstellen, wo ein Rädchen harmonisch ins andere zu greifen scheint, und wenn mal wieder ein Strudel kommt, wo alles scheinbar zusammenbricht, dann bist du derjenige, der über Wasser bleibt. Andere werden sich darüber wundern, und du wirst lächeln, weil du genau weißt, warum es so ist. Menschen, die nicht mehr zu dir passen werden dich verlassen, oder du sie, neue werden hinzukommen. Das LEBEN wird dein unerschütterliches Vertrauen und deine Beharrlichkeit belohnen und dies wird dir als persönlicher Beweis gelten, den dir niemand mehr streitig machen kann. Du wirst womöglich in Ergriffenheit und Demut über das Unfassbare staunen, über das Wunder dieser genialen Schöpfung, welches sich in jedem Detail offenbart. Und du wirst dich als der erkennen und empfinden, der du in Wahrheit bist. Als göttlich autarkes Bewusstsein, als kraftvolles, strahlendes, liebevolles Wesen, das stets geborgen und getragen ist, auch wenn es dies für lange Zeit vergessen hatte bzw. musste. So ist es in der Tat.

Der rein rational veranlagte Mensch mag über diese Worte mehr als erstaunt sein, sie vorschnell als Hirngespinst und Gefühlsduselei abtun. Das ist weder gut noch schlecht. Es befindet sich jenseits aller Bewertung. Jeder denkt, empfindet und handelt gemäß seines derzeitigen Erkenntnisvermögens, und niemand von uns hat das Recht über einen anderen und dessen Ansichten zu urteilen. Keiner befindet sich umsonst dort, wo er gerade steht, und jede Phase muss von jedem durchlaufen werden. Daher gibt es auch keinen, der in irgendeiner Form über dir steht, egal, wie hoch und heilig er sich auch geben mag. Was zählt, ist ein offener Geist, der bereit ist, jegliches Denkmodell, jegliche Ideologie und Philosophie, alle "Wahrheit" grundsätzlich in Frage zu stellen und Neuland zu ergründen. Wenn das, was hier geschrieben steht, Neuland für dich ist, um so besser. Dann hast du jetzt die außerordentliche Gelegenheit dich von dessen Wahrheit durch gelebte Praxis selbst zu überzeugen.

Leben in der Erfüllung

Wie es viele Wege nach Rom gibt, existieren auch unterschiedliche Methoden, um etwas zu erreichen bzw. um etwas zu manifestieren. Die üblichen Vorgehensweisen richten sich nach dem Schema: *Tun – Haben – Sein.* Das heißt: Zuerst muss ich aktiv werden, hart arbeiten etc., damit ich es habe, um schließlich etwas zu sein. Dies kann funktionieren, doch zeigen sich auch zwei gravierende Nachteile: Erstens dauert es oft unverhältnismäßig lange, bis sich das Erwünschte einstellt und zweitens ist es mit einem relativ hohen Energieaufwand verbunden.

Die wesentlich elegantere Lösung hingegen berücksichtigt die geistigen Manifestationsgesetze, vor allem das der Resonanz. *"Bewusstsein erschafft Realität",* behaupten manche Physiker, wie du mittlerweile weißt. Demnach wird durch unser Denken und Fühlen (Information) die Lichtmatrix codiert, woraus sich letztlich unsere äußere Realität bildet. Deine Welt, dein Er-leben, ist das, was du bist bzw. ausstrahlst. Im Klartext:

Um etwas zu "kreieren", es zu haben, musst du es zuerst einmal Sein bzw. geistig in Besitz nehmen (Identifikation). Das heißt, du gehst damit in Resonanz.

Es ist dein mit Gefühl aufgeladener schöpferischer Gedanke, der die Hebel des Universums zu deinen Gunsten (oder auch Ungunsten) in Bewegung setzt. Es ist die Frequenz deiner energetischen Signatur, deiner einzigartigen Emanation (Ausstrahlung), die darüber entscheidet, welches der zahlreichen "Programme" du aus dem Meer aller Möglichkeiten empfängst.

Ist es dein großer Traum Filmregisseur zu werden, dann musst du einer *sein*. Wenn du das Gefühl in dir erzeugen kannst, als befändest du dich voller Enthusiasmus gerade mitten in den Dreharbeiten zu einem Blockbuster, dann hast du verstanden worum es geht. Dies hat nichts mit Größenwahn oder lächerlicher Phantasterei zu tun, sondern es ist das Wissen um die Rolle deines Bewusstseins, deiner Gedanken- und Gefühlswelt, deiner Überzeugungen und Glaubenssätze, auf die das Leben wie ein Kompaß reagiert. Identifizierst du dich mit dem Sein eines bedeutungslosen Nebendarstellers oder Komparsen, wirst du auch einer bleiben.

Sein – Tun – Haben ist das intelligente, ökonomische Prinzip, welches den Aufwand minimiert, indem es kausal in den Manifestationsprozess eingreift. Das heißt: Gesundheit ist kaum zu erlangen, wenn sich deine Aufmerksamkeit ständig um Krankheiten und irgendwelche "Zipperlein" dreht, wenn du sie als zu dir gehörend betrachtest, dich mit ihren Symptomen *identifizierst*. Vergiss nicht: Du bist weder dein Körper noch dein Verstand. Das, was du in deiner Essenz bist, was von dir übrig bleibt, wenn alle Illusionen schwinden – wenn du also aus dem Traum erwachst – ist reines bewusstes Sein, und du als Bewusstsein warst niemals krank und kannst es auch nie werden. Bewusstsein, dein wahrer Wesenskern, befindet sich jenseits all dieser Verhältnisse, jenseits physikalischer Gesetzmäßigkeit. Es wurde nie geboren und kann auch nie sterben. Es ist ewig, in sich ruhend, fernab allen Leidens. Bevor die materielle Welt entstand, war Bewusstsein und es wird noch existieren, wenn sie vergeht. Dein Körper ist natürlich den physikalischen Gesetzen unterworfen. Er altert mehr oder weniger schnell und zerfällt in seine chemischen Elemente, wenn sich das LEBEN irgendwann daraus zurückzieht. Er stirbt, DU nicht. Dein Körper hat irgend ein Leiden, aber das bist nicht DU.

Um also etwas Bestimmtes zu erleben, solltest du dich mit dem erwünschten Endzustand identifizieren. Das heißt, es zu fühlen, als sei es bereits in deinem Leben vorhanden, nicht als bloßer Zuschauer, sondern als Teilnehmer – als Hauptakteur! Im Umkehrschluss bedeutet dies: Wenn du unter chronischem Geldmangel leidest, und du möchtest, dass es so bleibt, dann sprich am besten ständig davon. Erzähle jedem, wie lausig deine finanzielle Situation ist und wie hart und ungerecht das Leben. Noch besser ist es, du denkst oder sagst, dass alles auf dieser Welt immer schlimmer wird, dir jeder das Geld aus der Tasche zieht, oder dass du es nicht besser verdient hast und sowieso der geborene Pechvogel bist. Wenn du dann selbst noch überall knauserst (oder anderen etwas missgönnst), im Glauben, dein Geiz, dein ängstliches Horten eines jeden Cents würde deine Lage verbessern, dann ist dies gewissermaßen ein sicherer Freifahrtschein für deinen emotionalen und ökonomischen Niedergang.

Willst du jedoch deine finanzielle oder auch sonstige Situation nachhaltig verbessern – wovon auszugehen ist – dann streiche zuallererst sämtliche zerstörerischen Postulate (Annahmen, Betrachtungen) für immer aus deinem Vokabular. *"Aber ich kann doch meine Augen vor der Realität nicht verschließen"*, höre ich dich sagen. Stimmt, das sollst du auch nicht. Bedenke aber, dass diese sogenannte "Realität" letztendlich ein Produkt, ein Abbild deiner Glaubenssätze und Einstellungen ist. Wenn du die geistigen Ursachen nicht änderst, werden auch die Wirkungen die selben bleiben. Nimm das, was jetzt gerade ist, einfach wahr, *ohne* es zu bewerten, *ohne* es zu beurteilen! Das genügt. Falls du in der Morgendämmerung zum wiederholten Male in einem vergammelten Hinterhof oder auf einer Parkbank erwacht bist, und dir der Rücken schmerzt, während du diese Zeilen liest, dann ist es eben so. Du kannst jetzt im Augenblick diese Situation nicht ändern, aber du kannst die Entscheidung treffen, dein zerstörerisches Denken über dich und die Welt zu verändern, welches dich in einer leidigen Endlosspirale gefangen hält. Wenn du der momentanen Situation, beispielsweise dem Geldmangel, unnötig Wichtigkeit verleihst, indem du dich mit ihm identifizierst, indem du deinen Verstand ein Drama, eine schreckliche Geschichte, ein Problem daraus basteln lässt, dann bejahst du genau diese Realität, gehst in Resonanz mit ihr, und sie bleibt dir erhalten. Jeder Hader, jeglicher innere Widerstand schafft einen neuen Konflikt und fixiert das in deinem Leben, was du im Grunde *nicht* haben willst.

Die elegante Lösung:

Fließe mit dem, was ist. Lebe gegenwärtig im freudigen Gefühl der Erfüllung dessen, was du in deinem Leben manifestiert haben willst.

Sei selbst die Veränderung, die du erstrebst, mit all deinen Sinnen, mit deinem gesamten Wesen, und du wirst deine persönlichen Wunder schneller erleben als du für möglich hältst. Solange deine negative äußere Lebenssituation bestehen bleibt, hast du zumindest etwas, das dir niemand nehmen kann und das auch durch nichts zu ersetzen ist: Es ist der tiefe Friede, die Vollkommenheit des Seins, das Feld höchster Ordnung jenseits allen Denkens und Wollens. Das ist unendlich viel mehr wert, als alle flüchtigen materiellen Schätze dieser Welt. Erleuchtete nannten ihn seit jeher den "Frieden Gottes". Du findest ihn tief in dir.

SEIN – TUN – HABEN

der schnellste und eleganteste Weg um etwas zu erreichen.

SEIN kannst du auf folgenden Ebenen:

- in deinen Gedanken und Vorstellungen

- in deinen Absichten und Entscheidungen

- in deinen Gefühlen

- in deinen Worten

- in deinem Handeln

- in deiner Gestik und Körperhaltung

- in Symbolen, Requisiten, Accessoires, Objekten und Orten.

**Das Leben, die Außenwelt reflektiert das, was du bist, und
das Spiegelbild lächelt erst dann, wenn du lächelst!**

"Ich versuchte ihn zu finden, am Kreuz der Christen, aber er war nicht dort.

Ich ging zu den Tempeln der Hindus und zu den alten Pagoden, aber ich konnte nirgendwo eine Spur von ihm finden.

Ich suchte ihn in den Bergen und Tälern, aber weder in der Höhe noch in der Tiefe sah ich mich imstande, ihn zu finden.

Ich ging zur Kaaba in Mekka, aber dort war er auch nicht.

Ich befragte die Gelehrten und Philosophen, aber er war jenseits ihres Verstehens.

Ich prüfte mein Herz, und dort verweilte er, als ich ihn sah. Er ist nirgends sonst zu finden."

(Rumi, islamischer Mystiker)

Das Gottesproblem

Gott genießt einen schlechten Ruf. Er steckt in Schwierigkeiten, denn er hat – von Jehovas Zeugen mal abgesehen – nicht mal einen richtigen Namen. Und wer ihn/sie/es einfach "Gott" nennt, bekommt selbst ein Problem, mit all jenen, die diesen Begriff mit irgendetwas Schrecklichem assoziieren. Gemeint sind alle irrsinnigen Religionskriege im Namen der katholischen Kirche und muslimischer Glaubensbrüder, die Hexenprozesse des Mittelalters, und auch wenn irgendein westliches Staatsoberhaupt seine Hand beschwörend auf die Bibel legt, um beispielsweise "die Achse des Bösen" festzulegen, ist den meisten nicht ganz wohl dabei.

Zahlreiche Verbrechen gegen die Menschlichkeit beriefen und berufen sich auf Gott und machen ihn damit zum unfreiwilligen Komplizen niederster menschlicher Triebe. Die Atheisten halten ihn für irrationalen Unsinn, den konservativen Wissenschaftlern fehlt es an Verifizierbarkeit und die Machthaber, Sektierer und Fanatiker instrumentalisieren den Schöpfer für ihre minderen weltlichen Zwecke.

Da ich mir dieser Problematik durchaus bewusst bin, hatte ich mich ursprünglich dazu entschlossen, den Begriff "Gott" im Reality-Resonanz-Training nur äußerst sparsam zu verwenden (was mir glaube ich nicht gelungen ist). Andererseits komme ich nicht umhin, auf das essentielle Wirken des Göttlichen hinzuweisen, möchte ich den Kurs nicht seiner Seele berauben. Es ist das tragende Fundament, auf dem alles aufbaut, was hier geschrieben steht, und ohne diese Grundlage wäre das Ganze nicht das Papier wert, auf dem es steht.

Es sollte ja keine der kommerziellen "Du-musst-es-dir-nur-wünschen" oder "Universum-Bestellservice-Anleitungen" werden, die sich sicherlich besser vermarkten lassen, da den Leuten vorgegaukelt wird, es gehe im Leben tatsächlich um Geld, Sex, sowie die Befriedigung sämtlicher Egotrips. Das klingt für viele Menschen zwar sehr reizvoll, mag vorübergehend auch funktionieren, doch erweist es sich letztlich als blindes

Hinterherlaufen einer Windhose, dem irgendwann das schmerzliche Erwachen folgt. In der Philosophie des "Auswegs" geht es daher primär um die Verbindung mit der *inneren Quelle*, die Entwicklung der brachliegenden Herzenergie, sowie die Veredelung des Charakters, woraus unweigerlich Lebensfreude und ein stabiler innerer Frieden resultieren.

Der Gottesbegriff, von dem im Kurs die Rede ist, hat nur wenig bis nichts mit den institutionalisierten Religionen gemein, die das Unaussprechliche gerne in ein Zwangskorsett persönlicher Ego-Konstrukte und neurotischer Konzepte packen. Wenn hier im Kurs von "Gott" gesprochen wird, dann ist damit "Etwas" gemeint, das im Grunde mit Worten und Bildern auch nicht im Entferntesten beschrieben, erfasst oder gar analysiert werden kann. Manche nennen ihn/sie/es universelle Intelligenz, universelle Liebe, den Allmächtigen, den Urgrund, das Leben, das Absolute oder einfach Schöpfer – manche sprechen von Vater bzw. Mutter, was weniger steril und abstrakt klingt.

Schon allein, wenn wir behaupten, dass "ein Gott der Liebe" dieses unsagbare Leid auf Erden nie zulassen würde, versuchen wir ihn/sie/es mit begrenzter Verstandeslogik zu erfassen, und damit befinden wir uns auf dem sprichwörtlichen Holzweg. So macht es tatsächlich nur wenig Sinn über das Göttliche zu schreiben oder zu debattieren – man stößt hier sehr schnell an unüberwindliche sprachliche und erkenntnistheoretische Barrieren. Wie auch die Liebe, kann Gott (der nach Aussagen der Mystiker reine Liebe ist) nur erfahren und unmittelbar erlebt werden. Und wem es nur einmal geschieht, der muss mit niemandem mehr darüber diskutieren.

Der alles durchdringende universelle Geist ist in diesem Sinne weder männlich noch weiblich bzw. beides zugleich. Er ist die universelle Liebe, Macht und Intelligenz, ohne die nichts wäre und schließlich unser aller tiefster Wesensgrund. Er befindet sich jenseits aller religiösen Dogmatik, Klassifizierung und auch aller rationalen Analytik. Das macht ihn für alle Zeiten zum Mysterium. In den großen Weisheitslehren wird er gleichermaßen als Quelle und Erfüllung all unserer tiefsten Sehnsüchte beschrieben, die sonst durch nichts auf dieser Welt gestillt werden können.

(In der Tat bildet dies die wohl höchste und wichtigste Erkenntnis meiner eigenen langjährigen Suche nach Wahrheit und Verstehen. Denn egal, was ich tat, wohin ich mich begab, welche Wendung mein Leben auch nahm, in welches Fettnäpfchen ich trat, wie sehr ich mich auch sträubte ... immer und immer wieder, gelangte ich genau an jenen Punkt, wo ich mir über diese große Wahrheit klar wurde – nicht nur vom Verstand her, sondern in den Tiefen der Seele.)

So gesehen wäre es eine Lüge, ein billiger Abklatsch, würde ich hier das für mich Wesentliche vorenthalten, nur um dadurch für manche Zeitgenossen "rational" und "abgeklärt" zu wirken. Es wäre eine falsche und heuchlerische Angepasstheit, einzig um den herrschenden Zeitgeist zu bedienen, deren Apostel dem Wunder des Lebens gerne eine rational-mechanistische Gebrauchsanleitung zugrunde legen wollen.

Wer Glück, Erfüllung und Frieden sucht, muss zur Quelle, dem Ursprung unseres tiefsten und innigsten Verlangens.

Ein Zitat aus dem Neuen Testament (die Atheisten mögen es mir nachsehen) sei mir hier erlaubt, weil es so vortrefflich in den Kontext passt:

"Strebe <u>zuerst</u> nach dem Reich Gottes (in dir), und alles andere wird dir hinzugegeben."

In diesem einfachen Satz ist im Grunde alles enthalten.

Wenn wir also die Suche nach unserem Ursprung, nach Gott, der Stärke und Liebe in uns selbst, an oberste Stelle setzen, wenn wir vermehrt auch nach innen lauschen, und uns wirklich <u>nichts</u> wichtiger ist, als diese innige Verbindung, dann wird uns alles andere hinzugegeben, ohne dass wir es krampfhaft nach "esoterischen Kochrezepten" wünschen und kreieren müssen. Richtiges Denken und Handeln werden sich ganz automatisch daraus ergeben. Das Leben geriert zum abwechslungsreichen Abenteuer, zu einer spannenden Herausforderung, bei der Leichtigkeit und Freude nicht mehr so leicht abhanden kommen.

Egal, was wir dann erhalten, und seien es die größten Reichtümer – wir verfügen dann über die innere Reife, um verantwortungsvoll damit umzugehen. Der Besitz besitzt dann nicht uns, wir verwalten ihn klug, lassen andere daran teilhaben, denn er hat nur sekundäre Wichtigkeit in unserem Leben. Und wenn wir ihn morgen wieder verlieren, so kann es unseren inneren Frieden, unser Fundament, nicht wirklich erschüttern, weil wir uns nicht darüber definieren, weil unsere Sicherheit, unser Seelenheil nicht auf Äußerlichkeiten, auf flüchtigem Sand gebaut ist.

Du bekommst dann alles, was du wirklich brauchst, was dein Herz begehrt, weil du nicht mehr daran hängst, weil du den materiellen Dingen, dem Ruhm, der Anerkennung, all dem Standesdünkel, nicht länger verhaftet bist. Du spürst zunehmend eine außergewöhnliche Kraft und Liebe in dir, welche all deine Gedanken und Handlungen leitet.

Du fühlst dich zuhause angekommen. Eine größere Freiheit, ein tieferer Frieden und mehr Glück sind nicht zu erlangen.

IV.

Reality-Resonanz-Training

◆

Praxis

◆

Wer oder was bin ich wirklich?

Diese Fragestellung ist für die Durchführung des Reality-Resonanz-Trainings von grundlegendster Bedeutung und soll deshalb hier nochmal angesprochen werden.

Dazu eine kleine Geschichte zu *"Wer bin ich wirklich?"*
von Anthony de Mello:

Eine Frau lag im Koma. Plötzlich hatte sie das Gefühl, sie käme in den Himmel und stände vor dem Richterstuhl.

" Wer bist du? " fragte eine Stimme.

" Ich bin die Frau des Bürgermeisters ", erwiderte sie.

" Ich habe nicht gefragt, wessen Ehefrau du bist, sondern **wer** du bist. "

" Ich bin die Mutter von vier Kindern. "

" Ich habe nicht gefragt, wessen Mutter du bist, sondern **wer** du bist. "

" Ich bin Lehrerin. "

" Ich habe auch nicht nach deinem Beruf gefragt, sondern **wer** du bist. "

Und so ging es weiter. Alles, was sie erwiderte, schien keine befriedigende Antwort auf die Frage zu sein: " Wer bist du? "

" Ich bin eine Christin , sagte die Frau.

" Ich fragte nicht, welcher Religion du angehörst, sondern **wer** du bist", erwiderte die Stimme.

Die Frau war zunehmend verunsichert. " Ich bin die, die jeden Tag in die Kirche ging und immer den Armen und Hilfsbedürftigen half. "

"Ich fragte dich nicht, was du tatest, sondern **wer** du bist. "

Offensichtlich hatte die Frau die Prüfung nicht bestanden, denn sie wurde zurück auf die Erde geschickt. Als sie wieder gesund war, beschloss sie herauszufinden, wer sie wirklich war.

Beantworte dir nun bitte folgende Frage:

Als wer oder was empfinde ich mich? Was glaube ich, wer ich wirklich bin?

Mache eine kurze Lesepause und denke darüber nach.

Essay von Assagioli und Ken Wilber:

Ich bin mir eines Stuhls bewusst, also bin ich nicht der Stuhl.

Ich bin mir meines Körpers bewusst, also bin ich nicht mein Körper.

Ich bin mir meiner Gedanken bewusst, also bin ich nicht meine Gedanken.

Ich bin mir meiner Wünsche bewusst, also bin ich nicht meine Wünsche.

Ich bin mir meiner Gefühle bewusst, also bin ich nicht meine Gefühle.

Mache wieder einige Sekunden Pause, bevor du zur nächsten Seite gehst:

Was meinst du, zu welcher Erkenntnis gelangten die beiden?

Wenn du das Buch bis hierhin gelesen hast, wirst du es vermutlich wissen.

Die Antwort lautet:

<u>"Ich bin reines, bewusstes Sein!"</u>

Du hast einen Körper ... du hast Gedanken... du hast Gefühle ... du hast Wünsche ... du hast womöglich einen Beruf und einen akademischen Titel ...

aber all das bist du nicht!

Du bist in erster Linie ein geistig-spirituelles Wesen, das Erfahrungen in einem materiellen Körper macht.

Was glaube ich?

Die Mehrheit sagt auch hier: *"Ich glaube das, was ich sehe!"* Diese Geisteshaltung ist recht zweifelhaft in Anbetracht der Tatsache, wie fehlerhaft und trügerisch unsere äußeren fünf Sinne sind.

Beobachtet man beispielsweise die Sonne, dann geht sie nur *augenscheinlich* "auf" und "unter". Die ist zwar offen-sicht-lich aber keineswegs wahr!

<u>Mache dazu auch mal den Daumentest:</u>

- Strecke dazu beide Arme nach vorne aus und halte beide Daumen nach oben gerichtet.

- Blicke nun an deinen Daumen vorbei in die Ferne, so dass die Daumen unscharf werden.

- Nach einiger Zeit wirst du vier Daumen sehen.

- Lass den Blick in die Ferne gerichtet und führe die Hände langsam zusammen, bis die beiden inneren Daumen sich überlappen und du nur noch drei Daumen siehst.

- Der mittlere Daumen wird am deutlichsten wahrnehmbar sein, aber *genau dieser* existiert nicht! Er ist eine Illusion, wie so vieles, was uns in der Außenwelt als "real" erscheint!

Viele unserer (schädlichen) Glaubenssätze über uns selbst und die Welt haben wir unreflektiert von anderen (Eltern, Schule, Medien etc.) übernommen. Hier gilt es den ersten Schritt zu tun.

Mit dem Reality-Resonanz-Training verlässt du die ausgetrampelten Pfade des fremdgesteuerten Denkens der breiten Masse. Du beschreitest den Weg des "spirituellen Kriegers", der die geistigen Gesetze kennt und konsequent zur Anwendung bringt.

Dann glaubst du nicht länger, was du siehst, sondern ... **du siehst, was du glaubst!**

Ein gewaltiger Unterschied, wie du bald erkennen wirst.

Der erste Schritt des Reality-Resonanz-Trainings besteht also darin, dir darüber klar zu werden, wer du wirklich bist und schließlich, was du glaubst, welche grundlegenden Überzeugungen du hast.

Was glaube ich?

Bei allen folgenden Antworten gibt es natürlich auch eine "Grauzone", die irgendwo dazwischenliegt. Andererseits neigen wir dazu eher in eine Richtung zu tendieren. Darum geht es hier. Unterstreiche bzw. schreibe das heraus, was bei dir mehr zutrifft.

Sei absolut ehrlich. Du musst das Ergebnis niemandem zeigen. ;)

1. Wie sehe ich mich selbst? (Überwiegend und grundsätzlich)

Ich bin (ein) ...

Gewinner, Glückskind – Verlierer, Versager, ziehe das Pech geradezu an

guter Mensch – schlechter Mensch

stark – schwach

Gestalter – Opfer

mit mir zufrieden – mit mir unzufrieden

freundlich, heiter – mürrisch, launisch

wert geliebt zu werden, wohlhabend, glücklich zu sein etc. – nicht wert ...

attraktiv – unattraktiv

begabt – unbegabt

interessant – eher durchschnittlich, langweilig, nichtssagend

selbstbewusst – mangelnder Selbstwert, Gefühl von Minderwertigkeit

überwiegend erfolgreich – überwiegend erfolglos

klug – dämlich, naiv, gutgläubig, ungebildet

liebenswert, mitfühlend – oft hartherzig, unterkühlt

zuverlässig – eher unzuverlässig

offen – verschlossen

zu dünn – schlank – zu dick

mutig – feige

verantwortungsbewusst – verantwortungslos

unterhaltsam – langweilig

aufrichtig, wahrheitsliebend – Lügner, Schwindler

genügsam – gierig

geduldig – unduldsam

ordentlich, perfektionistisch – chaotisch

eifersüchtig – tolerant

Ich fühle mich schuldig – frei von jeglicher Schuld

Ich schäme mich für ... – ich stehe zu mir und meinen Fehlern

2. Sage oder denke ich des öfteren Sätze wie:

Warum immer ausgerechnet ich?

Bei mir klappt einfach nichts!

Ein Unglück kommt selten allein!

Das Leben ist ein ständiger Kampf!

Das Leben ist ein Jammertal!

Leben heißt leiden!

Daraus wird ja doch wieder nichts!

Es ist immer dasselbe! (Privat, beruflich ...)

Das Leben ist kein Wunschkonzert!

Geld ist schmutzig!

Überall wird man übers Ohr gehauen und belogen!

Andere sind schuld daran, dass ich so bin, wie ich bin, und dass es mir so geht!

War klar, dass es wieder so kommen musste!

Das ist alles nicht leicht!

Wir sind fremden Mächten hilflos ausgeliefert!

Ich allein kann nichts bewirken!

3. Wie sehe ich meine Mitmenschen, die Welt, das Leben? Wie ist meine Wortwahl diesbezüglich? (Überwiegend und grundsätzlich)

Feindlich – mir freundlich gesonnen

Alles hat seinen tieferen Sinn – im Grunde ist alles sinnlos

Der Mensch ist von Natur aus gut – Der Mensch ist von Natur aus schlecht

Das Leben ist schön. Ich liebe das Leben – Das Leben ist ein Jammertal

Alles folgt inneren Gesetzen – Das Leben ist hart und ungerecht, unbarmherzig

Das Leben ist Geschenk, eine Gelegenheit, eine Chance – eine ständige Prüfung

Auf lange Sicht wird alles besser – alles wird schlechter

Der Mensch kann sich grundsätzlich ändern – Der Mensch wird sich nie ändern

Männer sind …

Frauen sind …

Ausländer sind …

Meine Kollegen/Kolleginnen sind …

etc.

4. Wie fühle ich mich, wenn ich so denke?

Haben mich diese Überzeugungen bereichert, glücklicher gemacht, mir inneren Frieden beschert? Bin ich mir meiner Urteile absolut sicher? Habe ich womöglich nur die Meinungen (Programme) anderer kritiklos übernommen? Habe ich das, was ich glaube, je ernsthaft hinterfragt? Kann es sein, dass die "Realität" lediglich eine Spiegelung meiner tiefsten Überzeugungen ist? Wenn ja, will ich das weiterhin glauben?

Wenn du alle Punkte, möglichst ehrlich, nach bestem Gewissen beantwortet hast, verfügst du über eine grundsätzliche Übersicht hinsichtlich deiner Glaubenskonstrukte, welche dein Leben bzw. deine Erfahrungen bestimmen und gestalten.

Schreibe dir nun alle negativen Aspekte heraus. *Sie* gilt es zu transformieren, was durch die praktischen Übungen möglich wird.

Hast du das komplette Übungsprogramm mindestens einmal durchlaufen, mache eine neue Bestandsaufnahme und überprüfe, was sich verändert hat. Im Laufe der Zeit solltest du dich bei der Beantwortung jedes Aspektes deutlich im positiven Pol befinden.

Beispiel: War dein Selbstwert bis heute mangelhaft, so solltest du nach mehrfacher Absolvierung des Übungsprogrammes einen deutlichen Zuwachs an Selbstbewusstsein feststellen. Du wirst es fühlen. Wie viele Durchgänge dafür nötig sind, ist gleichgültig und von Mensch zu Mensch unterschiedlich. **Wichtig ist, dass du es durchführst ... immer wieder ... und wieder ... und wieder ...**

Der Erfolg wird nicht ausbleiben!

21-Tage-Intensiv-Kurs

<u>Augenblick der Entscheidung</u>

1.   **Tag des heilenden Atems**

2.   **Tag des Torwächters**

3.   **Tag des magischen JA**

4.   **Tag des Lächelns**

5.   **Tag des Gebens**

6.   **Tag der Dankbarkeit**

7.   **Tag des Lobes**

8.   **Tag des Segnens**

9.   **Tag der Liebe**

10.   **Tag der spirituellen Macht**

11.   **Tag der Vertrauens**

12.   **Tag des Vergebung**

13.   **Tag der Erfüllung**

14.   **Tag der Wunder**

15. – 21.Tag / Die Goldene Woche

Augenblick der Entscheidung

Im Leben gelangt man immer wieder an gewisse Punkte, wo es gilt eine klare Entscheidung zu treffen. Oft tun wir dies nur halbherzig, rudern hin und her, sind demotiviert, werden wieder schwach etc.

Da gibt es Menschen, die an jedem Neujahrstag das Rauchen aufgeben, oder sogenannte "On/Off-Beziehungen" pflegen, wo man quartalsmäßig miteinander "Schluss macht", um sich erneut aufeinander einzulassen.

Vor einer Ent-scheidung stehst du tatsächlich an einem Scheideweg, wo du entweder auf dem alten Gleis weiterfährst, oder in ein anderes abzweigst, auf dessen Weg sich ganz andere Landschaften (Erfahrungen) auftun.

Wenn du dich jetzt dafür entscheidest, das **Reality-Resonanz-Training** durchzuführen, dann tue es bitte von ganzem Herzen, mit Begeisterung und Vorfreude. Gib dir selbst das heilige Versprechen, dich durch nichts und niemand mehr von deinem Weg abbringen zu lassen. Kaum etwas lähmt die schöpferischen Energien so sehr, wie ständige Wankelmütigkeit und mangelnde Motivation. Heute voller Esprit und morgen nur noch ein Schatten unserer selbst.

Wenn du die Wahl *für* ein Neues Denken, *für* eine neues, erfüllteres Leben triffst und beharrlich dabei bleibst, ich sage dir, du wirst schon sehr bald eine deutliche positive Veränderung in dir und um dich herum bemerken.

Dieser Kurs lebt von der Praxis, nicht von der Theorie, wie du bereits weißt. Dir mag alles einleuchten und verständlich sein, was hier beschrieben wird, du wirst erst dann vom Spielball zum Gestalter, wenn es zur Anwendung kommt.

Dann aber bist du nicht mehr aufzuhalten!

<u>Hinweis:</u> Setze dich mit den Übungen niemals unter Druck. Jeder hat seine individuellen Stärken und Schwächen. Wenn es mit einem Inhalt nicht so recht klappen will, dann akzeptiere das. (Du kannst es am Abend immer noch "Umerleben"). Es gibt hier kein "Versagen". Selbst wenn du den Eindruck hast, es hat heute nicht funktioniert, so hast du dennoch einen Schritt getan, allein, weil du dabeigeblieben bist.

Wiederhole die 21 Tage immer wieder, so oft es nur geht. Du wirst bemerken, wie sich dein Wesen, dein Denken und Fühlen immer mehr verändert und mit ihnen das, was du glaubst. Damit trittst du ein in ein komplett neues Sein, in eine höhere Version deiner Selbst, was sich zwingend in deinen Erfahrungen, in deinem Glückserleben spiegelt.

Lass uns das Abenteuer also beginnen! :)

Stufe 1

Tag des heilenden Atems –
die Wiederentdeckung der Langsamkeit

Die Atmung ist das verbindende Glied zwischen Körper und Seele. Gemäß der spirituellen Lehren wird durch den Atem nicht nur jede Körperzelle mit Energie versorgt, sondern auch der feinstoffliche Astralleib (Gefühlskörper) genährt. Er ist es, der sich von deinem materiellen Körper, nachts, wenn du schläfst, und im Augenblick des Todes trennt.

Der Atem ist eine großartige Energiequelle und allein durch ihn können Krankheiten in Richtung Heilung beeinflusst werden. Jede Körperzelle profitiert davon. Er wirkt ausgleichend und harmonisierend auf sämtliche Körperfunktionen und baut seelischen Stress ab.

Richtig durchgeführtes Atmen ist einer der Grundbausteine aller Mysterienschulen und von größter Bedeutung für die eigene Entwicklung. Wenn du es erlernst, wird sich das auf alle Lebensbereiche positiv auswirken.

Was du heute zu tun hast:

Wenn du erwachst, besinne dich auf deine Atmung. Heute wirst du deinen Fokus so oft wie nur möglich auf eine entspannte, tiefe Atmung richten.

Mache jetzt folgende Grundübung:

Die Vollatmung

Atme tief ein (zuerst in den Unterleib, dann in die Brust) – Halte den Atem für ein bis drei Sekunden an – Atme wieder ganz aus – Halte den Atem wiederum ein bis drei Sekunden an. Mache dies für mindesten sieben Atemzüge.

Diese heilsame Übung solltest du jeden Tag machen, besonders dann, wenn du "nicht im Lot" bist.

Achte heute besonders darauf, dass dein Atem nicht flach ist. Der ruhige, tiefe Atem bringt Ruhe und Ausgeglichenheit in dein Leben.

Tipp: Fortgeschrittene können den Atem mit einer bestimmten Eigenschaft "imprägnieren."

Beispiel: Ich atme (Stärke, Mut, Gesundheit, Licht, Frieden etc.) ein und atme etwas Unerwünschtes (Krankheit, Schwäche, etc.) aus.

Eine weitere Variante ist die **Zellatmung:** Hier stellst du dir vor, dass du über alle Poren in jede Zelle ein- und ausatmest.

Der erste Tag beinhaltet zudem **"Die Wiederentdeckung der Langsamkeit"**. Sie führt dich zu mentaler Klarheit und innerer Ruhe. Führe heute alle Handlungen **bewusst langsam, mit Achtsamkeit und Bedacht** aus. Zuhause kannst du Bewegungen sogar für einen bestimmten Zeitraum extrem verlangsamen und damit sehr gute Ergebnisse erzielen. (Das *extreme* Verlangsamen ist natürlich nur ein Übungszweck. Für das Berufsleben wäre es weniger geeignet. ;)

Du wirst bemerken, dass du mit dieser Übung sogar effizienter in deinen Handlungen wirst, da du insgesamt weniger Fehler machst.

Ich nenne sie auch **"Durch den Äther gleiten"**, weil die Intention dabei ist, mit deinen achtsamen, harmonischen Bewegungen möglichst wenig "ätherischen Staub" aufzuwirbeln. Stell dir vor, um dich herum existiert ein Meer aus kleinsten, feinstofflichen Partikelchen.

Deine Intention ist es nun, dich harmonisch in diesem Meer zu bewegen und dabei möglichst wenig Verwirblungen zu erzeugen.

Jegliche nervöse, unkontrollierte Bewegung wird vermieden. (Auch negative Emotionen bringen die natürliche Ordnung und Struktur des Äthers in Disharmonie!) Du bewegst dich geschmeidig durch den Raum und andere werden dich in diesem Zustand tatsächlich kaum noch wahrnehmen. Dabei bleibst du in dir zentriert und richtest dein Bewusstsein nur sehr begrenzt nach außen.

Allein diese einfache Übung kann deinem Leben eine positive Wende geben. Schon sie verändert deine grundlegende Ausstrahlung. Du wirkst beruhigend auf andere, als einer der "geerdet" ist. Für den sogenannten "Zappelphilipp", den Hektiker, ist sie das Mittel der Wahl.

Ziel ist es, wie bei allen anderen Übungen auch, diese Harmonie zunehmend in den Alltag zu integrieren und sie tagtäglich zu leben. Das bedeutet nicht, dass du von nun an wie ein "Alien" durch die Gegend läufst und jede Handlung nur noch in Zeitlupe ausführst. Der Sinn ist, sich von der allgemeinen Hetze nicht mehr mitreißen zu lassen und sich seiner Atmung, seines Körpers und seiner Bewegungen wieder bewusst zu werden.

Bewusstwerdung ist der Sinn und Zweck unserer Existenz. Wer zu Bewusstsein kommt, dessen Handlungen werden von Weisheit und Liebe getragen.

Um die Langsamkeit wiederzuentdecken, empfehle ich bisweilen, eine vorbeiziehende Wolke zu beobachten, sich mit ihr zu identifizieren (du bist die Wolke!). Das bringt dich von "Hundert auf Null".

Was sich in dieser Stufe sehr gut einbauen lässt, ist eine weitere Praxis, die man als **"Heiligen und Entweihen"** bezeichnen könnte. Eine Tatsache ist: *Nichts hat irgendeinen Wert, außer dem, den du ihm gibst!* Behandelst du etwas ohne den ihm gebührenden Respekt und ohne Wertschätzung, dann gleicht dies einer "Entweihung". Du beraubst es seines inneren Wertes. In dieser Übung verrichtest du folglich alles, was du tust, *auch das Geringste*, im Gewahrsein einer heiligen Handlung. Wenn du mit Menschen, Tieren, Pflanzen und Gegenständen in dieser Art und Weise verfährst, wirst du große, erstaunliche Veränderungen in deinem Leben bemerken.

Freue dich auf deinen ersten Tag! :)

Anmerkung:

*Befasse dich zusätzlich mit dem hocheffizienten >**7-Phasen-Prozess**<. Mit ihm lassen sich ganz spezifische Problematiken bearbeiten und lösen. Er bildet ein in sich komplettes System, und du kannst ihn parallel zum 21-Tage-Intensiv-Kurs anwenden, oder ausschließlich. Arbeite am besten täglich mit ihm, so dass dir die Schritte in "Fleisch und Blut" übergehen.*

Stufe 2

Tag des Torwächters

Die Installation des "Inneren Torwächters" ist eines der wichtigsten und effektivsten Instrumente des Kurses.

Die allermeisten unserer Gedanken passieren völlig unkontrolliert und ungefiltert unser Gemüt. Dabei handelt es sich nicht selten um das Gedankengut anderer, das wir kritiklos übernehmen.

Da unsere erlebte Realität aber in erster Linie unserem Denken entspringt, besteht der alles entscheidende Schritt darin, sich des Inhalts jedes einzelnen Gedankens allmählich bewusst zu werden. Wie kann das erreicht werden?

Der mächtige Torwächter von dem hier die Rede ist, ist die **wachsame Gegenwärtigkeit.**

Nur wenn du präsent, also gegenwärtig bist, kannst du auch Herr über dein Leben werden. Bist du unbewusst, gleichst du einem "Automaten", der lediglich irgendwelche Fremdprogramme abspult. In bestimmten Situationen reagierst du dann reflexartig (reaktiv), nach immer wiederkehrendem Muster. Nicht umsonst wird in allen maßgeblichen Lehren betont, dass alle Kraft und Macht in der Gegenwart liegt. Hier befindet sich dein einziges und höchstes Potential.

Der Torwächter, deine absolute Präsenz, warnt dich sofort, wenn destruktive Gedanken in dein Bewusstsein eindringen wollen. Dann bist du ihnen nicht länger ausgeliefert, und **du entscheidest**, was passiert.

Taucht ein negativer Gedanke auf hast du im Grunde 2 Möglichkeiten:

1. Du gibst ihm Nahrung, sprich Energie, indem du diesen Gedanken weiterspinnst, eine schreckliche Story daraus bastelst, dich hineinsteigerst, und das entsprechende Gefühl (Wut, Angst, Verzweiflung etc.) dazu aufbaust ...

2. Du nimmst ihn bewusst wahr, blickst ihm furchtlos ins Gesicht. (Alles will und muss zunächst angeschaut werden!) Du gibst ihm keinerlei Wichtigkeit, indem du ihn gleichgültig, emotionslos beobachtest, (wie eine Wolke), ihn ziehen lässt und deinen Fokus schließlich auf etwas Neutrales bzw. Erfreuliches richtest.

Möglichkeit 1 praktizieren ca. 90% der (unbewussten) Menschen und ziehen damit allerlei Ungemach in ihr Leben.

Möglichkeit 2 ist der Weg des "Zauberers", und er wird von jenen beschritten, die diese Wahrheit für sich erkannt haben.

Was du heute zu tun hast:

Bleibe bei deiner erlernten **Vollatmung**, sie ist dein Fundament.

Sobald du morgens erwachst, komme zu Bewusstsein, sei ganz da.

Mach dir nun klar, wer du **wirklich** bist, reines Bewusstsein, und dass du als dieses geistig-göttliche Wesen durch den Tag gehst.

Triff nun die klare Entscheidung, dass du heute in jedem nur erdenklichen Augenblick **präsent** bist. Sei absolut **wachsam** über jeden Gedanken, der sich dir aufdrängen will.

Wenn du anfänglich "versagst", richte nicht über dich. Es geht hier nicht darum, dass du es sofort perfekt kannst, sondern vielmehr, dass du die unwiderrufliche Entscheidung getroffen hast, deinem Leben eine neue Richtung zu geben.

Es spielt überhaupt keine Rolle, wie lange du brauchst. **Es ist einzig von Bedeutung, dass du weitermachst und nie aufgibst!** Wenn du immer wieder aufstehst und es mit deiner Entwicklung ernst meinst, hast du alle Unterstützung des Himmels. Das ist garantiert!

Du kannst dir den Torwächter beispielsweise als Löwen (meine Partnerin bevorzugt Gandalf) etc. vorstellen, der dich warnt und sorgsam darauf achtet, wer sich in dein Heiligtum Zutritt verschaffen möchte.

Gegenwärtigkeit ist einer der Schlüssel zu den großen Mysterien dieser Welt! Sie bringt Ordnung und Struktur in das chaotische Quantenfeld.

Die Menschen werden sich im neutralen Kraftfeld deines Wesens geborgen fühlen und vielleicht sogar Heilung erfahren. Allein durch deine seelische Präsenz fügen sich die Dinge zu deinem Besten.

Bist du präsent, wirst du auch automatisch zum guten Zuhörer. (Du weißt, wie wenige Menschen das können). Jemand, der dir wirklich zuhört, ist viel mehr wert, als zehntausend gut gemeinte Rat-Schläge.

Auch diese Übung wird dich, wie der heilende Atem, ein Leben lang begleiten. Gegenwärtigkeit sollte zunehmend der "Betriebsmodus" deines Geistes sein.

Schon allein, wenn du die ersten zwei Übungen beherrschst, wird sich dein Leben in ungeahnter Weise segensreich entfalten.

Beweise es dir nun selbst.

Stufe 3

Das magische JA

Wenn du etwas ablehnst, schaffst du Trennung und Disharmonie. Was du "weg haben" willst, bleibt dir erhalten. Den Augenblick abzulehnen, bedeutet, ein NEIN zum Leben. Ein Kampf, den du immer verlieren wirst. Er kostet viel Energie, blockiert den natürlichen Fluss, macht krank und unzufrieden.

Alles, was existiert, einschließlich das, was du ansonsten verurteilst, möchte dein uneingeschränktes **JA**. Das mag sehr ungewohnt klingen, aber tatsächlich ist es ein Akt spiritueller Intelligenz, der dich in den heilsamen Strom der höheren Weisheit einfügt.

Um es gleich vorwegzunehmen: Dies bedeutet nicht, dass du beispielsweise zustimmst, wenn dir jemand Gewalt antun will. Du sagst lediglich **JA** zum Augenblick und bleibst dabei gegenwärtig. Aus dieser Klarheit heraus triffst du die spontane Entscheidung, wie du dich verhältst.

Mit dem großen **JA** vertiefst du das Prinzip der Widerstandslosigkeit. Damit ist gemeint, dass du aufhörst gegen IST-Situationen anzukämpfen. Eine Situation, ein Augenblick, der bereits eingetreten ist, kann nicht mehr verändert werden. Was du aber jederzeit ändern kannst, ist deine Geisteshaltung.

Wenn du etwas unbedingt "loswerden" möchtest, dann ist das immer mit negativen Emotionen wie Wut, Ablehnung, Verzweiflung, Angst etc. gekoppelt. In aller Regel identifizierst du dich mit diesen Emotionen, indem du unbewusst wirst und deinen Gedanken freien Lauf lässt. Im Augenblick, wo du dich den dabei entstehenden Gefühlen auslieferst, übernimmt dein EgoVerstand die Kontrolle. Du wirst zu deinen Gefühlen, sie gehen gewissermaßen mit dir durch – Schmerz ist die unausweichliche Folge.

Akzeptierst du jedoch den Augenblick, wie er nun mal ist, und wirst zum neutralen Beobachter deines beispielsweise Zorns, dann ist die Identifikation sofort gebrochen und das Leidensspiel beendet. Durch Unbewusstheit gerätst du unter die Herrschaft deines EgoVerstandes. Dieser arbeitet im Widerstandsmodus, woraus sich negative Emotionen speisen, wodurch wiederum Leiden entsteht. Wenn du diesen simplen Mechanismus durchschaust, hast du das Tor zur Freiheit ein gutes Stück weit aufgestoßen.

Es geht also keineswegs darum, eine für dich unerträgliche Situation das ganze Leben lang hinzunehmen (du kannst alles verändern!), sondern um die widerstandslose und gegenwärtige Annahme jedes Augenblicks, so wie er sich darstellt.

Wenn du Wut spürst, bleib gegenwärtig und beobachte sie. Wenn du inneren Schmerz empfindest, agiere als widerstandsloser Beobachter. Sei gnadenlos präsent dabei, sonst verhedderst du dich wieder in Gedankenspiele. Der Schmerz hat im Licht deines Bewusstseins auf Dauer nicht die geringste Chance. Du wirst ihn zwar noch eine Zeitlang empfinden, wie ein Karussell, das noch ein bisschen weiterläuft, nachdem du es nicht mehr antreibst. Wenn du ihn jedoch unbeirrt weiter beobachtest, ohne über ihn nachzudenken (er drängt dich dazu, damit er "überleben" kann!), entziehst du den Elementalen (Gedankenwesen) die Nahrung. Sie lösen sich auf in Lebensenergie und inneren Frieden. Probiere es aus!

Was du heute zu tun hast:

Bleibe bei deiner erlernten **Vollatmung**, sie ist dein Fundament.

Gib allem was dir begegnet, dein **JA,** aus ganzem Herzen. Dir selbst, deinen Gedanken und Gefühlen, was du siehst und hörst, jedem Menschen, jedem Ereignis, einfach ALLEM. Lasse nichts aus!

Indem du **JA** zum Leben sagst, bekräftigst du, dass alles was ist, auf innerster Ebene, seine Richtigkeit hat. (Auch wenn der Verstand es nicht versteht).

Indem du **JA** sagst, gibst du deinen Widerstand auf. Indem du **JA** sagst, hörst du auf zu urteilen. Indem du **JA** sagst, kommst du dem inneren Frieden (deiner Bestimmung) einen weiteren Schritt näher.

Mache diese Übung von dem Zeitpunkt an, wenn du aufwachst, bis du einschläfst. Dein letzter Gedanke heute ist ... **JA!**

Stufe 4

Tag des Lächelns

Ein Lächeln sagt bekanntlich mehr als es tausend Worte vermögen. Mit einem Lächeln bringen wir etwas von unserer positiven Strahlkraft in diese Welt. Wer täglich in der U-Bahn unterwegs ist, in die vielen mürrischen, nahezu feindseligen Gesichter schaut, weiß wovon hier die Rede ist. Die neue Generation von Smartphone-Neurotikern, die ohnehin kaum mehr Blickkontakt zu anderen Menschen haben, sind eine andere Geschichte.

Ist es dir schon mal passiert, dass dich frühmorgens jemand anlächelt und dein Tag war irgendwie gerettet? Solch eine immense Wirkung hat eine einfache Geste auf unser Befinden. So gibt es mittlerweile zahlreiche Untersuchungen, die den Gesundheitswert von Lachen bescheinigen, und sogar Seminare werden diesbezüglich angeboten. Wir leben offenbar in einer Zeit, in der man das Lachen auf Fortbildungen wieder erlernen muss. Ist das nicht zum Lachen?

Ein simples Experiment kann jeder für sich probieren: Wenn man seine Mundwinkel nach unten zieht, assoziiert der Körper das mit Traurigkeit, Frust und schlechter Laune. Man fühlt sich in der Tat sofort etwas schlechter. Ebenso verhält es sich im umgekehrten Fall. Fast unmittelbar stellt sich ein verändertes Körpergefühl ein und das Stimmungsbarometer steigt um einige Punkte.

Wenn man angelächelt wird, fühlt man sich vom Gegenüber angenommen und akzeptiert. Ein kühles, abweisendes Gesicht hingegen bringt man mit Ablehnung, Antipathie und Zurückweisung in Verbindung, was mitunter als Verletzung empfunden wird.

Wenn du von innen heraus lächelst, hast du die Ausstrahlung eines Gewinners, eines Menschen, der dem Leben gewachsen ist. Du wirkst auf andere sympathisch und das öffnet dir im Gesellschafts- und Berufsleben Tür und Tor.

Wichtig dabei ist, dass du authentisch bleibst. Das schon in der Literatur beschriebene "gefrorene Dauergrinsen" mancher asiatischer Herrscher, die diese Mimik auch dann beibehalten, wenn sie ein Todesurteil unterschreiben, ist damit nicht gemeint.

Dein Lächeln sollte von innen, von Herzen kommen, ehrlich gemeint sein – was nach erfolgreicher Absolvierung des Kurses für dich kein großes Problem mehr darstellen sollte.

Es geht also auch hier nicht darum, den ganzen Tag mit einem maskenhaften Gegrinse durch die Gassen zu ziehen, sondern um den Ausdruck deiner inneren Lebensfreude und des grundsätzlichen Wohlwollens anderen gegenüber. Wenn es dir miserabel geht, dann zeig es ruhig, aber mach kein Spiel daraus, indem du dich selbst bemitleidest und permanent darüber sprichst.

Für alle, die jetzt protestieren zum besseren Verständnis: Sogenannte negative Gefühle (Trauer, Neid, Wut etc.) sollten niemals ignoriert bzw. unterdrückt werden. Es genügt sie furchtlos anzuschauen, sie <u>kurz- bis mittelfristig bewusst</u> zu durchleben, um ihnen damit ihre Macht über dich zu nehmen. Sie gehören zum facettenreichen Menschsein, lassen uns reifen, machen das Leben aber zum Jammertal, wenn man sich endlos mit ihnen identifiziert und durch entsprechende innere Bilder nährt. Der Verlust eines geliebten Menschen und die damit verbundene Trauer braucht selbstverständlich seine Zeit. Aber irgendwann wird auch hier ein Punkt überschritten, wo das Ganze noch einen gesunden Verarbeitungsprozess darstellt. Leiden ist ein nützliches Korrektiv des Lebens, jedoch nicht sein Sinn und Zweck!

Was heute zu tun ist:

Bleibe bei deiner erlernten **Vollatmung**, sie ist dein Fundament.

Erwache mit einem Lächeln.

Falls jemand neben dir im Bett liegt … nimm seine/ihre Hand schenke ihm/ihr dein bezauberndstes Lächeln. Gehe ins Bad, schaue in den Spiegel und blicke dieser wunderbaren, einzigartigen Seele, die du bist, mit einem Lächeln entgegen.

Lächle heute so viele Menschen an, wie nur möglich, frei und ungezwungen. Heute darfst du ruhig übertreiben. Beobachte ihre Reaktionen, von zum Teil erfreut bis überrascht. Auch wenn sie aus Überheblichkeit (in der Regel ein Zeichen von eigener Unsicherheit oder falscher Interpretation) dein Lächeln ignorieren – es wird nicht ohne Wirkung bleiben. Das meiste spielt sich ohnehin im feinstofflichen Bereich, im Unsichtbaren ab.

Beziehe selbstverständlich auch Tiere, Pflanzen und Dinge mit ein, wenn du möchtest. Auf tiefster Ebene ist nichts unbelebt, und alles freut sich über dein wohlwollendes Lächeln.

Fühle dich ab heute als Botschafter einer neuen Welt, in der nicht Ellenbogenmentalität, aufgesetzte Coolness und Bilanzen zählen, sondern das, worauf es wirklich ankommt: Spirituelle Reife in Form eines freundlichen, achtsamen und hilfsbereiten Miteinanders.

Schlafe von nun an immer mit einem sanften Lächeln auf dem Lippen ein, denn du bist ein Gewinner. Die Qualität deiner Träume wird sich verändern. Manche werden bemerken, dass durch diese simple "Übung" die weniger schönen Gram- und Sorgenfalten allmählich weichen und durch interessante Lachfältchen ersetzt werden. Fältchen die ein Gesicht nicht alt machen, sondern ihm Charakter und Würde verleihen.

Wenn du beginnst wieder mehr zu lächeln, wird es dich und dein Umfeld verändern.

Stufe 5

Tag des Gebens

Vielleicht hast du auch schon die Erfahrung gemacht, dass Schenken noch mehr Freude bereitet, als selbst beschenkt zu werden. Das liegt daran, dass es uns glücklich macht, wenn wir andere glücklich machen.

Alles im Leben ist einem permanenten Kreislauf unterworfen, ein Ein- und Ausatmen, ein Werden und Vergehen. Diesen Kreislauf zu unterbrechen, indem man beispielsweise etwas hortet, bedeutet Starre und im Extremfall den Tod. Das Leben selbst kennt keinen Stillstand, alles befindet sich in einem ständigen Austausch miteinander.

So kannst du auf Dauer nur empfangen, wenn du auch bereit bist zu geben. Möchtest du, dass es dir gut geht, dann sorge dafür, dass es anderen gut geht. Möchtest du im Wohlstand leben, dann sei großzügig und verhilf anderen dazu. Geiz mag dir temporäre, illusionäre Vorteile verschaffen. Auf Dauer macht er dich seelisch und auch körperlich krank, er zerfrisst dich von innen, und du wirst das, was du gehortet hast, wieder verlieren.

Geiz, Missgunst, Gier und Lebensfreude schließen einander aus. Du kannst nicht einem anderen etwas neiden oder missgönnen und im selben Augenblick glücklich sein. Probiere es aus. Wenn du andere nicht an deiner Fülle teilhaben lassen möchtest, dann schließt du dich automatisch vom Lebensfluss aus. Das heißt nicht sich ständig ausnützen zu lassen, wenn dies für dich offensichtlich wird. Es ist die natürliche Freude am Geben und Beschenken anderer.

Egal, was du zurückhältst, ob Geld oder Güter, ob Wissen oder Liebe – mit dem Blockieren des natürlichen Flusses universeller Ressourcen beschneidest du dich immer selbst. Wir alle kommen mit leeren Händen auf diese Welt und werden diese ebenso verlassen. Nichts gehört uns wirklich. Wäre es so, dann könnten wir es sicherlich mitnehmen, nicht wahr? Was wir glauben, dass wir es "besitzen", ist uns lediglich für bestimmte Zeit zum weisen Gebrauch bestimmt, so wie die Requisiten auf einer Bühne, die den Akteuren auch nur für kurze Zeit *scheinbar* gehören. Tust du es nicht, musst du dich irgendwann mit den Konsequenzen auseinandersetzen.

Wenn du gibst, dann gib wirklich von ganzem Herzen, ohne es an die große Glocke zu hängen, sonst verliert es seine innere Kraft. Falls du dich dabei ertappst, dass es dir vordergründig um Anerkennung, Ansehen und Wichtigtuerei geht, dann solltest du deine Motive nochmal überprüfen. Wenn also das, was du gibst, auf rationaler Berechnung basiert, um dadurch irgendwelche Vorteile zu erlangen, dann ist es so, als ob du nichts gegeben hast, und seien es Millionen, die einer "wohltätig" gespendet hat.

Nur was du frei von Herzen gibst, gereicht dir schließlich auch zum Segen. Deine Freude ist der beste Indikator dafür.

Was heute zu tun ist:

Bleibe bei deiner erlernten **Vollatmung**, sie ist dein Fundament.

Wenn du heute erwachst, mache dir bewusst, dass dieser Tag ein Geschenk an dich ist.

Beschenke auch du an diesem Tag jeden der dir begegnet.

Eine Blume, ein schöner Stein, eine Münze, eine Essenseinladung, ein Lächeln, eine Umarmung, ein freundliches Wort, ein Kompliment, eine Wertschätzung, ein Porzellanengel, ... die Möglichkeiten sind grenzenlos. Wichtig ist, dass du es gerne tust und einen anderen glücklich machen willst, und sei es nur für einen kurzen Augenblick.

Schenke auch dir wenigstens eine Kleinigkeit. Genieße es und freue dich darüber.

Stufe 6

Tag der Dankbarkeit

Gelebte Dankbarkeit bildet eines der tragenden Elemente eines spirituell ausgerichteten Lebens. Der westliche Zivilisationsmensch hat wohl die besten äußeren Lebensbedingungen auf diesem Planeten, dennoch sind viele sehr unzufrieden und frustriert. Die Einnahme von Psychopharmaka gehört heute bereits zum "guten Ton", entsprechende Ärzte und Therapeuten haben Wartezeiten von Monaten. Dies hat vielschichtige Ursachen. Eine davon ist die Unfähigkeit Dankbarkeit zu empfinden.

Gelebte Dankbarkeit ist das Gewahrsein der Einzigartigkeit eines jeden Augenblicks. Einem dankbaren Herzen ist nichts selbstverständlich. Viele von uns leben sich durch den Tag, ohne sich darüber im Klaren zu sein, welche Reichtümer sie besitzen, und dass ihnen schon morgen alles genommen werden kann. Das Leben hat dazu immer die nötigen Mittel.

Der Frieden in deinem Land, deine Kinder, dein Partner, deine Gesundheit, der Wohlstand in dem du lebst – all das sind außerordentliche Geschenke, die die meisten Menschen nicht ihr eigen nennen. Wenn du es nicht so siehst, dann musst du vielleicht erst die wichtige Erfahrung machen, geliebte Dinge zu verlieren.

Wer krank ist, der kann seine Dankbarkeit vielleicht jenem Menschen zeigen, der ihn pflegt. Wer hungert, ist dankbar für jedes harte Stück Brot. Wem ein geliebter Mensch genommen wird, wer selbst eine schwere Krankheit überstehen musste, und dem Tod ins Auge blickte, sieht die Welt höchstwahrscheinlich mit ganz anderen Augen. Die Spreu trennt sich vom Weizen, das wirklich Wesentliche bekommt Bedeutung im Leben. Man bemerkt dann vielleicht, wie dünn das Eis ist, auf dem wir alle wandeln, und dass Dankbarkeit mitunter das Fundament ist, das uns nicht einbrechen lässt.

Dankbarkeit ist ein Akt der Demut, indem uns bewusst wird, dass wir aus uns selbst heraus (unserer sterblichen Persönlichkeit) nicht mal einen einzigen Atemzug machen oder gar eine Wunde verheilen lassen können. "Etwas" atmet uns ganz offensichtlich, das Größer ist als wir, die Wunde schließt sich durch zahllose biochemische, fein aufeinander abgestimmte Vorgänge von denen wir überhaupt nichts wissen und mitbekommen.

Diese, allen Dingen innewohnende universelle Intelligenz, sollten wir in unserem Dank nicht vergessen, da ohne sie nichts wäre, was ist.

Im Grund gibt es nichts, für das keine Dankbarkeit empfunden werden könnte.

Ein stiller Augenblick, das wunderschöne Blau des Himmels, das sanfte Grau der Wolken, ein wohliger Regenschauer, ein Sonnenstrahl, der durch das Blattwerk dringt, das Wunder einer Schneeflocke, ein flüchtiges Lächeln, das uns streift, das Geschenk unserer

Geschmacksnerven und aller anderen Sinne, eine berührende Melodie, ein gutes Buch (...) es gibt keine Grenzen und bedarf nur etwas Aufmerksamkeit und Phantasie. Gehst du unachtsam, unbewusst und gedankenverloren durchs Leben entgehen dir Tausende von Gelegenheiten um Dankbarkeit wieder zu lernen und sie zu empfinden.

"Fortgeschrittene" sind sogar in der Lage für widrige Ereignisse und damit verbundene Menschen Dankbarkeit zu empfinden. Sie wissen, dass jede Situation eine besondere Gelegenheit darstellt sich zu entfalten, zu lernen und zu reifen. Sie wissen, dass nichts ihren Lebensweg kreuzen kann, das nicht auch etwas mit ihnen zu tun hat. So wird jeder Widersacher zum wichtigen Lehrer. Auch wenn es scheinbar genügend nachvollziehbare Gründe gibt in unserer versnobten Leistungs- und Konsumgesellschaft, die mittlerweile viele Leute als sinnentleert wahrnehmen, wütend, frustriert und unzufrieden zu sein – es gibt auch die oben beschriebene Sicht, und sie verhilft dir dazu, dich wesentlich besser zu fühlen und damit auch die Welt zu verändern.

Das aktuell herrschende System ist nun mal wie es ist, und es gibt tatsächlich so viel auf diesem Planeten zu verändern, zu erneuern und zu reformieren. Aber es ist keinem und schon gar nicht dir selbst gedient, wenn du deinen Fokus ständig auf die Unvollkommenheit und Problemfelder der Welt richtest. Nimm sie wahr, werde womöglich aktiv, aber lass dich auf keinen Fall in den Sog von Angst und Pessimismus ziehen. Um etwas wirklich zu Verändern brauchen wir Hochfrequenzenergie. Das Empfinden von tiefer Dankbarkeit bringt dich genau dahin.

Was heute zu tun ist:

Bleibe bei deiner erlernten **Vollatmung**, sie ist dein Fundament.

Erwache heute mit einem Gefühl von Dankbarkeit. Vielleicht hast du wenig Schlaf finden können, dann danke dafür, dass du überhaupt geschlafen hast. Für dein weiches Bett, das dich gewärmt hat, für dein Beine mit denen du (hoffentlich) aufstehen kannst. Weite deinen Dank aus auf alles, was du siehst und an was du denkst. Das kann mit deinem Frühstück beginnen und mit einem entspannten Glas Wein abends enden. Wenn es dir aktuell schwer fällt Dankbarkeit zu fühlen, dann mache dir Situationen der Vergangenheit bewusst, in denen du sie für jemand oder etwas empfunden hast. Wenn es nicht gleich funktionieren sollte, ist das völlig in Ordnung. Auch hier solltest du nichts erzwingen, denn alles braucht seine Zeit. Es stellt sich von selbst ein, wenn du einfach weiter machst. Dankbarkeit ist eine hohe Schwingung, auf die das Leben mit der Erfüllung deiner Herzenswünsche reagiert.

<u>Erstelle eine Dankbarkeitsliste</u>: Nimm dir Zeit und schreibe heute alle Dinge auf, für die du dankbar sein kannst. Lies sie regelmäßig durch und <u>baue das Gefühl dazu auf</u>. Erweitere sie gegebenenfalls.

Ein dankbares Herz ist einer der goldenen Schlüssel zu einem erfüllten Leben.
Du erhältst vom Leben das, wofür du dankst.

Stufe 7

Tag des Lobes

Bekanntlich neigen wir dazu andere zu kritisieren, ihre Fehler und Schwächen zu betonen, und ihre Stärken und Vorzüge, im Gegenzug, eher unbeachtet zu lassen. Nicht viel anders verfahren wir mit uns selbst, wobei viele Menschen unter einem geringen Selbstwert bzw. mangelndem Selbstbewusstsein leiden.

"Eigenlob stinkt", sagt ein bekanntes Sprichwort und zeigt, wie sehr wir darauf bedacht sind, uns selbst gering zu halten. Sich selbst für etwas zu loben, hat hier nichts mit Selbstherrlichkeit zu tun (auch sie ist krankhaft), sondern mit der legitimen Wertschätzung der eigenen Person. Es ist auch keineswegs der ständig um sich selbst kreisende Narzissmus gemeint, den manche offen zur Schau tragen. Vielmehr handelt es sich um einen gesunden und berechtigten Stolz auf die eigene Besonderheit und Individualität, auf das Einzigartige, das man in sich trägt. Dieser Stolz blickt niemals auf andere herab, im Gegenteil betrachtet er sich stets auf gleicher Augenhöhe mit allen und jedem.

Ein minderes Selbstwertgefühl bildet ein weitläufiges Problem und ist zugleich eines der größten Hindernisse für Erfolg. Befindest du dich über längere Zeit in diesem Seinszustand, führt dies unweigerlich zu Fehlschlägen in allen Lebensbereichen.

Was wir von uns selbst halten, wird uns von der Welt reflektiert.

Die Weichen dafür werden häufig in der Kindheit gestellt, wo wir jede Aussage über uns, gleich trockenen Schwämmen, ungeschützt und kritiklos aufsaugen, und im Unterbewusstsein als "Wahrheit" abspeichern. Als Erwachsene wundern wir uns, weshalb wir immer wieder versagen, obwohl wir doch alles versuchen. Diese alten Programmierungen sitzen tief und lassen sich folglich nicht so leicht verändern. Dies zeigt sich bei Menschen, die sich zwar einreden, sie seien selbstbewusst, jedoch das Gegenteil davon empfinden. Und im Widerstreit zwischen Denken und Fühlen siegt immer das Gefühl, denn es ist die Sprache des Unbewussten.

Wirst du gelobt, steigt sofort deine Lebensenergie und Motivation. Wenn du selbst lobst, überträgst du diese Energie auf andere Menschen.

Was heute zu tun ist:

Bleibe bei deiner erlernten **Vollatmung**, sie ist dein Fundament.

Wenn du morgens erwachst, lobe diesen Tag, und stelle dir im Geiste vor, wie er dir Gutes bringt. Schenke heute besonders vielen Menschen ein aufrichtiges Lob. Der netten Bedienung, die dir den Kaffee mit einem Lächeln serviert, der frustrierten Verkäuferin in der Bäckerei, dem mürrischen Kollegen, deinen Kindern, deinem Partner ... sei heute mal verschwenderisch mit deinem Lob. Beobachte, wie sich der Gesichtsausdruck dieser Menschen dadurch verändert.

Achtung: Hier ist nicht gemeint, dass du einen bestimmten Menschen von nun an zehn mal täglich lobst – es würde sich abnützen und an Wirkung verlieren. Kritisiere und berichtige dann, wenn es angebracht ist, aber vergiss niemals zu loben. Das zeigt die größte Wirkung.

Lobeshymne

a) Schreibe auf ein leeres Blatt Papier worauf du stolz sein kannst. (Was sind deine positiven Eigenschaften, Stärken und Vorzüge? Was hast du in deinem Leben schon geschaffen und erreicht? Welche guten Dinge sagen andere Menschen über dich?)

Erweitere diese Liste, wann immer dir etwas neues einfällt und beschäftige dich mit ihr. Wiederhole die Punkte in Gedanken oder laut vor dem Spiegel mit dem Gefühl, dass du wirklich stolz auf dich sein kannst.

Es gibt viel Gutes über dich zu sagen, denn du bist einzigartig!

Merke dir: "Wenn wir uns selbst nicht achten, achtet uns keiner!"

b) Betrachte das Gute, Wundervolle in deinem Gegenüber.

Was findest du toll, bewundernswert, einzigartig an ihm. Sag es ihm. Es gibt keinen Menschen an dem alles schlecht ist.

Was du im anderen erkennst, steckt auch in dir. Bejahst du seine Göttlichkeit bejahst du deine eigene. Alles, was du am anderen wertschätzt und lobst, aktivierst du in dir selbst. Vergiss nicht: Trennung ist (eine raumzeitliche) Illusion und dein Gegenüber fungiert immer als Spiegelbild.

Stufe 8

Tag des Segnens

Die vergessene Kunst des Segnens ist ein weiteres, wunderbares Instrument, um ein zentriertes Bewusstsein zu entwickeln. Ein Segen kann sich im Grunde auf alles beziehen, auf einen Toaster, eine Essiggurke, einen Goldfisch, eine Reise, dein Auto, ein Land, seine Bewohner, deinen Arbeitsplatz, eine Situation, einen bestimmten Menschen oder einfach dich selbst.

Es handelt sich auch hierbei um keine sterile Technik, sondern vielmehr um einen Seinszustand, eine prägende Geisteshaltung, in der alle Wertungen wegfallen. Segnen ist ein liebevoller Akt, wobei du dir das, was du segnest, in seinem göttlichen Ideal vorstellst. Wenn du jemanden segnest, dann wünschst du dir von ganzem Herzen, dass es diesem Menschen gut geht, egal, ob es sich um ein Familienmitglied, einen Freund oder Feind, einen Heiligen, einen Dieb oder Mörder handelt. Wenn du segnest, dann blickst du hinter die Kulissen äußerer Erscheinung, blickst auf das wahre, vollkommene Wesen hinter der Rolle, die diese Persönlichkeit derzeit auf der Lebensbühne spielt. Es ist dir dabei völlig gleichgültig, wie diese Person aussieht, woher sie kommt, welches Geschlecht sie hat, welcher Religion sie angehört, welche politische Gesinnung, welche Hautfarbe sie hat ... ja sogar, was diese Person tut. Wenn du nur jene segnest, die du magst und die dir wohlgesonnen sind, dann hast du womöglich noch nicht erfasst, worum es hier geht. Es sind vor allem jene, die in deinen Augen "minderwertig" "abscheulich" und "böse" sind, die des Segens bedürfen. Die Gewohnheit des Segnens führt dich geradewegs zur Liebe, und wer liebt ist nicht länger imstande zu ver-urteilen. Es kann es gar nicht mehr. Urteilen ist eine Spielart des wertenden und trennenden EgoVerstandes. Von der Liebe weiß er bestenfalls, wie man sie schreibt.

Der Segen hat viele Gesichter. Vielleicht in Form des Klanges deiner Stimme, in die die richtigen Worte gehüllt werden, oder als eine Berührung, Umarmung, eines Blickes, einer Geste, deiner wohlwollenden Präsenz ... Es gibt keine festen Regeln, wie ein Segen durchzuführen ist. Allein was du im Herzen dabei fühlst, ist von Bedeutung. Dann aber tut sich etwas.

Wenn du dich von jemandem bedroht, angegriffen, gemobbt, belästigt fühlst – segne ihn mit deiner liebevollen Präsenz. Wünsche ihm von Herzen Glück und inneren Frieden, anstatt in sein destruktives Spiel einzusteigen. Dies ist zudem ein starkes Schutzschild und du wirst nicht länger Personen, Umständen, Mächten und Situationen hilflos ausgeliefert sein.

Was heute zu tun ist:

Bleibe bei deiner erlernten **Vollatmung**, sie ist dein Fundament.

Wenn du erwachst, segne dich selbst und den Tag, der vor dir liegt. Mache dir dabei bewusst, wer da segnet, dass dein machtvolles inneres Wesen diesen Segen vollzieht. Segne alles, was du zu dir nimmst und auch jeden Menschen, dem du begegnest. Segne ihn mit allem, was du für dich selber möchtest. Mit Frieden, Lebensfreude, Gesundheit, Wohlstand ... Mache keine Ausnahmen. Segne Gegenstände und materielle Objekte, wenn du möchtest. Es kann dein Heim sein, deine Geldbörse, dein Schreibtisch, an dem dir gute Einfälle kommen sollen ... Dein Segen ist ein wundersames und starkes Instrument und jeder und alles kann ihn brauchen.

Wenn du segnest, dann wisse, dass da in diesem Augenblick tatsächlich etwas im Unsichtbaren geschieht – fühle, dass es geschehen ist. Der Segen wird greifen!

Werde jedem zum Segen, der das Glück hat dir zu begegnen, und frage dich in jedem Augenblick: "Welcher Segen kann jetzt durch mich geschehen?"

Wenn du Abends zu Bett gehst, segne voller Dankbarkeit den zurückliegenden Tag (auch die unangenehmen Ereignisse), dein Bett und auch die folgende Nacht mit all ihren Träumen.

Und denke daran: **Was du segnest, segnet dich!**

Stufe 9

Tag der Liebe

Der nun folgende Schritt führt uns direkt in den heiligen Tempel der höchsten Philosophie. Über nichts wurde so viel geschrieben, wie über die Liebe. Sie ist das zentrale Thema in Literatur, Philosophie, Dichtung, Kunst und Musik. Ein spirituell ausgerichtetes Leben ohne Liebe ist undenkbar. Die alten Lehren beschreiben sie als stärkste Macht des Universums. Sie wird gleichgesetzt mit Licht, Leben, Einheit, Gott. Im Zustand der Liebe verschwindet die Illusion der Getrenntheit. Sie eint das, was vorher unversöhnlich schien, sie überwindet Grenzen und Schranken geradezu mühelos, ohne jeglichen Aufwand. Liebe kann man weder erzwingen, einfordern noch benutzen. Die Liebe ist autark – in Wahrheit ist sie ohne Gegenpol, da sie Gut und Böse vereint. Sie zeigt sich überall, in jedem Atom, jeder Pflanze, jedem Lebewesen. Liebe kann man nicht willentlich produzieren, man kann ihr nicht befehlen, sie geschieht in einem Augenblick der Gnade, dann, wenn der Verstand innehält. Sie ist im Überfluss vorhanden, in jedem Herzen, und man begegnet ihr vor allem in der Stille. Liebe ist die Essenz unseres Wesens, jenseits aller Beschreibung durch menschliches Vokabular. Man kann sie weder messen noch wiegen, sondern nur in ihrer Herrlichkeit und Süße direkt erfahren. Hat man sie erlebt, fehlen einem die Worte. Liebe ist imstande alles zu heilen, ob körperliches oder seelisches Leid. Sie repräsentiert das höchst vorstellbare Ordnungsprinzip auf innerster Ebene. Liebe ist das, wonach die Welt so sehr dürstet. Jedes Wesen, das Angst hat, sehnt sich unbeschreiblich nach Liebe. Angst ist die grundlegende Basis aus der alle negativen Emotionen resultieren. Wo aber Liebe ist, da hat Angst kein Bleiberecht, wie die Dunkelheit, die dem Lichtstrahl augenblicklich weichen muss.

Liebe hat viele Gesichter und sie ist ansteckend. Sie drückt sich durch Wertschätzung, Sanftmut, Herzlichkeit, Mitgefühl und Bewunderung aus. Manchmal scheint sie hart zu sein, wenn beispielsweise Kinder erzogen werden. Die Eltern tun es aus Liebe. Damit sind keine Prügelstrafen gemeint, sondern eine konsequente Führung, die es zwingend braucht, um dem Leben später gewachsen zu sein.

Zu lieben bedeutet, sich am Glück anderer Menschen zu erfreuen. Liebe kennt keine Feinde und auch nichts Böses. Urteile sind ihr wesensfremd, sie nimmt wahr was ist, und hüllt alles ein. Liebe erfüllt dich mit unbändiger Lebenskraft und Freude – sie bildet ein unerschöpfliches Energiereservoir. In der Liebe bist du unantastbar für alle destruktiven Energien und Kräfte. Tatsächlich ist sie der effektivste Schutz. Wenn du liebst, bist du im wahrsten Sinne des Wortes "ein Licht in dieser Welt", und mit deiner Präsenz wird sie ein bisschen lebenswerter und schöner. Liebe hat den Drang sich zu "versprühen". Je mehr man sie verschenkt, desto stärker wächst sie und strahlt auf einen zurück.

Macht, die der Liebe entbehrt, führt zu elitärem Dünkel, zu Gier, Missgunst, Ausbeutung, Naturzerstörung, zu Krieg und Niedergang. Es ist die auf diesem Planeten zunehmend zu beobachtende Alleinherrschaft des eiskalt berechnenden Intellekts, von Gier und Größenwahn umnebelter Technokraten.

Macht gepaart mit Liebe birgt auch die nötige Weisheit in sich. Sie ist lebensfördernd und bejahend, hat höchste Achtung vor Lebewesen, der Natur und ihren Ressourcen. Auch hat sie niemals Angst irgendwo zu kurz zu kommen, da alles zur Genüge vorhanden ist und jedes Problem die Lösung bereits in sich birgt. Stets hat sie das Wohl des großen Ganzen im Blickfeld, dessen untrennbarer Teil sie ist.

"Glück ist Liebe, nichts anderes," sagt Hermann Hesse, *"wer lieben kann, ist glücklich."*

Was heute zu tun ist:

Bleibe bei deiner erlernten **Vollatmung**, sie ist dein Fundament.

Wenn du erwachst, mache dir bewusst, dass ein unerschöpfliches Potential an Liebe in deinem Herzen ist, und dass die Welt sie braucht.

Identifiziere dich heute derart mit Liebe, dass DU die Liebe bist. Gehe als reine, unpersönliche Liebe durch diesen Tag. Schenke jedem und allem etwas von dieser unerschöpflichen und heilenden Kraft.

Stelle dir vor: Du bist *als Liebe* geboren, bist nichts als Liebe und kannst und wirst nie etwas anderes sein.

Führe jede Handlung als Liebe aus, und wenn es das Binden deiner Schnürsenkel ist. Zu lieben ist das Größte und Wichtigste, was du auf diesem Planeten vollbringen kannst. Egal, was du im Berufsleben auch erreicht hast, oder erreichen wirst, egal, wieviel Geld du gemacht hast – fehlt die Liebe ist alles wertlos, tot, ohne jegliche Bedeutung, so als ob es nie existiert hätte.

Mache die Liebe von nun an zum Hauptbestandteil deines Daseins. Falls du immer noch nach dem Sinn des Lebens suchst – du hast ihn soeben gefunden!

Stufe 10

Tag der spirituellen Macht

Der Begriff "Macht" ist in unserer Gesellschaft überwiegend negativ behaftet, weil Machtausübung auf unserem Planeten meist mit Unterwerfung, Despotismus, Machtgier, Machtmissbrauch, Macht über Andere, gleichgesetzt wird. Die Macht von der wir hier sprechen, hat damit nichts zu tun. Ganz im Gegenteil ist sie vielmehr eine Art **Selbstermächtigung**, in der wir uns aus der individuellen und globalen Sklaverei erheben, indem wir unser spirituelles Erbe in Anspruch nehmen.

Unsere Ohnmacht wird uns tatsächlich seit Jahrhunderten suggeriert, einst von den konservativen Standardreligionen, heute von der klassischen Naturwissenschaft, der Lehrbuchpsychologie und nicht zuletzt von den allgegenwärtigen Massenmedien. Wüsste jeder Mensch um sein wahres inneres Potential – die barbarischen Strukturen, die diesen Planeten knechten, hätten wahrlich nichts mehr zu lachen. So wird alles, aber auch wirklich alles getan, um uns über diese elementaren Dinge im Unwissen zu halten – durch triviale Ablenkung, Halbwahrheiten und Fehlinformation – so wie es seit Gedenken praktiziert wird.

So wird uns die Hoffnungslosigkeit mittels täglicher Nachrichten in Form unterschiedlichster Schreckensszenarien förmlich in die Köpfe gemeißelt. Dies erzeugt Angst! Angst vor Viren und Bakterien, Angst vor Krieg und Zerstörung, Angst vor Katastrophen, Angst vor Hunger, Angst vor Überfremdung, vor Arbeitslosigkeit, vor Terrorismus, vor Giften und Strahlung, vor der Zukunft – Angst vor dem Leben schlechthin! Durch Furcht und Angst wird der Mensch schwach, leicht manipulierbar und handlungsunfähig. Die Schwingung der Angst ist, wie bereits erwähnt, höchst destruktiv, und aus ihr resultieren im Grunde all unsere Probleme und Abhängigkeiten (siehe auch: "Die unrühmliche Rolle der Medien").

Werden wir uns hingegen wieder bewusst (und das am besten in jedem Augenblick), wer wir *wirklich* sind, dass wir als geistige Wesen, als Ebenbild des Allerhöchsten, Liebe, Macht und Weisheit *in uns* tragen, schwindet das Gespenst der Angst, wie Nebeltau in der Morgensonne – und das auf allen Ebenen unserer Existenz.

Genau das ist es aber, was von gewissen Kreisen überhaupt nicht erwünscht ist. Der eigenständig denkende, mündige Mensch, der sich seiner selbst, seiner Souveränität und Unantastbarkeit wieder gewahr wird, indem er sich seiner innewohnenden Kräfte erinnert, die nur darauf warten endlich wieder freigesetzt zu werden. Eine innere Stärke und Autorität, die jedes Lebewesen respektiert, achtet und wertschätzt, sich aber von nichts und niemandem mehr unterdrücken und hinters Licht führen lässt. Die geballte Energie einer bestimmten Anzahl von Individuen, die sich ihrer spirituellen Macht bewusst ist und zudem über Liebe, Harmonie, Ordnung und Frieden meditiert (sie in sich herstellt!) und diese auch lebt, schafft ein globales, vernetztes, hocheffizientes Informationsfeld mit eben diesen Qualitäten (siehe auch "Der Maharishi-Effekt").

Die entsprechend niederen Frequenzen von Angst, Gewalt, Selbstherrlichkeit, Unterdrückung, Gier, Missgunst und Hass können in diesem homogenen Feld auf Dauer nicht bestehen. Darin findet sich unsere wirkliche Macht! Nicht um andere zu knechten (das hatten wir lange genug), sondern um Freiheit, Frieden, Authentizität, Selbstbestimmung und pure Lebensfreude zu erlangen – eine Geisteshaltung, die sich niemals mit der Unterwerfung und Ausbeutung von Mensch, Tier und Natur in Einklang bringen lässt. Es ist der nötige Gegenpol zur gängigen Schwarzmalerei und Endzeitstimmung unserer Tage. Die erfreuliche, aufbauende Botschaft, für alle Freidenker, deren Meinung noch nicht für alle Zeit in Stein gemeißelt ist.

Um mich hier richtig zu verstehen: Man sollte keineswegs so tun, als ob es diese negativen Sachverhalte auf unserer Welt nicht gäbe (verdrängen) – sie gehören zu einem kriminellen, globalistischen System, in dem eine äußerst einflussreiche, dem Macht- und Kontrollwahn verfallene, elitäre Minderheit seit Generationen alles an sich reißt, wobei der Großteil der Menschheit die schmerzlichen Folgen zu tragen hat.

Tatsächlich gilt es, all diesen Begebenheiten furchtlos ins "Auge" zu blicken, um sie ans Licht zu holen. Dies ist der erste Schritt zu deren Auflösung. So sind sie zwar in gewissem Sinne *real,* aber nicht *wirklich* – ein gewaltiger Unterschied! Die spirituelle (geistige, innere) Wirklichkeit ist in sich vollkommen (perfekt) und unveränderbar – sie bildet die tiefste Wahrheit. Es ist die äußere "Realität" (Materie, Schein, Spiel), die dem ständigen Wandel unterworfen ist.

Schon aus diesem Grund sollte man ihnen, den negativen Sachverhalten, keine unnötige Energie verleihen, indem man sie fürchtet, ihnen unangemessen viel Aufmerksamkeit verleiht, und sie somit stark "denkt". Die praktikable Lösung liegt somit auf der Hand und soll mit folgender Formel verdeutlicht werden:

Das Unerwünschte wird bezeugt (neutrale Wahrnehmung, aber nur kurzfristig!),

das Erwünschte wird erzeugt (Identifikation, dauerhaft). Wie das geschieht, ist Inhalt dieses Kurses.

Kontraproduktiv wäre es also, sich in eine verzweifelte Stimmung ziehen zu lassen, indem man sich mit diesen Missständen und Problemen identifiziert, seine Gefühle davon bestimmen lässt. Dies passiert zur Zeit mit vielen Menschen. Die politisch überwiegend desinteressierte Jugend flüchtet sich in Drogen, Partys und Alkohol, die ältere Generation verfällt in Frust, Gleichgültigkeit und Resignation, lässt sich von der Unterhaltungsbranche berieseln und/oder nimmt Psychopharmaka. Dies liegt vor allem daran, dass man uns weismachen will, es gäbe keinerlei Perspektiven, die Dinge seien angeblich "alternativlos", die Mächtigen zu mächtig und wir zu schwach – was unsere eigene Ohnmacht impliziert.

Fühle dich hier eingeladen alle selbsternannten "Autoritäten" und Dogmen unserer Zeit (politisch, medial, medizinisch, gesellschaftlich, religiös etc.) kritisch zu hinterfragen, ihnen nicht länger blind zu glauben, sie nicht länger als "Naturgewalt" hinzunehmen, ungeachtet dessen, wo sie aufgelistet sind und wer sie verkündet. Die menschliche Erfahrung zeigt:

Was die breite Masse glaubt oder vielmehr glauben soll, hatte, historisch betrachtet, nur selten etwas mit der Wahrheit zu tun!

Macht ohne Liebe, ohne spirituelle Reife, führt, wie bereits erläutert, zum Missbrauch derselben, zu Willkür- und Gewaltherrschaft. So bringt sie mittel- und langfristig nur Leid und Elend für alle Beteiligten.

Aus diesem Grund erfolgt diese Stufe auch erst jetzt.

Falls es dir bis heute an positivem Selbstwertgefühl und Selbstvertrauen ermangelt hat, dann liegt es daran, dass du dich mit etwas identifiziert hast, was du <u>nicht</u> bist: Einem Schwächling, einem Taugenichts, einer Versagerin. Wer auch immer dich so etwas glauben lässt – es ist eine Lüge und entspricht nicht der fundamentalen Wahrheit über dich.

Was heute zu tun ist:

Bleibe bei deiner erlernten **Vollatmung**, sie ist dein Fundament.

Wenn du aus dem Schlaf erwachst, werde dir bewusst, **wer du wirklich bist**. Nicht deine menschliche Persönlichkeit, mit all ihren Schwächen, Attributen und Neigungen, die du in diesem Leben verkörperst. In Wahrheit bist du ein Strahl der Sonne, mit allen Qualitäten derselben, ein Ausdruck göttlicher Macht, Autorität, Kraft, Selbstsicherheit, Mut und Stärke. Identifiziere dich mit diesen Aspekten, bis du sie auch wirklich fühlst.

Keine Arroganz, keine Überheblichkeit liegt darin, aber das sichere Wissen, dass du auf selber Augenhöhe mit allen anderen agierst, egal, wer dein Gegenüber ist, wo er sich in der äußeren "Scheinhierarchie" platziert, welche Titel er trägt, was er darstellt und was er augenscheinlich besitzt. Dies gilt für alle Ebenen der Existenz. Du begegnest jedem Wesen mit dem ihm gebührenden Respekt, jedoch *niemals* in Unterwürfigkeit.

Wenn du heute ins Bad gehst, dann blicke in den Spiegel als der, der du in Wahrheit bist. Lächle und freue dich über diese wertvolle Erkenntnis. Sie wird dein Leben revolutionieren. Falls du im Alltag dazu neigst, deinen Blick und den Kopf zu senken und die Schultern nach vorne fallen zu lassen – richte dich auf. Dein Selbstwertgefühl wird sich allein durch diese veränderte Körperhaltung verbessern, und zwar im selben Augenblick. Andere Menschen werden dich plötzlich ganz anders wahrnehmen. Es ist deine Gesamtausstrahlung (Einstellung, Haltung, Gestik, Stimme, Blick etc.) und nicht zuletzt deine geistige Präsenz, die dein Charisma formt und dich im Leben zum Gewinner macht.

Sei von nun an in jedem Augenblick absolut gegenwärtig, im klaren Bewusstsein der Liebe und schöpferischen Macht, die deinem innersten, wahren Wesen entspringt.

Dies ist einer der tragendsten Sätze des gesamten Kurses. Lies ihn tausendmal und setze ein "Ich bin" davor, wenn du möchtest. Wenn du ihn als ständige Geisteshaltung integrierst, wenn du seinen Inhalt tatsächlich fühlst, dann wirst du wundersame Dinge erleben, die du im Augenblick nicht mal für möglich hältst.

Dein Sein bestimmt das, was du erlebst!

Stufe 11

Tag des Vertrauens

Vertrauen ist ein seltenes Gut, lernen wir doch von Kindesbeinen an jedem und allem gegenüber misstrauisch zu sein. Gegenüber manchen Menschen und Situationen mag dies durchaus gerechtfertigt erscheinen, wer aber dem Leben grundsätzlich misstraut, der tut sich keinen Gefallen. Vertrauen ist ein zentraler Punkt aller großen spirituellen Traditionen. Im Sufismus beispielsweise, dem mystischen Islam, der den wahren, inneren Kern dieser Lehre repräsentiert, wird darauf besonders Wert gelegt. Als der Engländer Reshad Field in der authentischen Erzählung "Ich ging den Weg des Derwisch", auf einem engen, steinigen, dem Abgrund nahen Serpentinenpfad mit seinem Fahrzeug einen Achsbruch erleidet, und ihm vor Angst nur noch die Knie schlottern, fragt ihn sein Lehrer Hamid nur: "Du Narr, warum vertraust du nicht?"

Vertrauen ist, wie alles andere auch, eine innere Geisteshaltung. Sie spiegelt das, was du über die Welt und das Leben denkst, und wie du sie/es betrachtest. Was du denkst und fühlst, wird schließlich zur Überzeugung, woraus sich deine Glaubenssätze formen. Der Inhalt dieser Glaubenssätze wiederum bildet, aufgrund des Resonanzprinzips, deine Realität, die sich in unterschiedlichsten Erfahrungen in Raum und Zeit ausdrückt.

Ist dein Sender auf "Ich misstraue allem und jedem ..." eingestellt, dann wirst du aufgrund dieser Gesetzmäßigkeit vermehrt Situationen erleben, die dein Misstrauen rechtfertigen. Denn: **Das Leben gibt uns immer recht!** So können wir dann auch lamentieren: "Seht her, ich hab's doch schon immer gewusst ...!" Der Glaubenssatz bestätigt sich selbst und wir drehen uns ständig im Kreis einer frustrierenden Endlosspirale.

"Der Pessimist ist der einzige Mist auf dem nichts wächst", stellte bereits Theodor Heuss ernüchternd fest. Der einzige Weg diesem Strudel zu entkommen, liegt somit in der Veränderung der eigenen rigiden Überzeugungsmuster. Das scheint nicht gerade leicht, da die "böse" Außenwelt uns doch im Augenblick etwas ganz anderes zeigt!

Uns bleibt somit nichts anderes übrig, als die Tatsache anzuerkennen, dass wir zuallererst unser Denken über die Welt ändern müssen, bevor selbige sich wandeln kann. Einfach formuliert: **Glaube nicht länger, was du da "draußen" siehst!** (Außer es ist erfreulicher Natur.) Nimm das "Übel" wahr, aber identifiziere (infiziere) dich nicht damit, indem du lange darüber nachdenkst, Emotionen dazu aufbaust und schließlich ein Glaubenskonstrukt daraus wird! Wenn du es dennoch tust, bleibt es dir höchstwahrscheinlich erhalten. Bleib wach und mach dir immer wieder klar, dass es sich lediglich um die Auswirkungen geistiger Ursachensetzung handelt, die du zu jedem Zeitpunkt ändern kannst. Die gesamte Welt ist ein Produkt unseres kollektiven schöpferischen Bewusstseins. Das heißt: Wir alle wählen bewusst oder unbewusst aus einer Unzahl von Möglichkeiten, von wahrscheinlichen Realitäten. Manche Physiker sind der Auffassung, dass wir in einer Art "Multiversum" leben, in der alle Variationen und Seinszustände bereits parallel und gleichzeitig nebeneinander existieren. Mit dem Instrument deines Bewusstseins machst du dich für eine bestimmte empfänglich (resonant) und erlebst sie.

Vielleicht wird dir nun klar, weshalb Vertrauen nichts mit Naivität oder dumpfer Gutgläubigkeit zu tun hat. Vertrauen ist für sich gesehen eine starke Wirkkraft, ähnlich der Liebe. **Wer dem Leben vertraut, dem vertraut das Leben!** Wo andere sich sorgen und in Panik verfallen, bist du ein Fels in der Brandung, weil du vertraust. Man kann es auch Gott- oder Urvertrauen nennen. Es ist das grenzenlose Vertrauen, das ein kleines Kind in seine Eltern hat. Vertrauen wird vom Leben stets belohnt, indem es dir deinen Glaubenssatz, "ich bin sicher und geführt" in deinen Erfahrungen widerspiegelt. Es ist ein Feld des unerschütterlichen Wissens um deine Geborgenheit in einem kalten Universum, das Wissen, dass dir nicht wirklich etwas geschehen kann – selbst wenn du stirbst. Ein Feld, in dem du los- und geschehenlassen kannst, auch wenn sich Probleme zeitweise auftürmen wie Berge, und die Dinge sich scheinbar negativ für dich entwickeln. Menschen, deren Tod naht, die über ein grenzenloses Vertrauen verfügen, im Wissen, dass sie stets geborgen und getragen sind, haben einen leichten Übergang. Wenn du vertraust, wenden sich die Dinge letztlich zum Guten. Du bist beschützt, denn die lichten Kräfte des Universums stehen dir zur Seite. In Wahrheit sind sie in dir!

Was heute zu tun ist:

Bleibe bei deiner erlernten **Vollatmung**, sie ist dein Fundament.

Wenn du erwachst, meditiere für 10 – 15 Minuten über den Begriff "Vertrauen".

Stelle dir vielleicht vor, wie du als Kind vom Schrank in die Arme deines Vaters sprangst, ohne den geringsten Zweifel, dass er dich fängt. Denke an deine Mutter und das Gefühl des Schutzes und der Geborgenheit, das du in ihrer Nähe empfandest.

Wenn dir das aus persönlichen Gründen nicht möglich ist, suche nach einer anderen Situation, wo du vertrauen konntest. Falls du noch nie in deinem Leben vertraut hast, dann triff die Entscheidung, es ab heute zu tun. Mach dir nichts draus, wenn du es nicht sogleich fühlst – es wird sich von alleine einstellen, wenn du bei deiner Entscheidung bleibst und täglich über Vertrauen meditierst.

Wenn du dich mit einem Problem (Herausforderung, Gelegenheit), was es auch sei, konfrontiert siehst, richte dein Bewusstsein auf "Lösung" aus. Visualisiere und fühle, dass der erwünschte Endzustand bereits eingetreten ist. Du wirst dann automatisch das Richtige tun. Der Rest ist Vertrauen! Gehe heute als personifiziertes Vertrauen durch den Tag. Identifiziere dich mit dieser Qualität. Du bist das Vertrauen.

Schenke einem Menschen, dem es nicht gut geht, deine aufbauenden Worte und bringe ihn zum Vertrauen. Bist du krank, richte dich geistig neu aus (7-Phasen-Prozess), tue, was zu tun ist... und vertraue in deine Genesung. Viel wichtiger aber als dein Tun ist dein Sein, denn aus ihm resultiert alles richtige Handeln oder auch Nicht-Handeln, wenn es angesagt ist.

Nicht jeder soll und kann wieder gesund werden, aber die Gemütshaltung des grenzenlosen Vertrauens wird dir sehr vieles erleichtern. Wenn beispielsweise das Verlassen des Körpers für einen Menschen vorgesehen ist, dann wird der Übergang unendlich leichter, wenn er vertraut und das Irdische loslässt. Die Angst wird schwinden, weil für sie im Zustand des Vertrauens kein Platz ist.

Lass nie mehr zu, dass dir das Ur-Vertrauen abhanden kommt. Es ist eines der schönsten Geschenke an uns.

Stufe 12

Tag der Vergebung

Dies ist eine der wichtigsten und auch schwierigsten Stufen, und es ist kein Zufall, dass sie erst jetzt erfolgt. Der Akt aufrichtiger Vergebung birgt ein außergewöhnlich großes Heilungs- und Transformationspotential. Es existieren dokumentierte Fälle, wo schwerstkranke, schulmedizinisch austherapierte Krebspatienten allein durch aufrichtige Vergebung wieder vollständig gesund wurden. Menschliche Beziehungen erfahren Heilung (selbst auf Distanz), ohne dass sich derjenige, dem vergeben wird, sich dieses Prozesses bewusst sein muss. Wer Liebe gerne als sentimentale Schwärmerei abtut, wird zugeben müssen, dass es spätestens beim Thema "Vergebung" ohne sie nicht geht. Nur die Liebe ist in der Lage diesen großen Schritt zu tun.

Kaum etwas vergiftet Körper, Geist und Seele mehr, als die modernden "Leichen im Keller", die man jahrelang unter Verschluss hält. Gemeint sind damit jene Menschen, die man, aus welchen Gründen auch immer, verabscheut, hasst, ihnen die "Pest an den Hals" wünscht – nicht nur vorübergehend, im Affekt, sondern über einen längeren Zeitraum hinweg. Denkt man an sie, fühlt man Groll, Wut, Verbitterung, Abneigung, Widerwillen etc.

Dabei gibt es zahlreiche plausibel klingende Gründe, warum man jemandem nicht vergeben kann oder möchte:

Deine Frau hat dich mit deinem (vermeintlich) besten Freund betrogen,

du wurdest von deinem Ex-Partner wiederholt misshandelt,

dein Geschäftspartner hat dich gewaltig über den Tisch gezogen,

eine Kollegin mobbt dich schon seit Jahren, etc. etc.

Spreche ich mit meinen Coaching-Klienten über das Thema "Vergebung", so sind hier die größten Barrieren und Widerstände vorzufinden. Viele denken nicht mal im Traum daran jemandem zu vergeben, durch den sie ein Leid erfuhren. Sie pflegen ihre Abscheu, ihre Ressentiments, ihren Hass, wie eine kostbare Amphore, und beziehen sogar Energie daraus ("Ich werde nicht ruhen, bis ...!") So berechtigt ihre Argumentation auch scheinen mag, begeben sie sich damit in eine fatale Opferhaltung. Andere Menschen wiederum würden gerne vergeben, aber fühlen sich nicht in der Lage dazu. Zu groß war der erlebte Schmerz, den sie immer noch in jeder Gehirn- und Körperzelle abgespeichert haben.

Meiner Erfahrung und Erkenntnis nach ist es kaum möglich gesund zu werden bzw. zu bleiben, Lebensfreude und inneren Frieden zu erlangen, wenn man solche ungelösten Konflikte über längere Zeit in sich trägt.

Liebe ist die stärkste Macht im Universum, so heißt es, und in der bedingungslosen Vergebung findet sie ihren erhabensten Ausdruck. Wer sich außerhalb der Liebe befindet, schafft in und um sich Trennung, Spaltung, Zwietracht, im Körper und in der Außenwelt, mit der man korrespondiert.

Den großen geistigen Lehren gemäß ist Liebe der einzige Weg um wieder heil zu werden, sich mit den scheinbaren Gegensätzen ("Feinden") auszusöhnen. Vergebung, die nur vom Verstand her erfolgt, ist daher ohne Substanz. Sie ist nichts weiter als Makulatur, eine leere Worthülse, die nichts bewirkt.

Wahre Vergebung ist eine "Chefsache des Herzens". Wenn du sie dort fühlst, dann ist es getan, und du bist frei. Frei von den unsichtbaren, zerstörerischen Banden, die dich an jenen Menschen ketten, den du bislang gering geschätzt bzw. verachtet hast.

Andere Kulturkreise, wo man an die Sinnhaftigkeit und auch Folgerichtigkeit jedes Ereignisses glaubt, und sei es noch so tragisch, haben mit dem Thema Vergebung weniger Probleme.

Diese wissen, dass das Gesetz von Ursache und Wirkung sich überall offenbart, dass zuweilen auch Schmerz dazugehört, welcher die Seele durch Erfahrung wachsen lässt, und dass jeder Widersacher auf tieferer Ebene weniger ein Feind, sondern vielmehr ein "Entwicklungshelfer" ist.

So vergibt beispielsweise in Indien eine weise Frau ihrem Vergewaltiger und ein Mann jenem, der ihn folterte. Wäre das alles ein unmögliches Hirngespinst, so hätten wir nicht die zahlreichen dokumentierten Fälle, wo u.a. KZ-Häftlinge sich mit jenen "Schlächtern" aussöhnten, die sie einst so unsäglich quälten. Hierzu bedarf es einer seelischen Reife, vor der man sich nur verneigen kann. Die vom rationalen Verstand dominierte menschliche Persönlichkeit ist dazu nicht in der Lage. Etwas unaussprechlich Großes in uns bewirkt wahre Vergebung. Es ist Liebe in ihrer reinsten Ausdrucksform, jenseits des menschlichen Egos, das eine derartige Wandlung nicht mal im Ansatz nachvollziehen kann.

Wie sehr Menschen durch Hass- und Rachegefühle zerfressen werden, zeigt sich u. a. auch in US-Staaten, wo die Todesstrafe noch existiert. Dort warten Angehörige einer ermordeten Person oft jahrelang, um den Delinquenten auf dem elektrischen Stuhl bzw. durch eine Giftspritze in einem langen, grausamen Todeskampf leiden zu sehen. Welche Art von Befriedigung kann man daraus ziehen?

Wahre Vergebung ist ein Akt tiefer spiritueller Einsicht und Erkenntnis. Im Grunde ist sie eine Gnade, und wem sie zuteil wird, wer sie empfindet, ist in der Tat ein reicher Mensch.

Was heute zu tun ist:

Bleibe bei deiner erlernten **Vollatmung**, sie ist dein Fundament.

Nimm dir genügend Zeit und schreibe auf, welche Menschen aus Vergangenheit und Gegenwart dir noch "im Magen" liegen. Wenn du an jemanden denkst und verspürst auch nur die geringste Abneigung, dann solltest du ihn oder sie in deine Liste aufnehmen.

Vielleicht sagst du: "Ich will einem bestimmten Menschen nicht vergeben. Ich kann es nicht!" Ich sage dir, du kannst es, sobald es dein aufrichtiger Wunsch ist, frei zu sein. Du kannst es, wenn du das Spiel und seine Funktion in deinem Leben durchschaut hast. Du kannst es, wenn dein Herz sich zu öffnen beginnt.

Wenn du vergibst, dann hast du womöglich die wichtigste Lektion deines Lebens gelernt, denn du öffnest dich der universellen Liebe. Und genau derjenige, der dir Leid und Schmerz zufügte, ermöglicht diesen wichtigen Entwicklungsschritt. Wie sollten wir denn auch die hohe Qualität von Vergebung kennenlernen und empfinden, wenn keiner in diese Rolle für uns schlüpft, wenn es keinen gibt, dem wir etwas vergeben können?

Es ist ein Erfahrungsspiel auf der großen Bühne des Lebens, im Spannungsfeld zwischen Gut und Böse, mit allen nur erdenklichen Requisiten.

Lass diese Worte auf dich wirken.

Der auf rationaler Logik basierende Verstand wird natürlich immer "vernünftig" klingende Einwände hervorbringen, wieso er nicht vergeben will, darf oder kann. Spätestens hier solltest du dir wieder mal die Grundfrage stellen:

"Will ich recht haben oder will ich glücklich sein?" Beantworte sie dir ehrlich und eindeutig.

Dein Herz fragt niemals nach Schuld, Sühne und Genugtuung. Es gräbt weder im Moder der Vergangenheit noch betrachtet es sich als Opfer der Umstände. Es fordert keine Rache und auch keine Wiedergutmachung. Es ist der heilige Ort an dem wir jene Freiheit und Glückseligkeit erlangen, nach der wir uns alle von Geburt an sehnen. Die ursprüngliche und letzte Heimat unserer Seele.

Vergebung in 3 Schritten:

Schritt 1:

Setze dich bequem im Schneidersitz auf den Boden oder in aufrechter Haltung auf einen Stuhl. Atme einige Male tief ein und aus.

Formuliere laut oder in Gedanken deine klare Absicht, Transformation, Lösung und Weiterentwicklung geschehen zu lassen. Triff die klare Entscheidung, das Jammertal des Egos endgültig zu verlassen!

Wähle nun eine Situation, einen Menschen aus der Liste (nicht gleich den schwierigsten!) und betrachte wertungsfrei das Gefühl, das du dabei hast. Egal, was es ist, lass es zu und nimm es bewusst wahr. Vielleicht empfindest du unbändigen Zorn und möchtest auf das Kissen vor dir einprügeln, indem du dir sein/ihr Gesicht dabei vorstellst. Tu es. Vielleicht hast du das Bedürfnis zu schreien, zu schimpfen, zu weinen. Lass es geschehen. Vielleicht empfindest du auch einfach nur eine Leere in dir. Egal, was du fühlst, du lässt es zu. Schließlich wirst du zum neutralen Beobachter der Situation, ohne sie noch im Geringsten zu bewerten. Allein dadurch wird schon viel der im Problem gebundenen Energie frei. Energie, die dir nun für wichtigere Dinge wieder zur Verfügung steht. Verweile für <u>maximal 3-5 Minuten</u> in diesem Zustand.

Schritt 2:

Atme einige Male tief durch und komm wieder zur Ruhe.

Sag nun JA dazu, dass dieser Mensch, diese Situation in dein Leben trat, im Bewusstsein, dass er nicht dein Feind, sondern vielmehr ein "Entwicklungshelfer" ist. Sag JA zu jedem Ereignis, das damit im Zusammenhang steht. Sei dir darüber im Klaren, dass du durch dein JA beginnst, die Bande zwischen euch zu lösen, und dass es dir (und eventuell auch ihm) dadurch besser gehen wird.

Wenn das dein Wunsch ist, dann gib deinen inneren Widerstand jetzt auf und sag JA. Beende diesen Schritt erst, wenn du spürst, dass das JA integriert ist.

Schritt 3:

Nimm den Menschen, die jeweilige Situation, mit einem tiefen Atemzug in dein Herzzentrum. Hier geschieht Transformation und Heilung, egal, wie schrecklich und verletzend die Erfahrung auch gewesen sein mag. Tatsächlich geschieht es ohne dein weiteres Zutun. Im heiligen Tempel deines Herzens kann sich keine negative Energie auf Dauer halten. Alles löst sich, wenn du vertraust und einfach geschehen lässt.

Wenn du möchtest, kannst du auch innerlich das Wort "Lösung" formulieren. Das intelligente Leben allein weiß, wie diese auszusehen hat.

Verweile in diesem Zustand, bis du eine Erleichterung spürst. Falls du in deiner Herzgegend Wärme oder gar Liebe spürst (das muss aber nicht sein), so ist das sehr erfreulich.

Bei leichteren Fällen kann ein Durchlauf schon ausreichen, um die "Ladung" aus dem Problem zu nehmen. Bei etwas hartnäckigeren Angelegenheiten durchlaufe den gleichen Prozess <u>siebenmal</u>. Höchstwahrscheinlich wirst du dich nach jedem Mal ein bisschen besser fühlen.

Bei sehr schlimmen Erlebnissen, wie beispielsweise Kriegstraumata, Vergewaltigung, etc. laufe den Prozess mit <u>3 x 7 Durchgängen</u>. Oft müssen die Probleme schichtweise abgelöst werden, um zum eigentlichen Kern zu gelangen.

<u>Wichtig:</u> Kein Durchlauf, keine Mühe ist umsonst! Auch wenn du nicht sofort eine Erleichterung spürst – wisse, dass auf der Energie- und Informationsebene <u>immer</u> etwas geschieht. Nichts, was du denkst, fühlst oder tust, bleibt ohne Auswirkung auf das gesamte System.

Vertraue in diesen Prozess, gib niemals auf, und du wirst nicht enttäuscht werden.

Falls es dir möglich ist dich mit dem jeweiligen Menschen aussprechen, umso besser. Falls nicht, hast du mit den drei Schritten sehr viel getan, um Frieden zu schaffen. Auf seelischer Ebene wird er die Botschaft empfangen und höchstwahrscheinlich auch empfinden.

Wenn du vergeben kannst, bist du gesegnet und einer der großen Gewinner dieses Lebens. Ich möchte dir ans Herz legen, diese Stufe in deinem Sinne besonders intensiv zu bearbeiten. Hass, Spaltung und Zwietracht sind temporäre und vergängliche Erscheinungen in Raum und Zeit. Sie führen zu nichts, als zu weiterem Schmerz und Leiden. Was aber bleibt, ist die ewige, unwandelbare *Wirklichkeit* hinter dem äußeren Schein (Realität). Alle großen Eingeweihten bezeichnen sie als reine, unaussprechliche Liebe – jene geistige Entität, die alles am Leben erhält, dem Sinn und Zweck, dem Alpha und Omega unserer Existenz, und der einzige Weg um jenen Zustand wieder zu erlangen, der unserer tiefsten Sehnsucht entspringt.

Stufe 13

Tag der Erfüllung

Wie alle anderen, baut auch diese Stufe auf den vorhergehenden auf. Das Beste, was du tun kannst, um ein Ziel zu erreichen, ist im beständigen Gefühl seiner Erfüllung (des Erfülltseins!) zu leben. Was dabei "realistisch" ist, bestimmst allein du. Alles, was du tatsächlich glauben kannst (im Rahmen der Naturgesetze), ist auch grundsätzlich möglich und daher realistisch.

Was bedeutet nun "in der Erfüllung leben"? Es ist nichts anderes, als **das tiefe Empfinden, dass dein Ziel bereits erreicht ist.** Da ist kein Platz mehr für Wünschen, Wollen, Sehnen, Hoffen, Zweifeln, denn du hast es ja schon! Jetzt!

Ein Millionär wird sich nicht danach sehnen endlich die erste Million zu machen, da sie sich bereits auf seinem Konto befindet. Ein Abiturient, der sein Examen hervorragend abgeschlossen hat, wird nicht mehr daran zweifeln es zu bestehen. Er hat es in der Tasche.

Das, was hier wie Selbstbetrug aussieht, ist nichts weiter, als die geistige Vorwegnahme des erwünschten Endzustandes. Hier passt auch die Stelle aus dem Neuen Testament, wo es heißt: *"Glaubt, dass ihr es bereits empfangen habt, und es wird euch zuteil ...!"*

Wenn du etwas wünschst, dir erhoffst etc., ist das schon eine geistige Energie, aber sie ist relativ schwach, weil sie gleichermaßen impliziert: "Ich habe es nicht, und im Grund zweifle ich daran!"

Jede imaginäre Vorstellung, die mit Gefühl "aufgeladen" wird, ist auf geistiger Ebene bereits ein reales Konstrukt (Gebilde), je nach Intensität und Dauer der Imagination. Die Verdichtung in die Materie braucht in der Regel den Faktor "Zeit". Materie wird in spirituellen Kreisen auch manchmal als "gefrorener" oder "geronnener" Geist bezeichnet. Sie hat die niederste Frequenz.

Wenn du dir nun ausmalst, dass du beispielsweise das erwünschte Eigenheim bereits besitzt – wenn du es genau bildlich vor dir siehst, durch die massive Eingangstür gehst, dich in deiner Vorstellung durch die Räume bewegst, die warme Oberfläche des Eichenholztisches im Wohnzimmer mit Händen spürst, den betörenden Duft im Raum, der durch die darauf stehenden weißen Rosen verbreitet wird – dann setzt du gewaltige Hebel der Bilde- und Verwirklichungskräfte in Bewegung.

Hinzu kommt als Katalysator das Gefühl der Wertschätzung, der Erleichterung, der Freude und Dankbarkeit, durch dein eigenes Haus zu schlendern, das keine Zukunftsvision mehr ist, sondern absolute Realität (was es auf geistig-ursächlicher Ebene tatsächlich ist!). Bist du in der Lage, dieses Gefühl zu konservieren und nicht wieder in Zweifel (Woher soll nur das

Geld kommen? … Der Immobilienmarkt ist miserabel! … Ja, wo bleibt denn nun das tolle Angebot? etc.) zu verfallen, so werden die Weichen im Unsichtbaren gestellt, und du wirst in aller Regel die notwendigen äußeren Mittel erlangen, um das Haus, <u>welches du auf kausaler Ebene bereits bewohnst,</u> auch in der 3-D-Welt zu materialisieren.

Das Gefühl der Erfüllung kannst du auf sämtliche Lebensbereiche beziehen. Auf Liebe, Partnerschaft, soziale Beziehungen, Berufswelt, Wohlstand, Erfolg, Frieden, Selbstbewusstsein, Willensstärke … auf alles nur Erdenkliche.

Es ist das mächtigste Instrument der Realitätsschaffung, denn hier wird der vorweggenommene Idealzustand zu deinem permanenten Sein!

Was heute zu tun ist:

Bleibe bei deiner erlernten **Vollatmung**, sie ist dein Fundament.

Setze dich bequem auf einen Hocker oder auf den Boden und atme einige Male tief ein und aus. Nimm irgendein Thema deines Lebens, wo du einen Veränderungsbedarf erkennst. Wähle zunächst etwas "Leichteres", an dessen Verwirklichung du auch glauben kannst. Stelle dir 5 – 10 Minuten so intensiv wie möglich den erwünschten Endzustand vor. Erblicke dich am Ziel und fühle die Erleichterung, womöglich die Freude und Dankbarkeit, dass du es <u>jetzt</u> hast.

Das Fühlen des Zustandes, als Realität, ist dabei der wichtigste Faktor!

Wenn du damit durch bist, verschwende keinen einzigen Gedanken mehr daran. Jeglicher Zweifel, jegliches Grübeln schwächt die Kraft. Wiederhole den Vorgang, wenn nötig, alle drei Tage. (Falls sich Zweifel etc. einstellen). Ansonsten lebst du im Gefühl des "Erfüllt-Seins" deines Wunsches (der ja keiner mehr ist, da du es innerlich – auf der Ursachenebene – bereits in Besitz genommen hast).

Schweige über das, was du tust – es ist auch hier Gold. Die meisten deiner wohlmeinenden Mitmenschen, Angehörige eingeschlossen, werden plausible "Gegenargumente" liefern, warum du es nicht schaffen kannst, es nicht "realistisch" genug ist, dich belächeln und damit das von dir aufgebaute Energiefeld schwächen. Dazu zählen auch jene sogenannten "Freunde", die dir in Wahrheit alles missgönnen. Achte auf ihre Worte, Gesten und auf ihr Verhalten, wenn dir Glück widerfährt.

Wenn du große Pläne hast, dann vertraue dich ausschließlich Leuten an, die dir wirklich wohlgesonnen sind, die eine optimistische Lebenseinstellung haben, die dir etwas zutrauen, die an dich glauben, dir Mut machen und dich in deinem Vorhaben bestärken. Das gibt dir zusätzliche Kraft und dein Energiefeld bleibt stark. *"Das Schlimmste im Leben ist, wenn man zu vorsichtig wird"*, sagte mir mal ein guter Freund. Und er hat recht. – Kein Kleindenker hat jemals etwas Großes zustande gebracht!

Stufe 14

Tag der Wunder

Jeden Tag geschehen Wunder auf unserem Planeten. Von den meisten werden wir leider nie etwas erfahren. Was versteht man eigentlich unter diesem Phänomen? Zunächst etwas, das wir verstandesmäßig nicht richtig einordnen und erklären können bzw. sich unseren limitierten Untersuchungsmethoden entzieht.

Die Geburt eines Kindes ist alltäglich und doch eines der größten Wunder. Gleiches gilt für die biologische Zellspezialisierung, bei der kein Wissenschaftler versteht, warum und wie sie erfolgt. Dann wäre da das menschliche Bewusstsein, das sich unseren einfachen Erklärungsmodellen entzieht (es wurde im Gehirn noch nie ein Gedanke gefunden). Jede Zelle, vor deren unfassbarer Komplexität wir nur staunend dastehen, wie kleine Kinder, ist ein außerordentliches Wunderwerk für sich. Ganz zu schweigen von unserem Organismus, dessen Billionen aufeinander abgestimmter Vorgänge unser Leben erst ermöglicht, ohne dass wir mehr dazu tun müssen als zu essen, zu trinken und zu schlafen. Die Photosynthese, bei der Pflanzen über das Sonnenlicht mittels Chlorophyll, Sauerstoff und Traubenzucker erzeugen, ist ein weiteres Wunder der Natur.

Wenn schulmedizinisch "unheilbar Kranke" genesen, sprechen wir gerne von einem Wunder, weil wir nicht verstehen, was hier eigentlich geschieht. Oft stellt es sich ein, wenn der Patient über eine starke Willens-, Glaubens-, und Vorstellungskraft verfügt. Wer nicht an Wunder glaubt, wird in der Regel auch keine erleben. Was Kinder und "einfache Gemüter" nicht anzweifeln, ist für den hartgesottenen Realisten, der ja genau weiß, was sein kann und was nicht, schlichtweg absurd. In diesem Sinne verschließt er sich aus eigener Entscheidung der immanenten Magie des Lebens, die sich schließlich dem offenbart, der an sie glaubt. So fällt es manchem, der uns als "naiv" und "gutgläubig" erscheint, oft leichter wieder gesund zu werden, als demjenigen, der sich einzig auf medizinische Autoritäten und Labordaten verlässt, die ihm im Verbund sein baldiges Ableben attestieren.

Womöglich war genau jenes damit gemeint, dass wir wieder werden sollen, wie die Kinder, welche in einer rational abgeklärten, entzauberten Welt den Glanz in den Augen noch nicht verloren haben. Diese glauben noch an Naturgeister, Engel und Elfen, an Wesenheiten, die in jeder Mythologie enthalten sind – und viele beharren darauf, sie tatsächlich gesehen zu haben.

Frage: Woher nehmen wir nur die Hybris, die Möglichkeit und Existenz solcher Phänomene kategorisch ausschließen? Nur weil sie unsere begrenzten, naturwissenschaftlich theoretischen Konstrukte sprengen könnten, die wir hemdsärmelig in den Status der Ausschließlichkeit erhoben haben?

Nur jener, der sich zwar seinen kritisch-analytischen Verstand bewahrt hat, aber grundsätzlich nichts für ausgeschlossen und unmöglich hält, ist (für mich) auch ein ernstzunehmender und interessanter Gesprächspartner. *"Das einzige, was ich weiß, ist, dass ich nichts weiß!"* lautet der wohl bekannteste Ausspruch von Sokrates, dem großen Denker der griechischen Philosophie. In Anbetracht unseres bruchstückhaften Wissens über das Wesen der Dinge, könnten auch wir uns diese Haltung wieder zueigen machen, anstatt das Leben durch das Zwangskorsett steriler Verstandeslogik künstlich zu begrenzen.

Wunder werden dann möglich, wenn man das Leben wieder als Wunder betrachtet und nach ihnen Ausschau hält!

Und Staunen ist das Salz in dieser Suppe.

Was heute zu tun ist:

Bleibe bei deiner erlernten **Vollatmung**, sie ist dein Fundament.

Sobald du erwacht bist, werde dir zunächst bewusst, als wer du diesen Tag begehst, und dann begib dich voller Vorfreude in den "Wundermodus".

Sei aufmerksam, beobachte und staune über alles, was du siehst – ohne es in irgendeiner Weise zu bewerten. Erkenne das Wunder in allem. Erwarte Wunder, wie eine Katze, die still und geduldig vor einem Mauseloch sitzt – erzwinge nichts. Glaube an ein märchenhaft schönes Leben, das von Wundern begleitet wird. Wunder können in jedem Augenblick auf verschiedenste Weise geschehen. Sei dafür bereit. Verankere die Geisteshaltung fest in dir, dass du von nun an ein wunderbares Leben führst, dass du ein Kind des Glücks bist, und *behalte sie bei,*

... du wirst dich wundern!

Die goldene Woche

Stufe 15 – 21

Du hast nun zwei Wochen hinter dir, in denen du hoffentlich viele interessante und bereichernde Erfahrungen machen konntest. In den folgenden sieben Tagen geht es nun darum, dein neues Bewusstsein noch intensiver in den Alltag zu integrieren, um ein stabiles Resonanzfeld aufzubauen.

Du wirst bemerken, dass im Laufe dieser Woche nichts mehr groß an "Material" dazu kommt, sondern eher "abgespeckt" wird. Gerade auf dem spirituellen Weg gilt der kluge Satz: "Weniger ist mehr!" Es geht also nicht darum, immer noch weitere Techniken zu erlernen, sondern wieder *einfach* zu werden, weniger zu tun und mehr zu Sein.

Wenn du alles loslässt, was du nicht bist, wirst du zu dem, der du wirklich bist!

- Gehe in dieser Woche Streitgesprächen bewusst aus dem Weg. Wenn es sich nicht vermeiden lässt, biete keinerlei inneren Widerstand. Es ist nur das Ego, das sich aufplustert. (Verwende den 7-Phasen-Prozess!)

- Verzichte (am besten für immer) auf all die manipulativen, angst- und stimmungserzeugenden Nachrichtensendungen, Talkshows etc., auch mal auf deine geliebte Tageszeitung. Lass die berieselnde Flimmerkiste bewusst mal aus, oder wirf sie noch besser auf den Müll. Du versäumst wirklich nichts, und kannst dich vermehrt um das kümmern, was für dein Glück wirklich von Bedeutung ist – dein Innenleben!

- Mache jeden Tag jemandem bewusst ein kleines **Geschenk**, bereite ihm eine Freude.

- Kultiviere die **Dankbarkeit**.

- Verweile im Gefühl des **Erfüllt-Seins** deiner Herzenswünsche.

- Bleibe im "**Wundermodus**".

- Plane ein Wochenende, an dem du **Ordnung** in deine Angelegenheiten bringst. Wirf Dinge weg, die du nicht mehr brauchst (vergiss deinen Kleiderschrank nicht ;) Sei rigoros. Du wirst merken, um wieviel es dir besser geht, wenn du weniger belastenden "Krimskrams" besitzt bzw. mit dir herum schleppst. Trage dir dieses Wochenende fest in deinen Kalender ein. Nimm dir nichts anderes vor! Falls ein Wochenende nicht genügt, dann trage ein weiteres ein ... bis wirklich Ordnung herrscht. Falls du dich dem nicht gewachsen fühlst, lass dir von anderen helfen. Es gibt immer Leute, die es besser können als man selbst.

Stufe 15

Die folgende **Universalübung** ist ein äußerst machtvolles Instrument und wird täglich durchgeführt:

Anleitung:

Erwache heute als der, der du wirklich bist, und freue dich auf die kommenden sieben Tage, von denen du sicherlich profitieren wirst.

Du erlaubst dir ab heute nicht länger als **maximal 1 Minute** bei einem negativen Gedanken zu verweilen. Das lässt sich nicht immer exakt einhalten, aber nimm es als Richtwert und halte dich so gut wie möglich daran. Sei sehr wachsam (gegenwärtig), damit du merkst, wohin dein Verstand bzw. dein Unterbewusstsein dich leitet. Dein Torwächter wird dir dabei helfen. Wenn du beispielsweise nur den Hauch eines Urteils über einen Mitmenschen oder eine Situation fällst ... halte ein und ersetze diesen Gedanken durch sein positives Gegenteil.

Verweile den ganzen Tag im Zustand der liebe- und machtvollen Präsenz deines innersten Wesens! Das heißt: **Widme Gott in dir einen großen Teil deiner Aufmerksamkeit.**

(Dies ist der erhabenste Seins-Zustand und du solltest ihn am besten für den Rest deines Lebens kultivieren!) Hier bist du dir deiner inneren Kraft und Autorität bewusst, dein Denken und Handeln wird durch Liebe getragen, und du bist verankert im Hier und Jetzt, dort wo das Leben mit all seinen Möglichkeiten pulsiert.

Merke: Dies ist kein Leistungswettbewerb bei dem du versagen, sondern nur gewinnen kannst. Jede deiner Bemühungen in dieser Richtung wird ihre Früchte tragen, egal, wie lange du für etwas brauchst. Betrachte es als die wunderbare und höchst lohnende Arbeit an dem Juwel deines unsterblichen Geistes, der ständig dein Schicksal formt.

Sinn und Zweck dieser besonderen Übung besteht also darin, 7 Tage hintereinander keine länger andauernden negativen Gedanken und Gefühle zuzulassen. Durch die Schulung der ersten 14 Stufen bist du für dieses Abenteuer gewappnet.

Die Intentionsliste

Schreibe heute auf ein Blatt Papier, wie du über dein Leben schreiben würdest, wenn deine Herzenswünsche in jeglicher Hinsicht (materiell, spirituell, seelisch etc.) bereits erfüllt wären. Formuliere alles in der Gegenwartsform!

Beispiel: "Ich bin glücklich und dankbar dafür, dass ich nun in einer wundervollen Partnerschaft lebe, die für beide eine großartige Bereicherung ist. Es ist eine aufregend schöne Beziehung, mit höchster Wertschätzung, die gegenseitiges Wachstum ermöglicht ..." Pack alles in die Liste, was dir wirklich am Herzen liegt. Suche deine eigenen Worte dafür, ... Worte, die du auch fühlen kannst (Freude, Dankbarkeit, Erleichterung).

Die Intentionsliste ist eines der hervorragendsten Mittel, das ich kennen lernen durfte, um die eigene Realität zu verändern. Im Grunde bräuchtest du nicht viel mehr tun, als täglich voller Enthusiasmus und Hingabe diese Liste durchzulesen und ggf. neu zu formulieren.

Stufe 16

Morgens: **Erwache als der, der du wirklich bist, und segne diesen Tag.**

Lies noch vor dem Aufstehen (im Zustand der Entspannung) deine **Intentionsliste** durch, im sicheren Wissen, dass es bereits so ist. **Fühle es!**

Tagsüber: Führe die **Universalübung** genau wie oben beschrieben durch. **Deine Geisteshaltung ist die der liebe- und machtvollen Präsenz.** (Du widmest Gott in dir einen großen Teil deiner Aufmerksamkeit.)

Verankere im Bewusstsein, dass deine Herzenswünsche bereits erfüllt sind!

Abends: **Mentales Umerleben:** Gehe in Gedanken den gesamten Tag nochmal durch. Wenn du dabei auf unschöne Ereignisse und diesbezügliche Emotionen stößt, erlebe die Situation gedanklich um. Erlebe sie nun in ihrem harmonischen Ideal. Sieh dich souverän und liebevoll agieren und reagieren. Dasselbe gilt für andere Menschen dir gegenüber. Imaginiere, wie sie sich dir gegenüber freundlich verhalten. Indem du dies konsequent tust, wird sich alles verändern und wandeln. Du weißt zwar nicht genau wie die Lösung aussieht, aber du weißt, dass sie unterwegs ist!

Lies kurz vor dem Einschlafen nochmals deine **Intentionsliste** mit Gefühl und Hingabe. Schlafe ein mit einem Gefühl des Friedens und der Geborgenheit ...

Stufe 17

Morgens: **Erwache als der, der du wirklich bist, und segne diesen Tag.**

Lies noch vor dem Aufstehen (im Zustand der Entspannung) deine **Intentionsliste** durch, im sicheren Wissen, dass es bereits so ist. **Fühle es!**

Tagsüber: Führe die **Universalübung** genau wie oben beschrieben durch. **Deine Geisteshaltung ist die der liebe- und machtvollen Präsenz.** (Du widmest Gott in dir einen großen Teil deiner Aufmerksamkeit.)

Verankere im Bewusstsein (fühle), dass deine Herzenswünsche bereits erfüllt sind!

Abends: **Mentales Umerleben:** Gehe in Gedanken den gesamten Tag nochmal durch. Wenn du dabei auf unschöne Ereignisse und diesbezügliche Emotionen stößt, erlebe die Situation gedanklich um. Erlebe sie nun in ihrem harmonischen Ideal. Sieh dich souverän und liebevoll agieren und reagieren. Dasselbe gilt für andere Menschen dir gegenüber. Imaginiere, wie sie sich dir gegenüber freundlich verhalten. Indem du dies konsequent tust, wird sich alles verändern und wandeln. Du weißt zwar nicht genau wie die Lösung aussieht, aber du weißt, dass sie unterwegs ist!

Lies dann kurz vor dem Einschlafen nochmals deine **Intentionsliste** mit Gefühl und Hingabe. Schlafe ein mit einem Gefühl des Friedens und der Geborgenheit ...

Stufe 18

Morgens: **Erwache als der, der du wirklich bist, und segne diesen Tag.**

Lies noch vor dem Aufstehen (im Zustand der Entspannung) deine **Intentionsliste** durch, im sicheren Wissen, dass es bereits so ist. **Fühle es!**

Tagsüber: Führe die **Universalübung** genau wie oben beschrieben durch. **Deine Geisteshaltung ist die der liebe- und machtvollen Präsenz.** (Du widmest Gott in dir einen großen Teil deiner Aufmerksamkeit.)

Verankere im Bewusstsein (fühle), dass deine Herzenswünsche bereits erfüllt sind!

Abends: **Mentales Umerleben:** Gehe in Gedanken den gesamten Tag nochmal durch. Wenn du dabei auf unschöne Ereignisse und diesbezügliche Emotionen stößt, erlebe die Situation gedanklich um. Erlebe sie nun in ihrem harmonischen Ideal. Sieh dich souverän und liebevoll agieren und reagieren. Dasselbe gilt für andere Menschen dir gegenüber. Imaginiere, wie sie sich dir gegenüber freundlich verhalten. Indem du dies konsequent tust, wird sich alles verändern und wandeln. Du weißt zwar nicht genau wie die Lösung aussieht, aber du weißt, dass sie unterwegs ist!

Lies dann kurz vor dem Einschlafen nochmals deine **Intentionsliste** mit Gefühl und Hingabe. Schlafe ein mit einem Gefühl des Friedens und der Geborgenheit ...

Stufe 19

Morgens: **Erwache als der, der du wirklich bist, und segne diesen Tag.**

Lies noch vor dem Aufstehen (im Zustand der Entspannung) deine **Intentionsliste** durch, im sicheren Wissen, dass es bereits so ist. **Fühle es!**

Tagsüber: Führe die **Universalübung** genau wie oben beschrieben durch. **Deine Geisteshaltung ist die der liebe- und machtvollen Präsenz.** (Du widmest Gott in dir einen großen Teil deiner Aufmerksamkeit.)

Verankere im Bewusstsein (fühle), dass deine Herzenswünsche bereits erfüllt sind!

Abends: **Mentales Umerleben:** Gehe in Gedanken den gesamten Tag nochmal durch. Wenn du dabei auf unschöne Ereignisse und diesbezügliche Emotionen stößt, erlebe die Situation gedanklich um. Erlebe sie nun in ihrem harmonischen Ideal. Sieh dich souverän und liebevoll agieren und reagieren. Dasselbe gilt für andere Menschen dir gegenüber. Imaginiere, wie sie sich dir gegenüber freundlich verhalten. Indem du dies konsequent tust, wird sich alles verändern und wandeln. Du weißt zwar nicht genau wie die Lösung aussieht, aber du weißt, dass sie unterwegs ist!

Lies dann kurz vor dem Einschlafen nochmals deine **Intentionsliste** mit Gefühl und Hingabe. Schlafe ein mit einem Gefühl des Friedens und der Geborgenheit ...

Stufe 20

Morgens: **Erwache als der, der du wirklich bist, und segne diesen Tag.**

Lies noch vor dem Aufstehen (im Zustand der Entspannung) deine **Intentionsliste** durch, im sicheren Wissen, dass es bereits so ist. **Fühle es!**

Tagsüber: Führe die **Universalübung** genau wie oben beschrieben durch. **Deine Geisteshaltung ist die der liebe- und machtvollen Präsenz.** (Du widmest Gott in dir einen großen Teil deiner Aufmerksamkeit.)

Verankere im Bewusstsein (fühle), dass deine Herzenswünsche bereits erfüllt sind!

Abends: **Mentales Umerleben:** Gehe in Gedanken den gesamten Tag nochmal durch. Wenn du dabei auf unschöne Ereignisse und diesbezügliche Emotionen stößt, erlebe die Situation gedanklich um. Erlebe sie nun in ihrem harmonischen Ideal. Sieh dich souverän und liebevoll agieren und reagieren. Dasselbe gilt für andere Menschen dir gegenüber.

Imaginiere, wie sie sich dir gegenüber freundlich verhalten. Indem du dies konsequent tust, wird sich alles verändern und wandeln. Du weißt zwar nicht genau wie die Lösung aussieht, aber du weißt, dass sie unterwegs ist!

Lies dann kurz vor dem Einschlafen nochmals deine **Intentionsliste** mit Gefühl und Hingabe. Schlafe ein mit einem Gefühl des Friedens und der Geborgenheit ...

Stufe 21

Morgens: **Erwache als der, der du wirklich bist, und segne diesen Tag.**

Lies noch vor dem Aufstehen (im Zustand der Entspannung) deine **Intentionsliste** durch, im sicheren Wissen, dass es bereits so ist. **Fühle es!**

Tagsüber: Führe die **Universalübung** genau wie oben beschrieben durch. **Deine Geisteshaltung ist die der liebe- und machtvollen Präsenz.** (Du widmest Gott in dir einen großen Teil deiner Aufmerksamkeit.)

Verankere im Bewusstsein (fühle), dass deine Herzenswünsche bereits erfüllt sind!

Abends: **Mentales Umerleben:** Gehe in Gedanken den gesamten Tag nochmal durch. Wenn du dabei auf unschöne Ereignisse und diesbezügliche Emotionen stößt, erlebe die Situation gedanklich um. Erlebe sie nun in ihrem harmonischen Ideal. Sieh dich souverän und liebevoll agieren und reagieren. Dasselbe gilt für andere Menschen dir gegenüber. Imaginiere, wie sie sich dir gegenüber freundlich verhalten. Indem du dies konsequent tust, wird sich alles verändern und wandeln. Du weißt zwar nicht genau wie die Lösung aussieht, aber du weißt, dass sie unterwegs ist!

Lies dann kurz vor dem Einschlafen nochmals deine **Intentionsliste** mit Gefühl und Hingabe. Schlafe ein mit einem Gefühl des Friedens und der Geborgenheit ...

Tag der Belohnung

Ich möchte Dir von ganzem Herzen gratulieren, dass du es bis hierher geschafft hast! Du kannst wirklich stolz auf dich sein, denn dazu gehören eine grundsätzliche Offenheit für Neues Denken, Beharrlichkeit, Willenskraft und Stärke!

Vor allem hast du damit die Initialzündung für eine gänzlich neue Lebensqualität gesetzt. Im Laufe des Kurses wirst du bemerkt haben, wie sehr Glück und Unglück, Freud und Leid, von der Ausrichtung deines Bewusstseins (worauf du überwiegend deine Aufmerksamkeit richtest und was du somit für wahr hältst), abhängen.

Heute solltest du dich dafür mit irgend etwas belohnen, was dir so richtig Freude bereitet. Möglichst noch an diesem Tag, oder zumindest innerhalb der kommenden Woche. Es sollte nicht soviel Zeit dazwischen liegen.

Vielleicht kaufst du dir etwas, was du dir sonst nicht gegönnt hättest, oder du gehst richtig toll mit deinem Partner, einer guten Freundin (oder auch allein) essen, ein Wellness-Wochenende, ein wunderschöner Ausflug, eine Reise … was auch immer es ist, mach diese Zeit zu etwas ganz Besonderem, und sei dir bewusst, wofür du dich belohnst.

Zelebriere es mit allen Sinnen und freue dich einfach, dass du am Leben bist – ein wunderschönes, bereicherndes Leben, das ein ganz anderes sein wird, wenn du in deinem neuen Bewusstsein bleibst.

Der 7-Phasen-Prozess

Manifestieren mit System

An dieser Stelle möchte ich dir ein wahrhaftiges Juwel, gewissermaßen das Herzstück des Kurses, an die Hand geben. Einen Prozess, mit dem du wirklich *jegliches* Problem bearbeiten und einer konstruktiven Lösung zuführen kannst. Er ist ein vielfach erprobtes, ausgeklügeltes Instrument und ein unverzichtbarer Teil des Reality-Resonanz-Trainings.

In den folgenden 7 Schritten ist in komprimierter Form alles enthalten, was du brauchst, um in eine parallele Realität, in eine glücklichere Version deines Selbst einzutreten. Du wirst in der Lage sein, dich von Ängsten, Zwängen und negativen Emotionen zu befreien, dein höchstes Potential zu entfalten und somit auch dein äußeres Leben zunehmend erfreulich zu gestalten. Es ist ein in sich komplettes System, dem nichts hinzugefügt werden muss. Ist der 21-Tage-Kurs eher allgemein gehalten, um dein Schwingungsniveau generell zu erhöhen und wichtige Seelenqualitäten zu entwickeln, so kannst du mit diesem Instrument ganz spezielle Themen und Problematiken bearbeiten, sie lösen und für dich positiv verändern. Arbeite so oft wie möglich damit und du wirst zunehmend Glücksmomente und Erfolge damit erleben!

Ich habe die einzelnen Phasen weiter unten sehr ausführlich beschrieben, um aufkommende Fragen möglichst gleich vorwegzunehmen. Lass dich von der Menge des Textes nicht beeindrucken – der Ablauf ist im Grunde sehr einfach. Wenn du nämlich wiederholt damit arbeitest, geht schon bald alles fließend ineinander über und braucht nicht viel Zeit. Es handelt sich dann um keine komplizierte Übung mehr, sondern wird zu einem natürlichen Prozess geistiger Abfolgen, bei denen du nicht mehr über einzelne Schritte nachzudenken brauchst.

Phase 1) Neutrale Beobachtung im Bewusstsein der eigenen Vollmacht.

Phase 2) Das große "JA!" Einverstanden sein mit dem, was IST.

Phase 3) Das Thema ins Herz nehmen (Transformation).

Phase 4) In die Stille gehen – der Verstand schweigt.

Phase 5) Einen Herzenswunsch imaginieren (Neues Sein).

Phase 6) Sich mit dem Ziel identifizieren – es hat sich vollzogen!

Phase 7) Im Gefühl der Erfüllung leben!

Nähere Erläuterung der einzelnen Schritte:

<u>Ausgangslage:</u> Negativer Gefühlszustand/Selbstbild/Situation:

(Angst, Ärger, Eifersucht, Wut, Hass, Neid, Missgunst, Gefühl von Minderwertigkeit bzw. nicht geliebt zu werden, Verzweiflung, Kummer, Depression, Trauer, seelische Traumata, Gedankenkreisen, etwas "weg-haben-wollen", ständig wiederkehrende unangenehme Situationen, Nicht-Vergeben-Können, Sich-als-Opfer-Fühlen, Mobbing, Krankheiten, Schmerzen, Über- bzw. Untergewicht, Sucht, Burnout, Beziehungsprobleme, finanzielle Sorgen, andauernde Pechsträhne usw.)

Merke dir: Es gibt kein Problem, keinen Zustand, keine Lebenssituation, welche mit diesen Schritten nicht erfolgreich bearbeitet, verändert und transformiert werden kann! Beweise es dir jetzt selbst!

Vor dem eigentlichen Ablauf kannst du dir auf einer Gefühlsskala von 1 – 10 notieren, wie stark dich das Problem, die Situation im Augenblick belastet. Die "1" würdest du notieren, wenn es nahezu verschwunden ist und du dich gut fühlst, wenn du daran denkst, die "10" würdest du geben, wenn es unerträglich für dich ist.

Hast du den Prozess durchlaufen, führst du erneut eine Bewertung durch. So kannst du selbst kontrollieren, ob du Fortschritte machst und sich die Problematik wandelt.

Phase 1)

Sitze in einer <u>aufrechten Haltung</u> und nimm ein paar tiefe Atemzüge bis du einen gewissen Grad an <u>Entspannung</u> fühlst. Werde dir darüber klar, dass <u>Bewusstsein die einzige Ursache</u> ist und du nun als <u>machtvolles, geistiges Wesen</u> die Entscheidung triffst, in eine neue Realität einzutreten. *(Es ist von größter Bedeutung als "wer" du diese Übung vollziehst bzw. durchs Leben gehst.)*

<u>Begib dich gedanklich in die problematische Situation, die du verändern möchtest.</u> Lass die Bilder einfach hochkommen. <u>Nimm alle Gefühle und Emotionen, die sich dabei einstellen wahr, jedoch ohne Widerstand und ohne jegliche Bewertung.</u> Du beobachtest sie völlig neutral, wie Wolken, die vorüberziehen.

<u>Bleibe gegenwärtig und urteilsfrei.</u> Der gleichzeitige Bezug zur Gegenwart, vor allem bei inneren Bilder und Gefühlen, die an die Oberfläche kommen, ist sehr wichtig. Es verhindert die Identifikation mit den destruktiven Inhalten des Verstandes. Egal, was du siehst und fühlst, du nimmst einfach nur das wahr, was ist (Bilder, Szenen, Gefühle ...) Allein das nimmt bereits einen guten Teil negativer Ladung aus der gesamten Problematik. Du fühlst dich leichter und die im Problem gebundene Energie kehrt zu dir zurück.

180

Ein weiterer Tipp (auch für den Alltag): <u>Staune über alles, was du siehst, fühlst und wahrnimmst – wie ein Kind</u>. Das bringt dich in den richtigen Bewusstseinszustand, der entspannten, neutralen Aufmerksamkeit.

Hast du diesen Schritt gemeistert folgt:

Phase 2)

Hier heißt es: <u>Einverstanden sein, "JA" sagen, zu dem, was JETZT gerade ist</u> – innen und außen; es als die eigene Schöpfung anerkennen, das heißt, die volle <u>Verantwortung dafür übernehmen.</u> Sich darüber klar werden, dass der Andere, der ein unangenehmes Gefühl in dir verursacht, lediglich in eine bestimmte Rolle (für dich) schlüpft. "Danke, dass du (unbewusst) diese unschöne Rolle für mich spielst, damit ich wichtige Seelenqualitäten in mir entwickeln kann." Leidest du an einer Krankheit nimmst du die selbe Geisteshaltung ein. Du erkennst ihren Sinn und sagst "JA" zum Augenblick. Dies ist eine der wesentlichen Erkenntnisse im Prozess. In dieser Phase wird dir klar, dass alles seine Richtigkeit hat, so wie es sich im Moment darstellt, auch wenn der neunmalkluge Verstand natürlich ganz anderer Meinung ist (schließlich definiert er sich durch seine Feindbilder, Widerstände und kleinkarierten Urteile). Selbiges gilt vor allem für die "inneren Widersacher", die negativen Gedanken und Emotionen. <u>Du sagst "JA" zu dem, was du gerade empfindest, ohne darüber nachzudenken,</u> ohne dem Verstand die Gelegenheit zu geben, eine Story daraus zu kreieren. Was du weg haben willst, wogegen du eine Abwehrhaltung aufbaust, (Aufmerksamkeit) bleibt dir erhalten. Deshalb: ES IST, WIE ES IST!

Wichtig: JA zu sagen bedeutet nicht, dass du d/einen Zustand nicht verändern kannst/sollst/, sondern, dass du deinen Widerstand aufgibst, wie der Augenblick sich aktuell gestaltet.

Wenn du nun verinnerlichst, dass ALLES, was geschieht, aus höherer Perspektive, aus Sicht der Seele, seinen tieferen Sinn und seine Berechtigung hat (auch in deinem Leben), und dass es der Entwicklung deines höchsten Potentials und deiner Erfüllung dient ... dann fällt es dir zunehmend leichter "JA" zu sagen, zu dem, was sich im Innen und Außen zeigt.

Phase 3)

<u>Konzentriere dich nun auf dein Herzzentrum.</u> (Dieses Areal bildet das stärkste Kraftfeld für jegliche Heilung und Transformation!) Wenn du möchtest, kannst du zur Unterstützung deine Hand drauf legen. Erinnere dich womöglich an Situationen in denen du Liebe für jemanden oder etwas empfunden hast. <u>Nimm nun das unangenehme Gefühl,</u> und alles, was damit in Zusammenhang steht (dich selbst, eine Person, Situation, Szene, Erinnerung, ...) <u>mit einem tiefen Atemzug in das eigene Herzzentrum – umarme ihn/sie/es in deiner Vorstellung.</u> <u>Liebe und segne den "fehlerbehafteten", "hässlichen" Teil, den Schatten in dir,</u> der diese Situation erschaffen hat, ... und dann, wenn du dich gut fühlst ... <u>lass das Thema in deiner Vorstellung los.</u> Das liebevolle Annehmen des Schattens (innen

und außen) sollte nicht weiter schwer fallen, wenn du im vorigen Schritt realisiert hast, dass deine augenscheinlich schlimmsten "Feinde" als wichtige Wegweiser fungieren. Man könnte auch sagen: <u>Wenn du alles Unvollkommene loslässt, bist du vollkommen.</u>

Exakt an dieser Stelle, in diesem Augenblick, geschieht Transformation und Neubeginn!

Keine negative Energie, kein Leid, keine Finsternis kann dem machtvollen Potential der liebenden Herzenergie widerstehen. Sie ist das Zentrum der inneren Alchemie. Hier verwandelt sich Eisen zu Gold, die Raupe wird zum wunderschönen Schmetterling.

Beantworte dir nun aufrichtig zwei Fragen: (Schreibe sie auf.)

1. Welche versteckten (scheinbaren) Vorteile könnte ich aus meinem bisherigen Verhalten gezogen haben? (Weiterhin das Opfer sein, dadurch mehr Verständnis, Zuwendung und Privilegien, umsorgt und gehätschelt werden, nichts an sich verändern müssen, Schuld auf andere projizieren, Verantwortung abschieben, etc.) Sei radikal ehrlich, es geht um dich selbst.

2. Möchte ich mich jetzt für eine neue Realität, für eine erhabenere Version meines Selbst entscheiden? Wenn du dazu bereit bist folgt ...

Anmerkung:

Die Liebe von der hier die Rede ist, ist vergleichbar jener, die Eltern ihren eigenen (mitunter unartigen) Kindern entgegenbringen. Ihnen verzeiht man im Grunde alles, selbst wenn man von ihnen belogen und betrogen wurde. Die Liebe (Vergebung) ist universell, sie kann nicht vermehrt, vermindert, geteilt oder verändert werden. Sie bevorzugt nichts und niemanden und schließt im wahrsten Sinne alles mit ein.

Wenn du das nicht akzeptieren kannst oder willst, lies dir nochmals die Abschnitte "Tag der Liebe" und "Tag der Vergebung" durch.

Phase 4)

Begib dich dazu in die heilsame <u>Stille des reinen Gewahrseins</u>. Hier schweigt der Verstand. Es ist das absolute SEIN jenseits aller Denkprozesse. Die Schnittstelle zwischen dem unbestimmten Feld aller Möglichkeiten und dem Manifesten (der sicht- und greifbaren Realität in der äußeren Erscheinungswelt.) Zur Hilfe kannst du dir vorstellen, wie du im Ozean des Friedens, welcher sich in dir befindet, immer tiefer und tiefer sinkst.

Phase 5)

In diesem Zustand lässt du ganz zwanglos eine höhere Version deines Selbst auftauchen, die das Erwünschte bereits erlebt. Dies sollte ohne jegliche Anstrengung geschehen. Du musst hier nichts tun. Empfange Bilder, Szenen und betrachte sie wie einen Film, den du dir im Kino anschaust. Bist du Single, siehst du dich womöglich mit deinem neuen Partner verliebt, Hand in Hand, am Strand entlang spazieren etc.

Phase 6)

Es folgt der bedeutendste Schritt der Verwirklichung: Hier verlässt du die Position des bloßen Zuschauers und betrittst das reale Geschehen. Du schlüpfst in die Rolle des Hauptdarstellers und befindest dich nun direkt in der Szene, mitten im Film. Mit anderen Worten: Du blickst nicht mehr *auf* die Person, sondern erlebst die Dinge *als* die Person und identifizierst dich gefühlsmäßig vollkommen mit ihr. Du fühlst wie jemand, für den die Situation jetzt absolut real ist!

Was siehst, riechst, schmeckst, hörst, empfindest du in deiner neuen Realität? Je intensiver du dir alles ausmalst, umso besser. Nimm es in Besitz! Genau in diesem Augenblick ist das ganze nicht länger ein nebulöser Wunsch (Zukunft), sondern eine fühlbare und erlebte Wirklichkeit im Hier und Jetzt! Wenn du Erleichterung, Freude oder Dankbarkeit spürst, befindest du dich im richtigen Gemütszustand und das universelle Gesetz wird auf deine neue Ausrichtung reagieren. Du kleidest dich sozusagen in ein neues Selbstbild und behältst es bei! Wichtig ist, dass dieser Zustand, dieses neue Selbstbild sich natürlich und stimmig für dich anfühlt. Du erreichst das durch beständige Imagination.

Sei demütig, in dem Bewusstsein, dass etwas unermesslich Großes durch dich wirkt.

Anmerkung: Mit deinem Bewusstsein wählst bzw. empfängst du ein "Programm", eine Version, die sich lediglich in der äußeren Welt materialisieren muss, damit du diese auch körperlich erfahren kannst. Dabei hast du nichts erschaffen, du hast lediglich deinen Sender neu justiert. Sämtliche Variationen und Möglichkeiten existieren gleichzeitig nebeneinander, bis du schließlich in Resonanz mit einer gehst und alle anderen verschwinden. In jedem Augenblick hast du diese Wahl. Was du "getan" hast, ist, kraft deines Bewusstseins und deiner Imagination in eine andere Realität zu "switchen". Wenn du konsequent dabei bleibst, muss und wird sie sich auch in der sichtbaren Welt zeigen bzw. kristallisieren!

Phase 7)

Du lässt das Thema los, ähnlich wie man einen Bleistift fallen lässt. Das bedeutet, es gibt keinen Grund mehr darüber nachzudenken, zu analysieren oder nach Ergebnissen zu schielen. Es gibt nichts mehr zu erreichen, zu hoffen, zu warten, zu sehnen, da es sich auf Ursachenebene bereits vollzogen hat! Punkt. Wenn du daran zweifelst, heißt das nur, dass du es noch nicht in Besitz genommen hast! Erinnere dich: Der Hausbesitzer denkt nicht darüber nach, wie er zu seinem ersten Haus kommen kann, da er es ja hat. Mit anderen Worten: <u>Du lebst von nun an im Gefühl der Erfüllung, des Erfüllt-Seins</u> deines ursprünglichen Herzenswunsches. Dein Sender (Bewusstsein) bleibt einfach auf der selben Frequenz (ich bin ..., ich besitze es bereits), sonst kommt es zu Störungsmustern in der Lichtmatrix und die Materialisierung lässt auf sich warten.

<u>Du denkst, sprichst und verhältst dich also wie jemand, der in dieser Realität bereits lebt und sie genießt!</u>

Im Gefühl der Erfüllung lebst du nun zunehmend im Zustand <u>heiterer Gelassenheit und sanfter Euphorie</u>. Du überlässt jener höheren INTELLIGENZ, die dich selbst, jeden und alles durchdringt, sowie sämtliche Ereignisse exakt aufeinander abstimmt, die Koordination und Ausführung aller nötigen Details. Mit anderen Worten: Du gibst dich <u>vertrauensvoll</u> dem natürlichen Fluss des Lebens hin und tust das, was vor dir liegt. Es wird das Richtige sein!

<u>Wichtig: Bleibe fest verankert in deinem neuen Sein, und lass dich durch scheinbare Gegenbeweise ("Fakten") in der Außenwelt nicht verunsichern!</u> Das heißt: Lass dich gefühlsmäßig nicht mehr davon beeindrucken, was du "da draußen" siehst. All diese Zustände und Sachverhalte sind das Resultat deiner Überzeugungen und Selbstbilder in der Vergangenheit. Sie sind für dich nicht mehr relevant!

Nimm jeden dieser "Gegenbeweise" als Möglichkeit, dich noch tiefer und konsequenter in dein neues Sein zu begeben. Das heißt: Sei lediglich <u>neutraler Beobachter</u> widriger Umstände, sei <u>unbeteiligter Zeuge</u> all dieser Er-schein-ungen, ohne dich damit zu identifizieren! Die meisten scheitern vorschnell bevor sich die Situation zum Positiven ändert, weil sie gefühlsmäßig in Resonanz gehen, mit dem, was (noch) ist. Ich hoffe, dass ich dir diesen Punkt gut erläutern konnte, denn er ist maßgeblich für den Erfolg!

Mache dir einfach immer wieder klar:

Die Umstände (Wirkungen) mögen vorübergehend noch so sein, aber ICH (Ursache) BIN es nicht mehr! Und die Außenwelt muss über kurz oder lang stets dein Innerstes (was du für wahr hältst) reflektieren.

Weitere Hinweise zur Anwendung:

Gewöhne es dir an in der Gegenwart zu leben. Der "Torwächter" des 21-Tage-Programms soll dich genau dahin bringen. Bist du präsent, bist du wachsam und vorbereitet auf alles, was dir begegnet, auch auf widrige Situationen, die immer wieder mal auftreten können. Dann kannst du agieren anstatt nur zu reagieren. Zudem registrierst du eher die Gelegenheiten und Chancen, die das Leben dir, aufgrund deiner veränderten Resonanz und Ausstrahlung oft auf dem Silbertablett serviert.

Du wirst es bereits verinnerlicht haben: In der Philosophie des Realtiy-Resonanz-Trainings ist es wesentlich wichtiger, was du BIST, als das, was du tust. Alles Handeln ist ohnehin eine natürliche Folge deines So-Seins. Wenn *du* stimmst, stimmt auch dein Leben. Der ewige Kampf verliert seine Härte. Tatsächlich tust du weniger und erreichst mehr, auf spielerische Weise.

Das Motto lautet nicht länger: Ich glaube es, wenn ich es sehe, sondern, **ich sehe es erst, wenn ich es glaube!**

Ein interessanter Nebeneffekt: Wenn du ein Problem auf einer Ebene löst, löst sich oft gleichzeitig ähnliches "Ungemach" in anderen Lebensbereichen. Wie kann das sein? Das Bewusstsein, das gesamte Universum, fungiert als eine Art Hologramm, in dem alles mit allem unmittelbar und akausal vernetzt ist und sich das Große auch im Kleinsten widerspiegelt (siehe "Holografisches Prinzip", David Bohm).

Achte also von nun an besonders darauf, was du den Tag über denkst und sprichst und auch auf das, was dir immer wieder passiert. Gerade hier kommen deine vorherrschenden Überzeugungen und teils unbewussten Glaubensmuster deutlich zum Ausdruck, welche das Leben wiederum als äußere Erfahrungen reflektiert. Wenn dir nichts besonderes auffällt, frage einfach deinen Lebenspartner oder einen guten Freund. Wirklich gute Freunde sind ehrlich zu dir. Wo du womöglich Scheuklappen hast, bemerken sie genau, wo der "Hase im Pfeffer" liegt.

Phase 4 - 7 kann, muss aber nicht zwingend durchlaufen werden (nur wenn du ein ganz bestimmtes Ziel hast). Das entscheidest allein du. Bereits in Phase 1 – 3 (vor allem bei 3!) findet Transformation und Neuordnung auf ursächlicher Ebene statt. Kraft der Liebe gibst du dich vertrauensvoll dem Fluss des LEBENS hin und überlässt der innewohnenden INTELLIGENZ, wie sich dieses hoch organisierte Resonanzfeld im Außen als Umstände und Erfahrungen zeigt. Du bist hier auf kein Ergebnis fokussiert. Für Menschen, die gelernt haben, diese Frequenz weitestgehend aufrecht zu erhalten, wird das Leben zunehmend zu einer Perlenkette segensreicher Erfahrungen.

Anders in Phase 5: Hier hast du einen Herzenswunsch, den du verwirklicht haben möchtest. Dazu setzt du eine zielgerichtete Absicht (für Partnerschaft, Beruf etc.) und gehst in den Zustand der Erfüllung, um ein neues Resonanzfeld für neue Erfahrungen zu erzeugen.

Achtung: Bist du in einem emotional ausgeglichen Zustand, dann kannst du Phase 1 – 3 an diesen Tagen auch mal weglassen. Da es dir ohnehin gut geht, (du bist in der Liebe) läufst du einfach die Schritte 4 – 7, um eine noch höhere Version deines Selbst zu realisieren.

Eine alte Weisheit besagt, dass das LEBEN in aller Regel viel besser weiß, was gut für uns ist, als der begrenzte Verstand, dem es häufig nur um materielle Dinge und Befriedigung des Egos geht. So macht es hinsichtlich unseres Lebensglücks wesentlich mehr Sinn, die Fähigkeit zu Lieben, Intuition, Willensstärke, den inneren Frieden etc. zu kultivieren, als beispielsweise Sinnesfreuden und materiellen Luxus als oberste Priorität zu setzen. All diese Dinge sind keineswegs verwerflich, sollten aber eher als sekundär betrachtet werden, da es um sie im Leben nicht wirklich geht. Wer die Liebe in sich verwirklicht, dem wird alles andere ohnehin dazugegeben. Und wer dies in den Wind schlägt, wird auch mit allen Reichtümern und Befriedigungen dieser Welt nicht glücklich werden bzw. keine Erfüllung finden.

Grenzsituationen:

Solltest du in Lebensumstände geraten, in denen du das Gefühl hast, dass deine Grenzen überschritten werden, dass du <u>völlig überfordert</u> oder am Ende des für dich Erträglichen bist, wenn du keinen klaren Gedanken mehr fassen kannst – dann gib das Problem, <u>gib die Verantwortung bewusst ab</u>. Ja, du hast richtig gehört! Bitte mit deinen einfachen Worten Gott in dir, das Absolute, die Last für dich zu tragen, im Sinne eines: **"Sorge Du!"** Und sei dir ganz sicher, dass dein Anliegen, dein Gebet erhört wird. Du wirst niemals enttäuscht werden, wenn du dies aus ganzem Herzen tust, das Problem ganz und gar loslässt und vertraust.

Wenn du bemerkst, dass dir alles über den Kopf wächst, dann versuchst du Probleme über deine begrenzte menschliche Persönlichkeit in den "Griff" zu bekommen. Dies ist unglaublich kraftraubend und fast immer zum Scheitern verurteilt. Tief in dir ist eine unermessliche, unantastbare Kraft, Liebe und Intelligenz, die dich auch aus dem tiefsten (seelischen) Sumpf zu ziehen vermag. Sie ist dein wahres Wesen, das unmittelbar mit dem Allerhöchsten, mit der Allmacht in Verbindung steht. Wer schon mal durch die sprichwörtliche Hölle ging und dies für sich nur einmal erlebt hat, weiß, wovon hier die Rede ist. Er wird den Kontakt zur inneren Quelle nie mehr missen wollen.

So sollte obiger Prozess stets in diesem Bewusstsein zur Anwendung kommen – in vollkommener Hingabe und im Vertrauen zum höchsten Wesen <u>in dir selbst</u>. Du bist nicht die Sonne, aber du bist ein Strahl derselben mit gleichen Qualitäten.

Gibt es dafür irgendwelche Beweise? Nein. Das kannst du nur für dich selbst regeln, indem du diese Behauptung einer ernsthaften Prüfung unterziehst.

Der 7-Phasen-Prozess" ist universell und du kannst ihn auf wirklich ALLES anwenden. Auf Erfahrungen der Vergangenheit, die du noch nicht richtig verarbeitet hast, auf Situationen und Menschen, mit denen du nicht klar kommst, auf Gefühle, die damit in Zusammenhang stehen, auf Herzenswünsche, die du verwirklicht sehen willst, auf den Weltfrieden etc. etc.Wird dir ein Problem bewusst (der Indikator ist, dass du dich schlecht dabei fühlst), wende die beschriebenen Schritte an, und zwar so lange, bis es sich in Wohlgefallen auflöst! Wenn du genügend Übung darin hast, kannst du es unverzüglich tun, oder aber du suchst einen Raum auf, wo du nicht gestört wirst, oder aber du wartest bis zum Abend und durchläufst dann die einzelnen Phasen im Rückblick. Je schneller du es aber erledigst, desto besser für alle Beteiligten. (Im Laufe der Zeit werden die Schritte ohnehin fließend ineinander übergehen.) Bereits nach dem ersten Durchlauf (Phase 1 – 3) wirst du in der Regel eine deutliche Erleichterung spüren. Nur darum geht es! Du bemerkst das durch einen veränderten Wert auf deiner persönlichen Emotionsskala. Wenn noch etwas übrig ist, durchlaufe den Prozess erneut, so lange, bis du daran denken kannst, ohne dich dabei auch annähernd schlecht zu fühlen. Das wäre dann beim Wert 0 bzw. 1 der Fall.

Bei leichten Fällen genügt oft schon ein Durchlauf, bei etwas schwererer Problematik solltest du den Prozess <u>siebenmal</u> durchlaufen.

Bei <u>sehr hartnäckigen</u> (oft langjährigen) Problematiken sind <u>3 x 7 Durchgänge</u> empfehlenswert. Damit lassen sich prinzipiell auch schwere Traumata erfolgreich bearbeiten. Letztendlich durchläufst du ein Thema so lange, bis du damit im Frieden bist – bis du dich damit vollkommen ausgesöhnt hast.

Ist die negative Ladung erst mal raus, ist es so, als würde dir ein Sack voller Steine vom Rücken genommen. Das konsequente Durchlaufen des Prozesses wird sich stets segensreich auf deine Lebensqualität und deine äußeren Umstände auswirken. Er führt dich zur Erkenntnis deines wahren Selbst, sowie dem vollkommenen Ausdruck der einzigartigen, göttlichen IDEE durch deine individuelle Persönlichkeit innerhalb der Materie: Der tiefere Sinn und Zweck deiner Existenz.

Würde es dir gelingen, dir deiner inneren Göttlichkeit (Liebe, Macht, Weisheit, Frieden) stets bewusst zu sein, sie tatsächlich zu leben, so könntest du dir diesen Kurs, alle Seminare und auch sämtliche anderen psychologischen Hilfsmittel sparen. Die wahre Motivation hinter einer spirituellen Lebenshilfe oder Lehre kann es daher nur sein, dich von allen äußeren Hilfsmitteln und Krücken unabhängig zu machen.

Wach auf und erkenne, wer du wirklich bist!

Das Umwandeln destruktiver Glaubensmuster
mit dem 7-Phasen-Prozess

Beantworte zunächst die folgenden Fragen:

a): Was erlebst du immer wieder, was du nicht mehr erleben möchtest?

b): Jemand der das erlebt, von was müsste diese Person bewusst oder unbewusst überzeugt sein? (Bezüglich sich selbst, den damit involvierten Personen und Situationen? Wie sprichst du darüber und vor allem, was fühlst du diesbezüglich?)

c): Ist das Ganze für mich noch stimmig?

Phase 1: Schließe die Augen und betrachte diesen (ausgedienten) Glaubenssatz, ohne Kritik, ohne Urteil, aus der Perspektive des neutralen Beobachters. Nimm ausgiebig wahr, wie es sich anfühlt so zu denken.

Phase 2: Sei einverstanden mit allem, was dieser Glaubenssatz beinhaltet. Übernimm die Verantwortung dafür, auch für das, was er in deinem Leben hervorbrachte.

Phase 3: Nimm das Thema gedanklich (mit einem Atemzug) in dein Herzzentrum und bringe ihm deine ganze Liebe und Wertschätzung entgegen. (Der Glaubenssatz hatte bisher seinen Sinn, um dir etwas für deine Entwicklung Bedeutsames zu vermitteln). Lasse ihn in Dankbarkeit los. Spüre die Energie, die dabei frei wird.

Frage dich: Welche vermeintlichen Vorteile könnte ich aus diesem Glaubenssatz und meinem Verhalten gezogen haben? (mehr Zuwendung, Schuldprojektion etc.)

Was möchtest du selbstgewählt und bewusst glauben, um es schließlich zu erleben? Was sagt die Stimme deines Herzens?

Phase 4: In die Stille gehen.

Phase 5: Ersetze deine alte Überzeugung durch eine Neue. Vollziehe diesen Schritt im Bewusstsein deiner Autorität und Vollmacht!

Phase 6: Halte deine neue Überzeugung (Postulat) im Bewusstsein, <u>bis du sie auch wirklich fühlst.</u> (Fühltest du dich beispielsweise als Versager, so sieh dich jetzt als selbstbewusste, erfolgreiche Person. Schlüpfe in diese Person und fühle, was sie sieht und erlebt). Empfinde die Leichtigkeit, die Dankbarkeit und Freude darüber, dass es bereits JETZT so ist, und das LEBEN alles weitere für dich regelt.

Phase 7: Du lässt das Thema los, im vollkommenen Vertrauen in die innere Führung. Frage dich nun: Was würde jemand tun, wie würde sich jemand verhalten, der diesen Glaubenssatz in sich verankert hat? Notiere ein paar typische Aktivitäten, die eine direkte Folge davon wären. Kopiere sie so gut es geht in deinen Alltag. Denk, sprich, handle und verhalte dich in jedem Augenblick gemäß deines neuen Glaubenssatzes, als einer, der in dieser Realität bereits lebt. Dadurch entsteht das richtige Gefühl, was, wie du mittlerweile weißt, von größter Bedeutung ist.

Auch hier gilt: **Du lebst fortan in der Erfüllung!** (Das heißt: Es ist bereits wirklich und handelt sich nicht mehr um einen bloßen Wunschgedanken).

Die Ereignisse in deinem Leben werden deinem neuen Glaubenssatz, deinem neuen SEIN, schon bald entsprechen und Folge leisten!

Eigensabotage: "Ich bin es nicht wert." "Das braucht Zeit." "Wenn das so einfach wäre" ... etc.

Wenn ich aufhöre es zu sein, kann das Leben das Erwünschte nicht manifestieren!

Du kannst vom Leben im Grunde alles haben, was sich innerhalb der selbst erschaffenen Grenzen deines Denkens und Für-Möglich-Haltens befindet. Je weniger es sich dabei um rein materialistisch-egoistische Wünsche handelt, desto segensreicher wird sich deren Erfüllung auf dich auswirken. Das soll keine moralische Belehrung sein, sondern entspricht den Lebensgesetzen, die immer den großen Plan im Auge haben. Falls dir jetzt der gewissenlose Drogendealer einfällt, der, ungeachtet seiner Schandtaten, in Saus und Braus lebt, bedenke, dass du nur einen minimalen Ausschnitt einer Lebenssequenz wahr nimmst. Den universellen Gesetzen entrinnt keiner und jede Erfahrung kommt genau zur rechten Zeit, um das eigene Bewusstsein zu erweitern.

Letztendlich geht es immer um die liebevolle Hinwendung und Hingabe an den inneren Gott (Leben, Kraft Intelligenz), sowie den ungefilterten Ausdruck seiner unpersönlichen Liebe und Weisheit in der Materie.

Lebst du nach diesem allerhöchsten Prinzip, suchst du also das Paradies in dir, so wird dir alles weitere dazugegeben, ganz ohne Gestrampel und Mentalakrobatik. Weder deine Persönlichkeit noch deine Seele werden dann das Geringste vermissen.

Spezifische Zusatzübungen

Die Energieliste (nach F. Dodson)

Schreibe auf ein leeres Blatt Papier, wer oder was **dich persönlich fasziniert**, elektrisiert, begeistert, interessiert, nach was du dich sehnst, wen oder was du schätzt und bewunderst, für was du zutiefst dankbar bist. Lass dir genügend Zeit. Diese Liste ist einzigartig, mehr wert als alle Bücher, denn sie spiegelt die **Sehnsucht deiner Seele.** Meditiere 20 – 30 Minuten über die aufgeführten Punkte, so plastisch, wie nur möglich und lege dein ganzes Gefühl hinein.

Wie fühlst du dich vorher, währenddessen und danach? (Skala von 1 – 10)

Nimm deine Energieliste immer wieder zur Hand, besonders dann, wenn es dir nicht so gut geht. Füge gegebenenfalls Neues hinzu und meditiere über die einzelnen Punkte. Du wirst ihren großen Wert bald erkennen.

Das gezielte Herstellen von Gegenwärtigkeit

a) Berühren von Gegenständen:

Nimm ein beliebiges Objekt in die Hand. Betrachte seine *Form* und *Farbe*. Fühle sein *Gewicht*, seine *Temperatur*, seine *Oberflächenbeschaffenheit*. Hat er einen *Geruch*? Denke nicht über ihn nach, sondern nimm ihn einfach nur wahr, wobei du den Kontakt zur Gegenwart aufrecht erhältst. Wenn währenddessen Emotionen, Müdigkeit, körperliche Symptome etc. auftreten, verfolge sie nicht weiter, sondern bleibe konsequent bei der Übung. Das ist sehr wichtig! Praktiziere sie solange, bis du bemerkst, dass sich alle Gedanken, unangenehmen Gefühle und sonstigen Störungen verflüchtigen und sich ein Gefühl der Leichtigkeit, des Friedens und der Ausgeglichenheit in dir einstellt. Nimm dir genügend Zeit (wenn möglich 1 Stunde und mehr), denn es gibt in diesem Augenblick nichts Wichtigeres zu tun.

Du kannst die Übung auch so gestalten, dass du durch deine Wohnung spazierst und Wände, Tische, Stühle, Pflanzen usw. berührst. Der Effekt ist der selbe.

In die Länge gezogen, kann sich diese Prozedur auf der Emotionsskala über Ruhe, heitere Gelassenheit bis hin zur sanften Euphorie steigern.

Würden Psychiater und Psychotherapeuten ihren Klienten diese einfache Maßnahme nach einer aufwühlenden Sitzung empfehlen, könnten die teils heftigen Folgereaktionen drastisch gemildert werden, da sie harmonisierend und stabilisierend auf psychische Zustände jeglicher Art wirkt.

<u>b) Das Energiefeld spüren:</u>

Wenn du in dich hinein fühlst, dann ist da etwas, was weder dein Verstand, deine Psyche noch dein materieller Körper ist. Du empfindest es als Leben, Energie oder einfach als Bewusstsein.

Lenke deine Aufmerksamkeit auf das Energiefeld in dir, ohne zu denken, ohne zu werten. Das bringt dich in die Gegenwart. Wenn da irgendwelche unangenehmen Gefühle sind, nimm sie einfach wahr, ohne über sie nachzudenken oder sie zu benennen. Bemerke, wenn dein Verstand versucht, eine Geschichte um das Ganze zu spinnen. Er wird es versuchen. Komme zurück zur neutralen Wahrnehmung des Lebens in dir. Wenn du dies "tust", wirst du bald bemerken, dass sich hinter dem Schmerz, hinter Gefühlen wie Angst, Wut etc. – *Frieden* befindet. Es ist der unantastbare, immer vorhandene, unermessliche Friede deines wahren Wesens. Mache diese wertvolle Übung zu einem Bestandteil deines Alltags. Das heißt: Egal, wo du dich befindest, was immer du tust, halte stets Kontakt zu dem inneren Wesen, das du bist. Im strahlenden Feld deiner Gegenwärtigkeit haben die Negativprogramme deines unbewussten Verstandes keine Chance dich zu beeinflussen. Es stärkt dein Charisma und bringt Heilung in dein Leben und das anderer Menschen.

<u>d) Wahrnehmung der Leere:</u>

In dieser ungewöhnlichen, aber sehr effektiven Übung nimmst du den *leeren Raum* zwischen Menschen und Objekten wahr. Alles Sichtbare definiert sich über den Raum, den es umgibt. Ohne diesen Raum würden diese Dinge nicht existieren. Nimmst du die Leere zwischen den Dingen wahr, kommt dein Geist zur Ruhe, ins Hier und Jetzt.

Alle genannten Übungen haben eines gemeinsam: Sie bringen dich in Kontakt mit dem reinen Potential, mit dem Urgrund, der schöpferischen Matrix. Hier findet Heilung statt, die sich jenseits von Zeit und Raum, jenseits der Grenzen des Verstandes, vollzieht. Im Grunde ist der Begriff "Heilung" nicht zutreffend, da es im reinen Bewusstsein, in der geistigen Wirklichkeit, so etwas wie Krankheit oder Trennung überhaupt nicht gibt (diese existieren nur in der materiellen "Realität"). Es ist vielmehr eine Rückbesinnung bzw. Kontaktaufnahme mit dem inneren, unantastbaren Wesen, das selbst keiner Heilung bedarf, aber durch seine hohe Ordnung und Präsenz alles reguliert, was sich in Disharmonie befindet.

Das Ärgern verlernen

Erlebe eine bestimmte (ärgerliche) Situation voraus, indem du *in deiner Vorstellung* so reagierst, wie du wirklich reagieren möchtest. Sei wachsam, wenn die Situation dann in der äußeren Realität erscheint. Du wirst dann nicht mehr automatenhaft reagieren, sondern bewusst und klug handeln. Wende diese Übung besonders bei Gelegenheiten an, wo du immer in dieselben negativen Verhaltensmuster fällst.

Das Erzeugen von Gefühlen ohne äußeren Anlass

- Frage: Wie würde es sich anfühlen, wenn ich mich jetzt in mir so richtig wohl fühlen würde? Wenn ich glücklich wäre? Lass das Gefühl mehr werden, bade darin, nimm die Veränderung wahr.

- Gehe nun in das Gegenteil: Wie fühlt es sich an unglücklich, traurig zu sein. Nimm die Veränderung wahr. Wie fühlt es sich an völlig gesund zu sein? Wie fühlt es sich an krank zu sein? Wechsle ein paar mal zwischen diesen Zuständen und beende es immer mit einem positiven Zustand. Die Fähigkeit Gefühle selbst zu erzeugen, gibt dir Macht über dein Schicksal.

Die Schwingung lässt sich SOFORT verändern. In der Tat kannst du sie wählen. Ein anderer Gehirnbereich wird dadurch "befeuert" und wird (auf Dauer) nachweisbar größer. Du musst dir somit nicht länger Energie von anderen holen (Mangelgefühl), du hast sie *in dir*. Nutze und integriere alles, was dir Energie verleiht (hochwertige Nahrung, gute Literatur, positiv gesinnte Menschen, Sport, Natur etc).

Charisma aufbauen

Möchtest du dein Charisma, sprich deine Ausstrahlung verändern, mache folgendes:

Begib dich in den Zustand absoluter *Präsenz (Gegenwärtigkeit)* – Behalte dies bei – Imprägniere dich nun mit der Qualität von *Souveränität* – Behalte dies bei – Füge *Sympathie* hinzu – Behalte dies bei – usw. Du kannst dies je nach Situation und Erfordernis verändern und erweitern. Die fortlaufende Übung macht hier den Meister!

Die Eigenschaften können täglich je nach Bedarf gewechselt werden (für ein Vorstellungsgespräch benötigst du eine andere Ausstrahlung, ein anderes Charisma, wie beispielsweise für ein Rendezvous). Das Imprägnieren mit den jeweiligen Eigenschaften sollte völlig mühelos geschehen.

<u>Tipp:</u> Die Frequenz von Sympathie und das zeitgleiche "In-Besitz-Nehmen" des erwünschten Endzustandes (das Gefühl, dass du es bereits hast), macht dich geradezu magnetisch für die Erfüllung deines Wunsches.

Durchs Leben gehen als ...

Identifiziere dich beim Spazierengehen mit einer beliebigen Qualität (bspw. Freude). Wisse in diesem Zustand, dass du immer Freude warst und nie etwas anderes sein wirst. Als Freude bist du geboren, als Freude gehst du durchs Leben, als Freude wirst du diese Welt wieder verlassen. Du kennst nichts anderes, außer Freude, da du reine Freude bist. Mache diese Übung auch mit anderen Qualitäten, vor allem mit denen, die dir fehlen. (Liebe, Mut, Selbstbewusstsein, Stärke, Frieden, etc.). Es ist eine großartige Übung, um sein Bewusstsein bzw. die eigene Realität zu verändern.

Merke: Wenn du innen reicher bist als außen, wird das Leben dieses Defizit ausgleichen! (Gesetz des Ausgleichs). Alles im Universum strebt nach Ausgleich/Harmonie.

Das Loslassen lästiger Gewohnheiten

1. Kreiere die alte (unerwünschte) Realität bewusst und absichtlich (im Denken bzw. Handeln). Beispiel: Nach jedem Abendessen vertilgst du gewohnheitsmäßig zusätzlich noch ein großes Stück Schokolade. Tue es an diesem Abend.

2. Kreiere dann die neue Realität bewusst und absichtlich. Das heißt: Am nächsten Tag verzichtest du nach dem Abendessen bewusst auf die Schokolade.

3. Wechsle zwischen beiden ab, bis du über beide die volle Kontrolle hast.

Du kannst dies mit allen nur erdenklichen Themen durchführen.

Fazit: Was du vom Unterbewusstsein ins Bewusstsein holst, verliert die Macht über dich!

So tun als ob

Wünschst du dir beispielsweise den Partner, der wirklich zu dir passt, erzähle einem guten (eingeweihten) Freund, wie schön und liebevoll deine neue Beziehung ist. Beschreibe sie in allen Farben und Facetten, so gut du kannst – die besonderen Eigenschaften des anderen, und empfinde die Freude, diesen wundervollen Menschen an deiner Seite zu haben. Natürlich ist das ganze nur ein imaginäres Rollenspiel, aber es geht um die dahinter liegende Psychologie und schließlich, wie immer im RR-Training, um das Gefühl.

Hast du keine Person, mit der du diese Übung durchführen kannst, so ist es auch möglich, in deiner Wohnung zu einem oder mehreren imaginären Freunden zu sprechen. Rein theoretisch könntest du auch deine Hauskatze oder deinen Teddybären als Gesprächspartner verwenden. Für viele mag das lächerlich klingen, aber denk daran:

Das Unterbewusstsein unterscheidet nicht zwischen Realität und Schein. Es reagiert immer auf das, was du fühlst und somit glaubst!

Wertschätzung ausdehnen

Notiere, auf einer Skala zwischen 1 und 10, wie du dich im Augenblick fühlst.

Richte nun deinen Blick auf etwas Schönes, Erbauliches (Mensch, Tier, Gegenstand). Staune über seine Besonderheit. Bewundere es. Bring ihm deine höchste Wertschätzung entgegen. Atme seine Pracht ein und halte den Atem kurz an, bevor du wieder ausatmest. Halte den Atem wiederum kurz an, bevor du wieder einatmest. Wiederhole diesen Vorgang einige Male. Wie fühlst du dich jetzt? Notiere es wiederum auf der Skala.

Die richtige Entscheidung treffen – Was stimmt?

Nimm absichtlich eine nachweislich falsche Behauptung in dein Bewusstsein – wie fühlt es sich an? – Nimm nun eine richtige Aussage in dein Bewusstsein – wie fühlt es sich an? Mach dies sooft, bis du den Unterschied zwischen falsch und richtig deutlich wahrnimmst. Bist du darin geübt, wirst du bei einer Entscheidung sofort fühlen, ob sie für dich stimmig ist.

Lösung aufrufen

Eine weitere unspezifische Möglichkeit besteht darin, dass du innerlich die Intention "Lösung" setzt. Du hast in diesem Fall keinerlei Ahnung, wie diese aussehen wird, und in welcher Form sie erscheint. Du übergibst das Problem der höheren Intelligenz, dem Leben, und vertraust auf die richtige Antwort. Wenn du vor einem Problem stehst, dann denke an "Lösung" und sei dir sicher, dass sie auf der Bildfläche erscheint. Sei wachsam, beobachte und nimm Gelegenheiten wahr.

Hilfe, bei mir funktioniert es (scheinbar) nicht!

<u>Mögliche Gründe:</u>

- Das, was du im Augenblick erlebst, ist das Resultat dein Denkens, Fühlens und Handelns in der Vergangenheit. **Nimm alle scheinbaren Gegenbeweise und Hindernisse als Bestätigung deines neuen Glaubenssatzes,** als Möglichkeit deine Entscheidung noch mal zu bekräftigen. (Jetzt erst recht!). Schenke ihnen nicht mehr Aufmerksamkeit, als irgendwelchen Wolken, die am Himmel vorüberziehen. Das Schlimmste ist, wieder in alte (Denk)-Gewohnheiten zu verfallen, weil sich der Erfolg nicht unmittelbar einstellt. Die Materie ist träge. Wer sich jedoch von seiner neuen Gesinnung nicht mehr abbringen lässt, wird zunehmend erfreuliche Bestätigungen von der Außenwelt erhalten. Verkrampfe dich nicht und lass los von irgendwelchen Erwartungen. Bleib entspannt in deinem neuen Sein und tue das Nötige. Das LEBEN sorgt für den Rest.

- **Mangelndes Vertrauen** in das LEBEN und deine eigene Schöpferkraft.

- Sätze wie: "Jetzt bin ich ja mal gespannt, ob das klappt …"

- Du lässt den Wunsch nicht los.

- Du möchtest etwas weg haben. **Widerstand** gegen die IST-Situation.

- Du machst deine mentalen Übungen nicht und fällst deshalb immer wieder in dein altes Selbstbild zurück. Der Schlüssel ist **Beständigkeit**.

- Du wiederholst Phrasen, die du weder glauben noch fühlen kannst. Dies ist wie ein Zug, auf den du aufspringen willst, der noch zu schnell für dich ist. (Egal, für welchen Satz du dich entscheidest: **Wichtig ist das dabei erzeugte Gefühl!**) Erst wenn es sich für dich *natürlich* anfühlt, bist du es!

- Deine augenblickliche Realität hat einen **versteckten Vorteil** für dich (beispielsweise Privilegien, die man als Kranker hat und in der Fachwelt als sog. "Krankheitsgewinn" bezeichnet werden.)

Was verzögert oder verhindert den Manifestationsprozess noch?

- Wünschen
- Wollen
- Sehnen
- Brauchen
- Begehren
- Hoffen
- Erwartungsdruck
- der Angelegenheit zuviel Wichtigkeit geben
- Anhaftung und Fixierung
- Zwang
- Ziele (Erfüllung verschieben in die Zukunft)
- Ungeduld
- Anspannung, Verkrampfung
- Widerstand, Abwehr
- Zweifel
- Gefühl des Mangels
- übermäßiges Planen
- Verstandesanalyse
- Aufmerksamkeit auf Fehlschläge und Unerwünschtes
- mehr Tun als Sein (Probleme lösen wollen, verändern wollen)
- Das Gefühl es nicht verdient zu haben

Die meisten der oben genannten Punkte implizieren das Gefühl, dass du das Angestrebte *nicht* hast oder es *erzwingen* willst! Dies bedeutet Trennung. Es sind Postulate des Mangels und werden dir im Außen gespiegelt.

Noch ein paar wertvolle Tipps:

- Umgib dich vorzugsweise mit Menschen, die dir gut tun, die dir wohlwollend gegenüberstehen, die an dich und das Gute in der Welt glauben. Meide jene, die ständig nur lamentieren und alles schlecht reden.

- "Wirf die Perlen nicht vor die Säue!" Das heißt: Versuche niemanden zu missionieren. Vor allem nicht jene, die es sowieso besser wissen und dich schulmeisterlich belächeln. Teile deine Einsichten nur mit Menschen, die reif und empfänglich dafür sind bzw. mit jenen, die wirklich wissen wollen und dich um Hilfe ersuchen. Allen anderen gegenüber schweige. Schweigen ist Gold! Bist du in dir verankert, dann bewirkt allein deine Präsenz und Strahlkraft tausend mal mehr, als alle (unerwünschten) Belehrungen es vermögen.

- Statt dein Gegenüber krank, unwissend und bedürftig zu sehen, nimm in ihm das innewohnende, strahlend göttliche Wesen war. Beschäftige dich nicht länger mit Er-schein-ungen und Illusionen (äußere Realität), sondern mit der dahinter stehenden vollkommenen Wirklichkeit.

- Achte weniger auf sogenannte "Tatsachen" in der Außenwelt, sondern auf das, was <u>in dir</u> passiert. Hier musst du für Ordnung sorgen!

- Alles, was du wertschätzt, heiligst du gleichermaßen. Was du gering schätzt und schlecht behandelst, wird gewissermaßen von dir entweiht. In ALLEM steckt Leben und ein gewisser Grad an Bewusstsein. Die Welt behandelt dich so, wie du sie behandelst, egal ob es sich dabei um Lebewesen oder Dinge handelt.

- Es interessiert niemanden hier auf Erden noch im Andromeda-Nebel, was andere von dir denken oder reden. Wenn es dich interessiert, dann nur aufgrund deines mangelnden Selbstbewusstseins und Selbstwertgefühls. Darum: Sei von nun an authentisch, du selbst, lass dich nie mehr beirren, mit allen Konsequenzen.

- Der Weg hinaus, ist der Weg hindurch!

- Im Reality-Resonanz-Training geht es darum, eine positive Grund- bzw. Kernschwingung aufzubauen. Deshalb werden fast alle Übungen in den (widrigen) Alltag integriert. Sich etwas wünschen, ein flüchtiges Gebet, eine Visualisierung, eine sterile Technik, und dann weitermachen (Denken, Sprechen, Fühlen, Handeln) wie bisher, funktioniert nicht! Du erlebst, was du bist, und was du bist, entspricht immer dem, was du ausstrahlst.

Quintessenz

Das Wesen der Dinge, die großen Wahrheiten sind stets einfacher Natur. Dies wollte ich dir im Kursbuch aufzeigen. Es ist der menschliche Verstand, der alles kompliziert, der tausend Bücher benötigt und der am besten sogar die Existenz der Liebe im wissenschaftlichen Experiment bewiesen haben will.

Natürlich steht es dir frei hundert und mehr philosophischen und religiösen Strömungen zu folgen, es steht dir frei zu glauben, dass du noch einen riesigen Berg an Karma abzutragen hast, und du aus Sicherheitsgründen vor dem Schlafengehen ein Pentagramm in silberner Kreide um dein geräuchertes Bett ziehen musst, um vor negativen Entitäten geschützt zu sein. Es steht dir frei, einen endlosen Wust an Techniken zu erlernen, den Rest deines Lebens hungernd und halbnackt auf dem Nanga Parbat zu verbringen, um der ersehnten Erleuchtung einen Schritt näher zu kommen. Es steht dir frei, dich mit allem nur erdenklichen zu kasteien, keinen Sex mehr zu haben, dich künftig nur noch von Afalfasprossen, Brosamen und Wurzeln zu ernähren, allen Sinnesfreuden zu entsagen, um deinen Geist nicht zu verunreinigen. Und ich sage dir, das sind alles nur Konzepte, Verstandeskonstrukte, nett gemeinte Glaubenssätze, die mit der inneren Wirklichkeit nur wenig zu tun haben.

Verstehe mich hier aber nicht falsch: Es ist nichts grundsätzlich "Schlechtes" daran, all diese Dinge zu tun, aber ... sie sind nicht zwingend notwendig! Sie sind nicht erforderlich, um jenen Zustand zu erlangen, nach dem du dich aus tiefstem Herzen sehnst. Wenn du davon überzeugt bist, dass du nur durch abgrundtiefes Leiden Erleuchtung erfährst, dann ist es tatsächlich so – für dich! Der Intellekt verheddert sich leicht in einem Labyrinth aus Meinungen, Vorschriften und Regeln. So taten es die engstirnigen Schriftgelehrten und Pharisäer zu Zeiten Jesu, so empfehlen es manche Gurus. Der Weg muss qualvoll, schwierig und endlos weit sein, sonst taugt er nichts (was wiederum nur ein Glaubenssatze ist). Das Naheliegende zieht er nicht mal im Ansatz in Betracht – es ist ihm schlichtweg zu simpel.

Die Quintessenz, die ich dir im "Ausweg" aufzeigen möchte, beinhaltet diese Einfachheit. Sie führt dich irgendwann an die Schwelle zur Einheit, zur Quelle, dort wo alle Erfüllung liegt, dort wo die Suche endet. In diese Einheit gelangen wir einzig und allein durch die Liebe, da nur sie in der Lage ist, die selbst erschaffene Trennung zu überwinden.

Die Liebe in dir wieder zu erwecken, ist das oberste Anliegen meiner Ausführungen, denn sie ist nicht weniger als **die stärkste Macht im Universum**. Sie ist DIE Medizin, die alles heilt! Nichts kann ihr auf Dauer widerstehen, nichts bleibt von ihr unberührt, alles wird durch sie verwandelt. Du findest sie in deinem Herzen, in jedem Herzen, dort wo sie immer war, so wie alles in dir ist, was du wirklich suchst und benötigst. Tief in deinem Wesen findest du auch alle Kraft und alle Weisheit, weil dein wahres Sein ein unsterblicher Teil der universellen Intelligenz, ein vollkommener Ausdruck des Absoluten ist.

Das Allergrößte, das Wertvollste, was du einem anderen Menschen daher schenken kannst, ist weder Brot noch Kleidung, – es ist das Wissen, dass der unsterbliche Geist (Gott) selbst **in ihm** lebt, mit all seiner Liebe und schöpferischen Kraft, und dass jegliche Trennung von dieser Quelle, sowie auch der Lebewesen untereinander, ein folgenschwerer Irrtum ist, eine Verstandesillusion, die uns im Kreislauf des Leidens hält.

Wende dich von nun an **vertrauensvoll in allen Lebensangelegenheiten** an diese unerschöpfliche Quelle in dir selbst und du wirst auf Dauer niemals fehlgehen. Sie ist dein wahrer Wesenskern, der einzige Halt, die einzige und bleibende Wirklichkeit hinter allem vergänglichen äußeren Trug und Schein. **Lass den Kontakt zur Quelle in dir nie mehr abreißen.** Deine Wege werden sich auf wundersame Weise ebnen, denn du beginnst von innen nach außen zu leben. Die für die menschliche Persönlichkeit unfassbare, alles verbindende Intelligenz, die alle Materie und Ereignisse kreiert und koordiniert, übernimmt dann die Führung – und sie scheitert nie!

Sei nun vermehrt **gegenwärtig** und denke nichts, was du nicht in deinen äußeren Angelegenheiten manifestiert haben willst. **Denken ist deine größte Macht –** ein Denker ist ein Schöpfer, und mit deinem **freien Willen** entscheidest du in jedem Augenblick über die Qualität deiner Gedanken hinsichtlich dir selbst und der Welt. Mache Gebrauch davon und beweise es dir selbst! Was du permanent denkst (und somit fühlst), wird sich in deinem Leben als adäquate Erfahrung spiegeln – zu 100 %! Du wirst zu dem, was du denkst – psychisch und körperlich. Wisse nun einfach in jeder Situation, welch machtvolles, schöpferisches Wesen du in Wahrheit bist, dass nichts und niemand dich schwächen und nichts dir wirklich schaden kann, wenn du in diesem Bewusstsein verweilst. Vor allem: **Mache die Liebe zum Zentrum deines Denkens, Sprechens und Handelns!**

Wenn ich das gesamte Buch, den Kurs wiederum in einem Satz zusammenfassen müsste, dann würde er lauten:

Empfinde dich in jedem Augenblick zutiefst als die liebe- und machtvolle Präsenz, die du in Wahrheit bist, und fühle deine Herzenswünsche als bereits erfüllt!

In diesem Satz ist in der Tat alles enthalten, und es ist die Einfachheit, von der ich bereits in der Einleitung sprach. Wenn es dir schon bald gelingt zunehmend in diesem Bewusstsein zu verweilen und du dich nicht länger mit den zahlreichen Rollen des EgoVerstandes identifizierst – wenn du all seine Spielchen durchschaut hast, und dir nichts auf dieser Welt mehr wichtiger ist, als den Kontakt zum inneren Gott, deinem hohen Selbst, aufrechtzuerhalten und seiner unpersönlichen Stimme zu lauschen, ... dann kannst du dir das Schreiben von Intentions- und Dankbarkeitslisten, das ständige Wiederholen von Affirmationen etc. und auch alle anderen Übungen sparen. **Denn dann BIST du es!** Du lebst authentisch in der Wahrheit der Wirklichkeit und bringst dein Licht in jedem Augenblick in diese Welt.

Deine Suche im Außen hat ein Ende, denn du hast in DIR SELBST alles gefunden.

V.

Lösung auf globaler Ebene

◆

Die (unrühmliche) Rolle der Medien

Man kann sich nicht mit dem Thema "Bewusstsein erschafft Realität" befassen, ohne sich
zugleich mit dem auseinanderzusetzen, wodurch "unsere Meinung" in erster Linie geformt
wird. Gemeint sind die sogenannten "System-Medien" – das Opium der breiten Masse.

Wer sich mit dem Thema "Presse" beschäftigt, muss sich zunächst darüber im Klaren sein,
was hier u. a. bezweckt wird. Tatsächlich ist es so, dass durch die meiste Berichterstattung
Wut, Ohnmachtsgefühle und Angst geschürt werden. Blutige Bilder aus Kriegsgebieten,
Mord und Totschlag etc. prägen sich in unsere Hirnwindungen. Nicht weniger dramatisch
verhält es sich mit den mittlerweile turnusmäßig erfundenen und medial gepuschten
"Killerviren" (Schweinegrippe etc.), welche die Menschheit in kurzer Zeit dahinraffen sollen.
Im Nachhinein lässt sich dann stets erkennen, wie unwissenschaftlich hier gearbeitet wird,
wie lausig recherchiert, und dass es sich in erster Linie um ein hocheffizientes
Verdienstmodell pharmazeutischer Konzerne handelt.

Wer nun mehrere Tageszeitungen miteinander vergleicht, dem fällt unweigerlich auf, dass
hier, zu wichtigen Grundsatzthemen, einer vom anderen unreflektiert abzuschreiben
scheint – was nicht weiter verwunderlich ist. So gibt es im Grunde drei gigantische
westliche Medienkonzerne, aus denen sich so gut wie alles speist – Washington
(Associated Press), Paris (Agence France Press) und London (Reuters). Hieraus zieht auch
die Deutsche Presse-Agentur (dpa) den überwiegenden Teil ihrer Informationen. *"Wer
macht die öffentliche Meinung? – Ein paar wenige Medienkonzerne kontrollieren, was Sie*

denken, wie Sie denken, was Sie wissen sollen und wie Sie es wissen sollen", liest man beispielsweise auf der Seite: https://netzfrauen.org/2013/12/10/.

70% der deutschen Presseorgane sind in Händen von Axel Springer und Bertelsmann (beide seit geraumer Zeit mit Frau Dr. Merkel befreundet). Eine echte Meinungsvielfalt lässt sich bei derart monopolartigen Strukturen kaum bewerkstelligen. Wenn man sich dann noch klar macht, dass es die gleichen Leute sind, denen diese monströsen Medienzentren (verdeckt durch ein kompliziertes Netzwerk aus Gesellschaften, Holdings etc.) gehören, dann leuchtet auch ein, dass deren Agenda (Globalismus, Zentralisierung der Macht, Gleichschaltung, Gendermainstreaming etc.) überall durchscheint. Zu den internen Vorgaben kommt noch erschwerend hinzu, dass der heutige Journalismus unter einem enormen Zeitdruck steht, was eine saubere Recherche zusätzlich erschwert. Dies alles spiegelt sich in einer unausgewogenen, auffällig parteiischen Berichterstattung wider. Es handelt sich hierbei um sogenannten "Haltungsjournalismus", der den politisch korrekten Meinungskorridor nicht verlässt.

Der investigative Journalist und Buchautor Ernst Wolff äußert sich in einem Interview mit >konjunktion.info<:

"Eine neutrale Berichterstattung kann es nicht geben, da es sich beim Medienbetrieb um ein Gewerbe handelt. Die Inhalte dienen in erster Linie nicht der Information, sondern der Erwirtschaftung von Gewinnen. Diese Unterwerfung unter materielle Interessen spiegelt sich natürlich auch in der Auswahl der Themen wider. Das ist allerdings nichts Neues. Vor mehr als einhundert Jahren hat der Journalist John Swinton, während des amerikanischen Bürgerkriegs Leitartikler der New York Times, bereits festgestellt: >Wir (Journalisten) sind Werkzeuge und Dienstleister reicher Männer hinter der Bühne.< (...)

ARD & Co. beschwören eine journalistische Unabhängigkeit, die es in der Realität nicht gibt. Die öffentlich-rechtlichen Fernsehsender werden von Menschen geführt, die nach ihrer Parteizugehörigkeit und damit auf Grund ihrer Nähe zur offiziellen Politik ausgewählt werden. Ihre Programme sind nicht darauf ausgerichtet, die deutsche Öffentlichkeit zu informieren, sondern zielen darauf ab, ihr die Interessen der wahren Machthaber im Staat, nämlich der Finanzelite, als die der arbeitenden Bevölkerung zu vermitteln. (...)

Die Medien in Deutschland sind zum großen Teil nach dem Zweiten Weltkrieg entstanden und zwar in Zusammenarbeit mit der damaligen Besatzungsmacht USA. Sie waren nie unabhängig, sondern immer den Interessen der Wall Street und der deutschen Finanzelite, die sich ja bereits bei Hitlers Machtergreifung und seinen Kriegsvorbereitungen gegenseitig unterstützt haben, unterworfen. (...)

Ich gehöre zu denen, die das System selbst kritisieren. Ich bin für die Trockenlegung des Finanzsektors, für ein Verbot jeglicher Spekulation und für eine progressive Besteuerung absurd hoher Einkommen und Vermögen. Aus diesem Grund bin ich für die Mainstream-Medien inakzeptabel und muss zur Verbreitung meiner Ansichten auf alternative Medien zurückgreifen." (Das komplette Interview findet sich unter https://www.imgesprae.ch/?p=415)

Was zudem nicht vergessen werden darf: Bodensatz-Boulevardzeitungen haben nicht zuletzt deswegen eine so hohe Auflage, weil sie von vielen Menschen verlangt werden. Würde die Nachfrage drastisch sinken, wären sämtliche Schundblätter ziemlich schnell vom Markt.

"Früher hatte die Presse das Niveau der Redakteure, heute hat sie das ihrer Leser," moniert Phillip Kerby von der L.A. Times und wirft damit ein entsprechend ungutes Licht auch auf die Mehrheit der Konsumenten.

Dabei gibt es durchaus auch Lichtblicke: Mutige Journalisten, die den propagandistischen Einheitsbrei und Maulkorb unserer Presseorgane nicht mehr mittragen möchten, treten über Foren an die Öffentlichkeit. Und auch in der Bevölkerung scheint man allmählich zu realisieren, dass hier etwas grundsätzlich in die falsche Richtung läuft.

Der frühere Journalist und Auslands-Sonderkorrespondent C. Hoerstel äußert sich dazu unmissverständlich: *"Ich verließ ARD / ZDF, weil ich mich weigerte zu lügen. (...) Nur jemand, der dazu bereit ist, hat überhaupt noch eine Chance seinen Posten zu behalten. Ich bin heilfroh, dass ich schon 1999 die Nase voll hatte von unseren Fehlberichterstattungen und gesagt habe, ich kann mich daran nicht mehr beteiligen."* (Das entsprechende Interview findet man unter "Wissen-Ist-Macht.dk").

Wer die Medien kontrolliert, kontrolliert und formt Meinungen, Anschauungen und Weltbilder. Ein höchst effizientes, psychologisches Instrument der Manipulation, welchem wir tagtäglich ausgesetzt sind. So sind auch sog. "Fakenews" durchaus keine Randerscheinung alternativer Portale, sondern ein durchaus probates Mittel der großen Meinungsbildner (Relotius lässt grüßen). Wer es immer noch nicht glauben kann, dem seien die herausragenden Vorträge von **Rainer Mausfeld, Prof. für Psychologie,** ans Herz gelegt:

("Warum die Lämmer schweigen"; "Wie sich die verwirrte Herde auf Kurs halten lässt"; sowie "Die Angst der Machteliten vor dem Volk". Auf YouTube alle – noch – vorhanden). Danach herrscht Klarheit!

Nicht viel besser ist es um die viel genutzte Online-Enzyklopädie **"Wikipedia"** bestellt. Wer darin irrlichtert, im festen Glauben, deren Inhalte wären objektiv, sachlich und neutral gehalten, der muss sich auch hier eines Besseren belehren lassen. In der Dokumentation **"Die dunkle Seite der Wikipedia"** wird rigoros aufgedeckt, wie auch hier, von den dahinterstehenden Leuten, ideologisch gefiltert, gelogen, zurechtgebogen und zensiert wird. https://www.youtube.com/watch?v=wHfiCX_YdgA.

Auch lässt sich durchwegs feststellen, dass in diesem Lexikon Andersdenkende (nicht-stromlinienförmige Zeitgeister) in unsachlicher Weise angegriffen, diskreditiert und in bestimmte "Ecken" gestellt werden.

Fazit: Die "Wikipedia" lässt sich guten Gewissens befragen, wenn es sich beispielsweise um die Klassifizierung von Hefeteig, die Organisation eines Ameisenstaates oder die Biogeografie der Alpen handelt. Bei allen Themen, hinter denen sich machtpolitische sowie massive finanzielle Interessen verbergen, ist sie schlichtweg das falsche, da weltanschaulich und ideologisch einseitig gefärbte Medium. Ihre Inhalte sind zwar – wie beinahe die gesamte Massenberichterstattung – "politisch korrekt", aber deshalb noch lange nicht wahr. Ganz im Gegenteil! Der französische Philosoph Alain Finkielkraut hat das manipulative Machtinstrument der **"political correctness"** vortrefflich charakterisiert: *"Nicht sehen wollen, was zu sehen ist".* Oder: Nur das Aussprechen und kritisieren, was offiziell ausgesprochen und kritisiert werden darf – was nichts anderes als eine Gesinnungs- bzw. Meinungsdiktatur ist! Heute übrigens in beinahe allen Ländern Europas wieder zunehmend auffindbar.

Was wir somit als Wahrheitssucher zuallererst begreifen müssen, ist, dass wir im großen Stil verschaukelt und hintergangen werden. Wer sich wirklich die Zeit für eine ernsthafte Recherche nimmt, wird auf zahlreiche Indizien und Belege stoßen, die diese Behauptung unterstützen. Schon der große Schriftsteller **Honoré Balzak** stellte ernüchternd fest:

"Es gibt zwei Arten von Weltgeschichte: die eine ist die offizielle, verlogene, für den Schulunterricht bestimmte, die andere ist die geheime Geschichte, welche die wahren Ursachen der Ereignisse birgt."

Unter diesem Gesichtspunkt müssen beispielsweise auch die wahren, tieferen Beweggründe und Ursachen der beiden großen Weltkriege* dringend näher betrachtet und erörtert werden (Aufschlussreiche Literatur: siehe nächste Seite unten).

So sind wir einer einseitigen, lückenhaften Berichterstattung ausgesetzt, andererseits werden wir mit Bildern des Schreckens überflutet. Da sich nun überwiegend das in unserem Leben manifestiert, wovon wir fest überzeugt sind, und da Ängste uns lähmen und unsere Lebensenergie schwächen, wie kaum etwas anderes auf dieser Welt, kann man sich ausmalen, wie problematisch es ist, sich dem täglichen Nachrichtenpsychodrama auszusetzen. Viele Menschen verfügen nicht über die nötige Distanz und Abgeklärtheit, um mit den zutiefst frustrierenden Bildern und Meldungen umzugehen. Die Stimmung wird gedrückt, Wut, Lethargie und Hoffnungslosigkeit machen sich breit.

Da stellt sich die Frage: Wie soll es denn möglich sein, ein positives Resonanzfeld aufzubauen, wenn wir uns tagtäglich all den Schreckensszenarien aussetzen und uns mit ihnen identifizieren?

Denn: **Jede Information, jede Mitteilung, jede Nachricht hat einen Einfluss auf unsere DNA. Sie hinterlässt einen Eindruck in unserer gesamten Zellstruktur und schließlich in dem energetischen Feld, das uns umgibt, was sich wiederum auf unsere weitere Umgebung (alles) auswirkt.**

Unter all diesen Gesichtspunkten, sowie den wissenschaftlichen Erkenntnissen über Bewusstsein und Resonanzgeschehen, sollte jeder für sich überprüfen, was er tagtäglich an Bildern und Informationen ungefiltert und zumeist unreflektiert aufnimmt und übernimmt. Da wir uns dieser Informationsflut schwerlich ganz entziehen können, ist es von größter Bedeutung, dass wir das Gesehene und Gehörte richtig kanalisieren, ohne dabei Schaden zu nehmen. Wird es zur seelischen Belastung müssen wir dem Ganzen einen Riegel vorschieben bzw. es transformieren. Im **7-Phasen-Prozess** lernst du wie das geht.

Conclusio: Die Qualität dessen, was ich täglich geistig konsumiere, korreliert damit, wie es mir seelisch und körperlich geht, und was ich (und andere) zukünftig erleben!

Das alles verbindende Photonenfeld aus dem alles hervorgeht, braucht unsere ordnenden, heilenden Frequenzen in Form von Liebe, Authentizität, Mut, Kraft und Freude. Wer das für sich so erkannt hat, der weiß auch, von welcher Tragweite es für den gesamten Planeten ist, welchen Informationen wir Zutritt in unser Bewusstsein gewähren, und nicht zuletzt, welche Art von Frequenz, welche Prägung wir in das universelle Informationsfeld zurückgeben.

Das nun folgende Kapitel könntest du rein theoretisch auch überspringen. Ich habe es für jene Interessierten und Freigeister hinzugefügt, die den Dingen auf den Grund gehen wollen und denen die Suche nach Wahrheit auf *allen* Ebenen ein Bedürfnis ist – egal wie diese auch beschaffen sein mag. In diesem wird aufgezeigt, dass es zwar durchaus Sinn macht auch auf weltpolitischer Bühne nach selbiger zu suchen, um komplexe Zusammenhänge und Hintergründe überhaupt zu verstehen – aber nur dann, wenn man sich dem Ganzen wirklich gewachsen fühlt und sich **unter keinen Umständen** mit den Sachverhalten identifiziert! Identifiziert bist du, wenn du dich durch bestimmte Nachrichten und Informationen jedes mal wütend, verzweifelt, ohnmächtig, traurig, hilflos etc. fühlst. Was man nämlich im Zuge tiefgreifender Recherche in diesem Bereich entdeckt, ist wahrhaftig nichts für zarte Gemüter. Einer ängstlichen, dünnhäutigen, pessimistischen Natur würde ich ohnehin raten, sich von der täglichen Massenberichterstattung fernzuhalten. Durch den ständigen Konsum der nachweislich subjektiven und lückenhaften Massenpresse steigt weder der intellektuelle Bildungsgrad noch wird das eigene Leben bzw. die Welt auch nur um ein Jota besser. Wohl aber, wenn man diese geistigen Schrottplätze meidet und ein Gefühl der Zuversicht, Kraft und des Friedens in sich erzeugt.

* Die Juristin **Monika Donner,** Ministerialrätin im österreichischen Verteidigungsministerium, hat in ihren herausragend recherchierten Werken *"Krieg, Terror, Weltherrschaft",* Bd. *I u. II,* diesem Anspruch mehr als Genüge getan. Von der lange vorbereiteten und faktisch geplanten Urkatastrophe in Form des 1. Weltkrieges, bis hin zur folgenreichen Grenzöffnung Merkels im Jahr 2015 zieht sich ein roter Faden durch die Geschichte Deutschlands und Europas. Hier werden historische Fakten und Zusammenhänge aufgedeckt, sowie durch zahlreiche Dokumente hieb- und stichfest belegt. Dass man all dies in der offiziellen Geschichtsschreibung nicht mal ansatzweise findet, sollte jeden wachen Geist äußerst nachdenklich stimmen.

Ein Blick in die Matrix

Tatsächlich habe ich lange überlegt, ob ich dieses eher (realpolitische) Thema in dieses Buch mit aufnehme, da es, nach Ansicht einiger Leute, nicht zwingend in den Kontext passt. Da haben sie durchaus recht. Dass ich es dennoch – wenigstens Ansatzweise – tue, liegt darin begründet, dass wir alle irgendwann verstehen sollten, mit wem und was wir es hier wirklich zu tun haben. Wer das Spiel, seine Akteure und seine Regeln nicht kennt, wer sich verhält wie ein Narr – wird es verlieren.

Was sich auf der unsichtbaren, geistigen Ebene abspielt, findet sein spiegelbildliches Korrelat in der materiellen Er-schein-ungswelt, und wir können die Dinge nicht wirklich einordnen, wenn wir bestimmte Ebenen einfach ausblenden. So bleibt es dem ernsthaften Wahrheitssucher nicht erspart, auch den irdisch-globalen Zusammenhängen und Machenschaften auf den Grund zu gehen, sie kritisch zu hinterfragen, da sie unser aller Leben bis ins Detail beeinflussen. Geist und Materie bilden auch hier eine untrennbare Einheit.

Seit einigen Jahren scheint die Menschheit mal wieder auf einen Kulminationspunkt zuzusteuern, den viele Kommentatoren als kompletten Zusammenbruch der bisherigen Ordnung – vor allem im Westen – deuten. Hierbei lassen sich die Grundzüge des **Machiavellismus** (Rechtfertigung einer von ethischen Normen losgelösten skrupellosen Machtpolitik nach dem "Teile-und-Herrsche-Prinzip") gerade heute in besonderem Ausmaß erkennen.

Der negative, destruktive Teil des Systems bzw. des "Spiels" an dem wir alle auf diesem Planeten teilnehmen, basiert dabei auf drei grundlegenden Säulen: **Gier, Lüge und Angst.**

Das sogenannte "Böse" äußert sich hier in der schier unersättlichen Machtversessenheit einer hochkriminellen, soziopathischen Clique, welche durch gezielt geschürte Angstszenarien die Massen kontrolliert, sie ausbeutet und gleichermaßen, mittels ausgefeilten manipulativen Techniken weltanschaulich indoktriniert, und somit von der Wahrheit fernhält.

Wer sich, wie im vorigen Kapitel beschrieben, nicht nur auf die politisch korrekten Leitmedien verlässt, sondern zusätzlich den (noch) vorhandenen investigativen, freien Journalismus konsumiert (Epoch Times, Die Achse des Guten, Konjunktion.info etc.), stößt auf zahlreiche Ungereimtheiten. Hier findet man die zur Orientierung dringend notwendigen, kritischen Gegendarstellungen, die so manches in einem ganz anderen, zumeist stimmigeren Licht erscheinen lassen.

"In der Politik geschieht nichts zufällig! Wenn etwas geschieht, kann man sicher sein, dass es auch auf diese Weise geplant war," bekannte der frühere US-Präsident **Franklin D. Roosevelt**. Und daran hat sich bis zum heutigen Tag nichts geändert.

Und wohl kaum einer hat das herrschende System, die "Schattenregierung", deutlicher benannt wie **John F. Kennedy**. Am 27. April 1961 verkündete er vor Medienvertretern:

"Denn wir haben es mit einer monolithischen und rücksichtslosen weltweiten Verschwörung zu tun, die sich hauptsächlich auf verdeckte Mittel zur Erweiterung ihres Einflussbereichs stützt - auf Infiltration statt Invasion, auf Subversion statt freier Wahlen, auf Einschüchterung statt Selbstbestimmung, auf Guerillas in der Nacht anstatt Armeen bei Tag. Es ist ein System, welches beträchtliche menschliche und materielle Ressourcen in den Aufbau einer eng geknüpften, hocheffizienten Maschinerie verstrickt hat, die diplomatische, geheimdienstliche, ökonomische, wissenschaftliche und politische Operationen kombiniert. Die Handlungen dieses Systems geschehen verdeckt und werden nicht öffentlich. Macht es Fehler, so werden diese unter den Teppich gekehrt und nicht auf Seite 1 veröffentlicht. Abweichler werden ruhig gestellt und nicht etwa gelobt. Kein Aufwand wird in Frage gestellt, kein Geheimnis wird enthüllt. Ich bitte Sie um Hilfe bei dieser enormen Aufgabe, das amerikanische Volk über all dies zu informieren und es in Alarmbereitschaft zu versetzen."

Und am 15.11.1963: *"Es gibt einen Plan in diesem Land, alle Männer, Frauen und Kinder zu versklaven. Bevor ich dieses hohe und ehrenvolle Amt verlasse, werde ich diesen Plan bloßstellen."*

Sieben Tage später wurde er ermordet.

Vieles, was sich heute abspielt, erinnert stark an das visionäre Werk **George Orwells "1984"** in welchem sich der Mensch einem sozialistisch-totalitären Kontroll- und Überwachungssystem ausgeliefert sieht, das irgendwann auch vor brutalster körperlicher und psychischer Gewalt gegen Kritiker und Andersdenkende nicht zurückschreckt. Nicht, dass wir den im Buch beschriebenen Extremzustand bereits so hätten, (Technologievorbild China ist auf dem besten Weg!) aber die Weichen dafür sind auch in Deutschland/Europa längst gestellt, die Stoßrichtung klar erkennbar – für den der *beide* Augen öffnet. Es ist die vielzitierte *Neue Weltordnung* (NWO) von der auch Spitzenpolitiker seit geraumer Zeit ganz offen sprechen, uns aber im Unklaren darüber lassen, was diese beinhaltet bzw. für unser aller Leben bedeutet.

Nach zahllosen Stunden eigener Recherche innerhalb der letzten 10 Jahre wurde mir eines vollständig klar: Dass es nahezu unmöglich ist, komplexe Zusammenhänge und politische Vorgänge auch nur annähernd zu begreifen, wenn man sich nicht auch mit dem Thema "Machtpyramide" bzw. "Logentum" auseinandersetzt. Des weiteren sollte man die Regeln und Taktiken des Schachspiels kennen, da die Hauptakteure, hinter den Kulissen, Züge weit im Voraus – über Jahrzehnte und Generationen hinweg – planen, Bauernopfer bringen, falsche Fährten legen usw., um ihre Ziele zu erreichen.

Dass sich Macht stets da konzentriert, wo sich die Geldmassen kumulieren, ist eine Binsenweisheit. *"Gebt mir die Kontrolle über die Währung einer Nation und es ist mir gleichgültig, wer die Gesetze macht"*, protzte der Bankier und Multimilliardär **Amschel Mayer Rothschild** seinerzeit. Wer über nahezu unbegrenzte Geldmittel verfügt, ist selbstredend auch in der Lage Menschen zu kaufen, sie in erwünschte Positionen zu hieven, um über die von diesen Personen geleiteten Institutionen, Geheimdienste, Stiftungen, Holdings, NGO's, Gremien, Parteien, Vereinigungen etc. indirekt zu agieren. Schon Lenin bezeichnete sie als "nützliche Idioten", bis ins kleinste Glied, womit nicht zuletzt auch randalierende, prügelnde, radikale linke und rechte Gruppierungen gemeint sind, die man, je nach herrschendem Zeitgeist, auf kritische Geister loslässt, mit dem Ziel von Angst, Einschüchterung und Spaltung innerhalb der Gesellschaft.

So deutet heute vieles auf eine **Zentralisierung der Machtstrukturen** hin, wo Politikdarsteller aus Unwissenheit, ideologischer Verblendung oder purem Eigennutz willig das ausführen, was einflussreiche Akteure im Hintergrund beschließen. Diese selbsternannten, in Logen und Bünden organisierten "Eliten" – das sollte man sich unbedingt verinnerlichen – sind politisch weder "rechts" noch "links" zu verorten, auch nicht in bestimmte Religions- Rassen- oder Staatenzugehörigkeit. All das interessiert diese Leute nicht im Entferntesten! Sie befinden sich nicht innerhalb des Systems, sondern stehen über diesem, wobei ihnen jegliches Mittel recht ist, um ihre kranke, ausschließlich ihnen dienende Agenda durchzusetzen – sei es durch (rechten) Turbokapitalismus, Faschismus oder (linken) Kulturmarxismus/Sozialismus/Kommunismus (das Gedankengut des Letztgenannten im heutigen Europa deutlich erkennbar).

Wer sich erst mal darüber im Klaren ist, dass dieselben angloamerikanischen Großbanken und Konzerne sowohl das faschistische Naziregime unter Hitler als auch dessen Gegner, den Erzkommunisten Stalin finanziert haben (siehe die gut recherchierten Werke von Anthony Sutton), dem fällt es wie Schuppen von den Augen. Augenscheinlich "verfeindete" Parteien und Ideologien werden von finanzpotenten Hintergrundmächten <u>gleichermaßen</u>

unterstützt, um auf dem entstandenen Blut- und Scherbenhaufen – ganz nach Hegelsch'er Dialektik! – etwas "Neues" zu errichten. Natürlich etwas, das einzig und allein den niederen Zwecken dieser Kabale dient. Dass die meisten Menschen, ungeachtet des akademischen Bildungsgrades, mit derartigen Behauptungen weltanschaulich komplett überfordert sind, ist nicht weiter verwunderlich – denn so wird es natürlich offiziell, aus guten Gründen, nicht gelehrt. Andererseits lässt sich alles dokumentarisch belegen, für den, der wirklich wissen will.

"Ordo ab chao" (Ordnung durch Chaos) lautet ein wichtiges freimaurerisches Prinzip. Nun lässt sich in einem funktionierenden, bewährten System schwerlich etwas grundsätzlich Neues einführen, und schon gar nicht, wenn es gegen jegliche Vernunft spricht und daher von der Mehrheit der Bevölkerung unerwünscht ist. So gilt es, das Etablierte in Form gewachsener Strukturen, sowie dessen tragende Fundamente (Familie, Kultur, Ethik, Tradition, Zusammenhalt, Brauchtum, Spiritualität) zu zerstören, entweder durch rohe Gewalt oder durch Infiltration und Zersetzung von innen. Heute beobachten wir folglich das künstlich gezielte gegeneinander Aufhetzen unterschiedlichster Bevölkerungsschichten, durch eine keineswegs zufällig stattfindende Massenbewegung kulturfremder, größtenteils bildungsferner, teils religiös radikalisierter und traumatisierter Menschen in Richtung Europa. Wir blicken auf inszenierte Kriege und "False-Flag-Operationen", auf von außen lancierte und finanzierte Regierungsputsche (siehe George Soros!) mittels Lohnterroristen, die uns offiziell als "moderate Rebellen" verkauft werden. Auf ein privatisiertes Großbankensystem, das Geld aus dem Nichts schöpft, um dieses dann zu Zinseszins an Staaten und Privathaushalte zu verleihen, die dann unter der permanent steigenden Schuldenlast zerbrechen. Auf einen sich daraus ergebenden <u>exponentiellen</u> Geldfluss von fleißig nach reich, der schwere Krisen und Zusammenbrüche geradezu heraufbeschwört. Nicht zuletzt werden im jeweiligen Staatsapparat alle wichtigen Positionen stets mit jenen Leuten bzw. Entscheidungsträgern besetzt, die der Agenda der Globalistenclique bereitwillig folgen und ihr dienlich sind. (*Man erinnere sich diesbezüglich an den durchaus erfolgreichen "Marsch durch die Institutionen" der damaligen 68er Bewegung, die einerseits über Freiheit schwadronierte, andererseits dem kommunistischen Massenmörder Mao Tse-tung huldigte. Da sitzen sie noch heute, und so mancher Nazi von einst wechselte schnell Fahne und Farbe und befand sich abermals in höchster Position*).

Oben genannte Maßnahmen erweisen sich als probate Mittel, um das erwünschte Chaos im System zu erzeugen. Die damit vergesellschaftete lähmende Angst, Paranoia und Verunsicherung der Menschen wirken dabei wie ein Katalysator. Auf deren Basis lassen sich dann auch die absurdesten Einschnitte bzw. Entmündigungs- Kontroll- und Überwachungsmaßnahmen durchsetzen, welche die Bevölkerung sonst niemals so akzeptieren würde. Es ist der offenkundige Weg in eine sozialistisch-supranationale Diktatur (namens "Globalisierung"), unter schrittweiser Enteignung des bürgerlichen Mittelstandes, erzwungener Bevölkerungsvermischung, einem grassierenden Gender- und Gleichheitswahn, sowie der zunehmenden Einschränkung der freien Meinungsäußerung diesbezüglich. Dies alles unter der **Alleinherrschaft des Großkapitals** bzw. einer dahinterstehenden narzisstischen, **Globalisierungsclique,** die sich selbst als

"Übermenschen" versteht und von der Juristin Monika Donner, in ihren beiden fulminanten Werken, mit Fug und Recht, als "Internationale Asoziale" bezeichnet wird. Es würde viel Raum in Anspruch nehmen, um all diese Dinge intensiver zu beleuchten, so dass daraus ein tieferes Verständnis hergeleitet werden kann. In diesem begrenzten Rahmen möchte ich abschließend nur noch darauf hinweisen, dass hier, nach all meinen Nachforschungen, äußerst negative, zerstörerische Kräfte im Hintergrund am Werk sind, die sich in der Tat als okkult-satanistisch, sowie hochgradig pädophil bezeichnen lassen. Wem spätestens jetzt der mittlerweile ziemlich abgenutzte, im April 1964, (bezüglich des Kennedyattentats) von der CIA erfundene Kampfbegriff "Verschwörungstheorie" in den Sinn kommt, den möchte ich zunächst darum bitten, über einen *längeren Zeitraum intensiv und unvoreingenommen* zu dieser Thematik zu recherchieren, um entsprechende Informationen zu sammeln. Seine bisherige Meinung könnte sich womöglich grundlegend ändern (siehe u.a. die Veröffentlichungen des mutigen Aufklärungsjournalisten Guido Grandt; auch auf YouTube).

Von **Woodrow Wilson,** dem 28. Präsidenten der Vereinigten Staaten von Amerika ist in diesem Zusammenhang folgendes Zitat überliefert:

"Seitdem ich in die Politik ging, hatte ich mir die Meinung der großen Männer gerne zu Eigen gemacht. Einige der Größten in der Geschichte der Vereinigten Staaten aus dem Bereich des Finanzwesens und der Güter herstellenden Industrie haben Angst vor einem großen "Etwas". Sie wissen, dass irgendwo eine Macht am walten ist, die so organisiert, so subtil, so aufmerksam, so miteinander verwoben, so vollständig und so durchdringend agiert, dass sie diese Macht lieber nicht öffentlich verdammen."

So geht es den Kreaturen an der Pyramidenspitze längst nicht mehr um Geld (sie verfügen, wie gesagt, über unvorstellbare Summen), das hier nur noch Mittel zum Zweck ist, sondern ganz offen um:

Die uneingeschränkten Macht in Form totalitärer, digitaler Überwachung und Kontrolle über alles und jeden – über Systeme, Ressourcen und Menschen.

Wie kann dieser Zustand ausschließlich erreicht werden? Durch den apathisch-teilnahmslosen, gesellschaftlich entwurzelten, verängstigten, angepassten, sich selbst entfremdeten, identitätslosen Menschen, ohne jegliches Zugehörigkeitsgefühl, sinnentleert, sozial und seelisch verarmt, des eigenständig, kritischen Denkens beraubt – dem postmodernen Zombie. Ein halt- und rückgratloses Individuum, ein unreflektierter Mitläufer, der sich von seinen spirituellen Wurzeln, von jeglicher gesunden Urteilsfähigkeit entfernt hat, und somit zur leichten Beute breit angelegter Manipulation jeglicher Couleur wird. Besonders dann, wenn diese für sich in Anspruch nimmt, einer "guten Sache" zu dienen.

Die für alle sichtbare Mainstreampolitik richtet sich heute gegen beinahe alles, was in den vergangenen 70 Jahren im Erfolgsmodell Europa Wohlstand und Frieden garantiert hat. Gleichermaßen gegen all jene Menschen, welche das lang Bewährte und Erprobte nicht auf der Müllhalde der Geschichte sehen wollen. Letzteres wird ersichtlich, wenn "unbequeme Autoren" keine Verlage mehr finden bzw. selbst sachliche Kritik willkürlich aus den sozialen Netzwerken entfernt wird, nur weil sie nicht der erlaubten Gesinnung und Geisteshaltung entspricht. Derlei Maßnahmen waren im Verlauf der Geschichte immer der erste Schritt in einen linken oder rechten Totalitarismus bzw. Polizeiterror- und Überwachungsstaat.

Im Zusammenhang mit der Philosophie dieses Buches soll diesbezüglich noch erwähnt werden, dass es höchste Zeit ist, die angestaubten Begriffe "Links" und "Rechts" auszusortieren, denn diese taugen zu nichts anderem, als die Spaltung innerhalb der Gesellschaft weiter zu forcieren. Die einzige Frage, die wir uns hinsichtlich jeglicher politischen Entscheidung stellen sollten, lautet: **Sind die jeweiligen Maßnahmen und Beschlüsse dem generellen Wohlstand der Bevölkerung, ihrer körperlichen und geistigen Gesundheit, sowie einem friedlichen Miteinander dienlich?** Um nichts anders kann es uns wirklich gehen, alles weitere ist in der Tat zweitrangig! Eine dem Menschen dienliche Politik ist ohnehin niemals im überwiegend "linken" oder "rechten" Spektrum zu finden ist. Beide Formen bilden bekanntlich im Laufe der Zeit stets Extreme aus, die sich dann als Faschismus/Nationalsozialismus oder Sozialismus/Kommunismus etc.* schon bald gegen die eigene Bevölkerung wenden, im Sinne von Überwachung, Manipulation, Unterdrückung, Verarmung, Folter und Mord. So muss auch hier – wie könnte es anders sein – die goldene Mitte zwischen den Polen angestrebt werden, wo Herz und Vernunft gleichermaßen zum Wohle von Mensch, Tier und Natur regieren. Dass dies im teils erbärmlichen Schaukampf der politischen Bühnendarsteller keineswegs stattfindet, muss hier nicht weiter erläutert werden. Hier findet zumeist gegenseitige Anfeindung, Schuldzuweisung und beschämende Selbstdarstellerei statt. Gute Ideen, gangbare Wege, im Sinne einer tatsächlichen Verbesserung der Gesamtsituation, werden erst gar nicht groß in Betracht gezogen bzw. von gegnerischen Parteien von vornherein blockiert. Lieber fährt man ganze Kontinente an die Wand, indem man deren Gesellschaften ruiniert und ihnen die elementaren Lebensgrundlagen nimmt.

So möchte ich es an dieser Stelle dabei belassen und komme zur versprochenen Lösung, die sich jeder, der dieses Werk durchgearbeitet und integriert hat, selbst herleiten kann:

Da Geist der Urgrund aller Dinge ist und unser individuelles sowie kollektives Bewusstsein (Denken, Fühlen, Überzeugungen) die Realität beeinflusst bzw. durch Resonanz "kreiert", liegt hierin bereits die Antwort. Wenn nun die wahren Machthaber dieses Planeten, sowie zahlreiche deren Handlanger, sich zum Teil offenkundig mit äußerst destruktiven Energien (siehe Bohemien Grove u.a.) verbünden und entsprechend handeln, dann sollten bzw. müssen wir uns derselben Mittel lediglich in der anderen Richtung bedienen. Dies nämlich ist deren größte Furcht:

Der spirituell erwachte Mensch, der das Spiel durchschaut, sich seiner psychomentalen Kräfte bewusst wird und selbige zur Anwendung bringt!

Große Philosophen und Lehrer wie Plotin erkannten, dass die "Finsternis" in Wahrheit nicht existiert, da sie lediglich die Abwesenheit von Licht ist. So gesehen, ist sie zwar *real* (äußerer Schein), aber nicht *wirklich* (Urgrund, Sein) und hat daher weder Bestand noch irgendwelche Macht aus sich selbst. Zünde eine Kerze an und das Dunkel verschwindet noch im selben Augenblick, jedoch wirst du mit Dunkelheit kein Licht zum verlöschen bringen. Mit Dunkelheit kannst du nichts machen, sehr wohl aber mit dem Licht. Die Finsternis kann folglich nur da existieren und Unheil anrichten, wo das Licht nicht ist.

Genau darin liegt unsere wahre Macht verborgen! In der unablässigen Verbindung mit unserem unantastbaren, lichten Wesenskern und zugleich mit allen Gleichgesinnten, sowie einer konsequenten Veränderung unserer Denk- Glaubens- und Verhaltensmuster! Eine Veränderung (Erhöhung) der eigenen Frequenz filtert eine ihr entsprechende neue Realität aus dem Meer aller Möglichkeiten. Wird die kritische Masse von Menschen an einem Punkt überschritten, ist ein Realitätswechsel aufgrund von Resonanz unabwendbar! Dies ist kein Irrglaube, keine Zauberei, sondern angewandte Physik – das unbestechliche Gesetz von Ursache und Wirkung. Eine positive Veränderung der Welt von innen heraus, durch den unaufhaltsamen Bewusstseinswandel einer stetig wachsenden Anzahl von Menschen. Gesteuert durch die zwingende Macht des Geistes, der den vollkommenen, idealen Zustand imaginiert, **ihn tatsächlich fühlt,** im sicheren Wissen, dass sich die Erfüllung auf kausaler Ebene (innere Wirklichkeit) bereits vollzogen hat und die Materie (Außenwelt) schließlich folgen muss! Dann können und werden sich die blind zerstörerischen Kräfte nicht länger halten, die Versklavung und Vergewaltigung von Mensch, Tier und Natur hat ein Ende, und es darf wahr werden, was seit jeher prophezeit ist:

Ein Zeitalter des Friedens und Miteinanders, eine Welt der gänzlich neuen Maßstäbe und Prioritätensetzungen, in der vollkommen neue Gesellschaftsformen und humanistische Systeme zum Ausdruck kommen werden, die ihren Namen auch verdient haben. Bestimmt wird es auch da noch "Probleme" bzw. Herausforderungen geben, aber mit einer gänzlich anderen Gewichtung und Herangehensweise. Eine Welt, die von spirituell entwickelten Seelen, zum höchsten Wohle und Glück aller Lebewesen, regiert und erhalten wird.

Der kostbare Schlüssel zur Wandlung und Erneuerung liegt allein in unserem einzigartigen Bewusstsein!

* Wie bereits angedeutet, nimmt der "Kapitalismus" eine übergeordnete Sonderposition ein, da durch entsprechende Geldmittel sämtliche Ideologien und großen Strömungen unterstützt bzw. ins Leben gerufen wurden. So war der Kapitalismus auch niemals der "Feind" des Kommunismus (wie offiziell gerne behauptet), da Letzterer erst durch die massive finanzielle Zuwendungen internationaler Akteure entstehen konnte. (siehe A. Sutton)

Weshalb die Hoffnung
auf eine bessere Zukunft realistisch ist!

Nach all diesen, zugegebenermaßen, eher ernüchternden Darstellungen im vorigen Kapitel, ist es mir wichtig einen erfreulichen Schlusspunkt zu setzen. Im Kurs geht es schließlich um eine spür- und sichtbare Veränderung hin zu mehr Glück und Freiheit – und das in allen Bereichen unserer Existenz. Spreche ich nun mit Freunden, Bekannten oder Klienten über die grundsätzliche Möglichkeit einer positiven globalen Entwicklung, so wird in der Regel verargumentiert, *"dass der Mensch sich nie ändern werde"* und *"dass es schließlich schon immer so war"*. Blickt man "realistisch" auf den Zustand unserer Welt, so könnte man tatsächlich annehmen, dass alles so bleibt wie es ist: Kriege, Terror, Hungersnöte, Armut, Egomanie, Ellenbogenmentalität, eine sich seit jeher bereichernde, herrschende Minderheit, die sich auf Kosten der Mehrheit auslebt etc.

Was hier jedoch gänzlich ignoriert wird, ist der Umstand, dass der Mensch, gemessen am Alter des Universums, erst seit ein "paar Sekunden" existiert. Und dass Evolution sich grundsätzlich *auf alle Ebenen* unseres Daseins bezieht, auch auf die seelisch-charakterliche Entwicklung, die sich in einer schrittweise Öffnung des Herzzentrums äußert. So richten wir (unter freundlicher Mithelfe der Medien) unseren Fokus fast ausschließlich auf die Problemfelder dieser Welt, auf jeden Tropfen Blut, der irgendwo floss, nicht jedoch auf das viele Gute, das ebenso durch uns geschieht. Keine Schlagzeile berichtet über die zahllosen Beispiele von echter Nächstenliebe und Humanität (nicht die politisch motivierte, zur Schau getragene Heuchelei medialer Selbstdarsteller/innen), über konstruktive Netzwerke oder Meditationsgruppen, die täglich Gedanken des Friedens in den Äther schicken und damit viel bewirken.

Was aber spricht nun explizit für die Wahrscheinlichkeit einer positiven Veränderung?

Der Biophysiker **Dr. Dieter Broers** forschte bis 1992 an TU und FU Berlin auf dem Gebiet der Frequenz- und Regulationstherapie. Seine Arbeiten führten zu mehr als 100 internationalen Patenten. Seit 1997 arbeitet er als Direktor für Biophysik am *International Council Development* und wirkt im *Committee for International Research Centres*. Bereits 2009 wies Broers durch seine Veröffentlichungen auf eindeutige Korrelationen zwischen astrophysikalischen Ereignissen und globaler Entwicklung hin. So ließ sich durch seine Forschungsarbeit belegen, dass gewaltige Sonneneruptionen und kosmische Strahlungen eine Veränderung des Erdmagnetfeldes zur Folge haben, was sich wiederum auf das Bewusstsein des Menschen bzw. seine Psyche auswirkt. Durch bestimmte Frequenzen können, laut Broers, tiefgreifende Veränderungen von Stimmungs- und Bewusstseinslagen hervorgerufen werden.

Tatsächlich existieren wissenschaftlich abgesicherte Zusammenhänge zwischen den Intensitäten und Schwankungen des Erdmagnetfelds und den Stimmungs- und Bewusstseinslagen der Menschen (Einweisungsquoten in psychiatrische Kliniken, Verkehrsunfällen, Selbstmordraten). Jene Magnetfeld-Veränderungen führten in der Historie nachweislich zu genialen Inspirationen und Eingebungen. Die Zeitpunkte der

Erschaffung großer Sinfonien, dichterischer Werke sowie herausragender Erfindungen stehen offenbar in Verbindung mit ihnen.

Die Autoren Adrian Gilbert und Maurice Cotterell belegen Zusammenhänge zwischen dem Auf- und Untergang von Weltreichen und entsprechenden Sonnenzyklen – vom Babylonischen bis zum Römischen Reich, bis in die Epoche der Maya-Kultur. Gleiches gilt fürdie Auflösung der Sowjetunion: Was mit Glasnost und Perestroika anfing und mit dem Fall der Mauer einen ersten Abschluss erfuhr, konnte an den gedeuteten Messdaten herausgelesen werden.

Interessant ist auch, dass das Volk der "Maya", das bekanntlich über ein hochstehendes astronomisches Wissen verfügten, von einer Art *"kosmischem Synchronisationsstrahl"* berichtet, der vom Zentrum der Milchstraße ausgehend, unseren Planeten, und somit auch uns Menschen, sozusagen, "neu ausrichtet". Ihre im *Maya-Kalender* verewigten Berechnungen ergeben für diese Dekade einen "letzten fundamentalen Veränderungsprozess", der von ihnen als "Aufstieg in die 5. Dimension" beschrieben wird. Wer dies für das Ammenmärchen primitiver Naturvölker hält, den dürften die jüngsten Ergebnisse der NASA überraschen. Diese berichtet von einem *"Energiestrahl"*, der wie ein "Scheinwerfer" aus den tiefsten Regionen unseres Weltalls auf die Erde ausgerichtet zu sein scheint. Den "Synchronisationsstrahl" der Mayas scheint die moderne Astrophysik, mit Hilfe modernster Technologie, wohl nun bewiesen zu haben! Innerhalb der letzten Jahre haben sich diese Strahlen tatsächlich um mehr als 100 % erhöht!

Broers: "Nachdem ich mich nahezu 30 Jahre in diesem Themenbereich bewege, kann ich sagen: Da vollzieht sich gerade ein unvorstellbarer Wandel, von dem primär unser Bewusstsein betroffen ist! Was in den Schriften der Maya ebenfalls zum Ausdruck kommt, ist, dass es durch den Synchronisationsstrahl zu einer >Neuaufstellung des Universums< kommt, und dass diese Zeit durch eine Zunahme von Chaos gekennzeichnet ist. Nach meinen Überlegungen wird sich ein Bewusstseinssprung vollziehen, quasi vom Menschen zum Übermenschen (göttlichen Menschen). Die Evolution verlief bislang in Sprüngen. Wurden Schwellenwerte der Erfahrungen erreicht, entstand eine neue Spezies. Russell konnte berechnen, dass >8-Milliarden-Reihen< einen solchen Schwellenwert ergeben. So sind beispielsweise ca. 8 Milliarden Neuronen notwendig, um ein Bewusstsein zu erzeugen. Der bevorstehende Bewusstseinssprung auf der Erde steht im Zusammenhang mit der kritischen Masse der Anzahl Menschen und bei 8 Milliarden bewegen wir uns bald. Diese Theorie wird von vielen Forschern sehr ernst genommen – so fantastisch sie auch ist."

Wie bemerken wir diesen Prozess?

"Pathetisch gesagt, werden wir an unser kosmisches Erbe erinnert. Uns wird die Möglichkeit gegeben,

- aus den starren Mustern auszubrechen,
- uns weiterzuentwickeln,

- uns zu verabschieden von Handlungsmustern, die unsere Erde und unsere Gesellschaften zerstört haben, nämlich von egogetriebener Gier".

Was passiert da in unseren Köpfen?

"Die sogenannte *Alpha-Frequenz* ist der Türrahmen zwischen *Unterbewusstsein und Tagesbewusstsein*. Den durchschreiten wir immer ziemlich schnell beim Einschlafen oder Aufwachen. Das kosmische Ereignis schafft es, dass wir in diesen Zustand geraten und in ihm gehalten werden, so dass wir Dinge im Wachbewusstsein sehen, die im Unterbewusstsein abgelegt sind. Wir erkennen unsere Traumata, unsere >Leichen im Keller<. Wo habe ich mehr genommen als gegeben? Wo mehr gegeben als genommen? Und wir erkennen gleichzeitig, dass es da etwas zu korrigieren gibt.

Ich kann durch lange wissenschaftliche Forschung nachweisen, dass mit diesen, nun vermehrt auftretenden Frequenzen Heilung erzielt wurde. Es ist mir und meinem Team vor vielen Jahren durch klinische Forschung gelungen, als austherapiert geltende Patienten durch genau definierte elektromagnetische Felder in einen Zustand zu versetzen, der durch das Erkennen der Ursache ihrer Krankheit einen Heilungsprozess einleitete. Offenbar "lernten" die *erkrankten Zellen* wieder, miteinander zu kommunizieren, sich sozial zu verhalten. Mikroskopische Aufnahmen zeigten, dass kranke Zellen wieder anfingen, mit den gesunden in Verbindung zu treten. Sie wurden resozialisiert. Diese Felder sind dem aktuellen Erdmagnetfeld – und wie es gerade auf uns alle wirkt – gar nicht unähnlich. Das Auftreten einer Krankheit hängt immer mit dem Abweichen eines naturgegebenen Weges zusammen.

Aus dieser Perspektive sind wir Gotteskinder, die ihr Erbe bisher nicht angenommen haben. Das klingt dramatisch, aber in diesen Momenten erkennen wir unsere Existenz als Göttlichkeit und können sie annehmen. Da ich erkenne, dass ICH ein Aspekt eines großen kosmischen Ganzen bin, verhalte ich mich automatisch ethisch und sozial. Jede Krebszelle verhält sich asozial:

- Sie nimmt mehr, als sie gibt, und vergisst, dass sie so nicht überleben wird.

- Sie entzieht ihrem Wirt sämtliche Lebensgrundlagen und damit auch sich selbst.

Der naturgemäße Urzustand basiert aber auf sozialem Verhalten. Erst wenn die Krebszelle sich ihrer Tugenden erinnert, kann sie überleben.

Ich bin überzeugt, dass 2 Dinge passieren werden – unser Herz und unseren Verstand betreffend: Es wird eine Erweiterung der Verstandesebene geben durch die Öffnung des Herzens.

Schon Friedrich Schiller sagte:

"Seit Aristoteles haben wir offenbar nichts dazugelernt. Wir wissen seit Aristoteles, was Demokratie ist. Wir wissen, wie das soziale Gefüge zu verstehen ist. Aber letztlich sind wir doch Barbaren geblieben."

Er sagte weiter:

"Es wird sich erst etwas ändern, wenn wir durch das Herz den Verstand ausdeuten."

"Eine Bibelstelle", meint Broers abschließend, "habe ich nie verstanden: Das >Gleichnis vom verlorenen Sohn<. Wieso ist der Vater der beiden Söhne so ungerecht, straft den Daheimgebliebenen ab und richtet für den Heimgekehrten ein Fest aus?

Was mir jetzt klar wurde – und das führte auch zu den Tränen der beteiligten Leute – dass dieses Gleichnis auf die Menschheit zu übertragen ist. Dieser Sohn kommt *freiwillig* zurück. Nicht durch einen Befehl, sondern durch Erkenntnis und eigene Erfahrungen! Das ist das Bild, das ich sehe. Und das fühle ich im Herzen. Angereichert mit den erworbenen Erfahrungen, die wir alle machen durften, kehren wir nun auf Grund der Erkenntnis zurück, dass wir alle eins sind.

Auf Eines möchte ich jedoch besonders hinweisen:

Die kommenden Ereignisse, gleich welcher Art, werden uns von der Illusion befreien, dass wir unmündige Wesen sind. Wir selbst haben es in der Hand, unsere naturgegebene Göttlichkeit anzuerkennen und anzunehmen. Kein Guru, kein Meister wird uns da wirklich helfen können, nur wir selbst, in der Anerkenntnis, dass wir als Individuum eingebunden sind in einem harmonischen Ganzen".

(Komplettes Interview: HÖRZU, Ausgabe 01. 01. 2009)

Schlussbetrachtung

An dieser Stelle möchte ich mich nochmals bei dir bedanken, dass du meinen Ausführungen bis hierhin gefolgt bist! Das Schreiben und Veröffentlichen dieses Buches war mir eine persönliche Herzensangelegenheit, da es grundlegende Themen beinhaltet, die mich zum Teil seit meiner Jugend intensivst beschäftigen. So habe ich versucht sehr viel Information und Inhalt, möglichst strukturiert, in einen nicht zu umfangreichen Rahmen zu packen. Ob mir das gelungen ist, mögen meine Leser entscheiden.

Dieser Kurs macht, wie anfangs schon erwähnt, nur dann Sinn, wenn sein Inhalt im Alltag konsequent gelebt wird, und zwar möglichst an jedem Tag deines wunderbaren Lebens. Sporadisches "Positiv-Denken" allein genügt nicht, denn jeder Gedanke ist flüchtig, wie eine Wolke am Himmel. Erst wenn das fokussierte Denken zum Gefühl und schließlich zum "So-Sein" wird, bildet sich ein kraftvolles Energiefeld, das Materie und Schicksal beeinflusst und bestimmt.

Wenn viele Menschen sich in diesem Sinne einer Entwicklung öffnen, indem sie die Scheuklappen abwerfen und ihr Wirken auf die Basis eines konstruktiven Miteinanders stellen, ist ein genereller Bewusstseinswandel auch auf globaler Ebene möglich. Das innere Feld bestimmt die äußere Realität! Der rationale Verstand spielt hierbei eine wichtige Rolle, aber er verliert seine destruktive Dominanz und Alleinherrschaft. Es ist das Ende jener unterkühlten, emphatiefreien Logik, welche unterdrückerische, von Lüge, Angst und Gier geformte Gesellschaftssysteme hervorbringt.

Wenn wir eine positive globale Veränderung anstreben, müssen wir uns zuallererst von jenem unreflektierten Mitläufertum verabschieden, in dem sich ein großer Teil der manipulierten Menschheit noch befindet. Die Zukunft benötigt "Rebellen im Geiste" – authentische Charaktere mit Herz und Verstand, die sich nicht länger ideologisch-weltanschaulich zurechtbiegen lassen.

"Die Großen hören auf zu herrschen, wenn die Kleinen aufhören zu kriechen", behauptete der bereits zitierte Friedrich von Schiller ... und der Mann hatte recht!

Die Welt der Zukunft ist die des geistig entwickelten Menschen, der äußeren Fortschritt grundsätzlich für gut heißt, jedoch nicht alles und um jeden Preis. So wäre beispielsweise eine Globalisierung, die unter ethisch-spirituellen, dem Allgemeinwohl dienenden Gesichtspunkten stattfindet, eine glänzende Idee, da es hier keine kriegstreiberische, von Narzissmus, Kontrollsucht und Machtgier zerfressene Minderheit gibt, die alles an sich reißt, um der Welt ihren kranken Willen aufzuzwingen, auf Kosten einer nicht gefragten Mehrheit, die darunter schrecklich zu leiden hat.

Die gute Nachricht: Neben der technologischen Weiterentwicklung findet, mehr im Verborgenen, auch eine *spirituelle Evolution* statt, die ebenfalls nicht aufzuhalten ist. *Alles* entwickelt, entfaltet und wandelt sich, auch wenn dies manchmal nicht gleich offensichtlich wird. Bevor klares Wasser in ein Gefäß fließen kann, muss das alte, abgestandene erst mal entsorgt werden. Das marode, menschenverachtende System der Vergangenheit und Gegenwart ist ein Auslaufmodell und es zerbröckelt Stück für Stück. Wenn wir alle die Kraft unserer Herzen aktivieren, wenn wir endlich wach werden, wird dieser Vorgang enorm beschleunigt, im Kleinen, wie im Großen. Keine äußere Maßnahme, keiner der etablierten politischen Debattierclubs, kein Geld dieser Welt und auch kein ferner Gott wird uns dem ersehnten Frieden, einer intakten Umwelt und der sozialen Gerechtigkeit bringen, wenn die innere R-Evolution nicht stattfindet, im Sinne einer Erneuerung und Wandlung des individuellen und somit kollektiven Bewusstseins. Die Chancen dafür stehen gut, denn es ist letztendlich der unumstößliche Plan für unsere Spezies. Alles drängt zur Harmonie und Vervollkommnung des Ausdrucks – nichts bleibt wie es ist.

Wenn ich der heute heranwachsenden Generation etwas Essentielles (das ihr augenblicklich fehlt) mit auf den Weg geben müsste, dann würde es folgendermaßen lauten:

"Seid hellwach und sucht beständig nach der Wahrheit! Glaubt nichts, was euch irgend jemand erzählt, egal, hinter welchen Institutionen und Titeln er sich verschanzt und hinterfragt wirklich ALLES. Überprüft vor allem das, was euch durch die etablierte Meinungsmaschinerie tagtäglich in die Köpfe gehämmert wird. Lest kritische Gegendarstellungen zu wichtigen Themen, bleibt in euch zentriert, um euch schließlich eine ausgewogene Meinung bilden zu können. In einem Satz: Weigert euch strikt, das angepasste, unreflektierte, leicht formbare Mitglied einer Schafherde zu sein, damit wahre Freiheit und Selbstbestimmung nicht länger bloßes Wunschdenken bleiben."

Um der sprichwörtlichen Wahrheit über uns selbst und die Welt schrittweise näher zu kommen, müssen wir nach ihr suchen, ja uns förmlich nach ihr sehnen. Nichts wird uns in diesem Leben auf dem goldenen Tablett serviert. Wer aber wirklich wissen will, wer die großen Fragen stellt, wer sich nicht mit Drittklassigkeit zufrieden gibt – der bekommt Antworten, so sicher, wie die Sonne morgens aufgeht. Sind wir dann noch in der Lage unser Bewusstsein neu zu justieren, unseren Fokus auf die innere Vollkommenheit anstatt auf die hartnäckigen Trugbilder des Verstandes zu richten, dann ist in der Tat *alles* möglich.

Wenn dieses Buch seinen kleinen Beitrag dazu leisten darf, so ist sein Anliegen voll und ganz erfüllt. Sein Inhalt ist zeitlos und wird dich hoffentlich durch dein gesamtes Leben begleiten, denn die Veredelung des unsterblichen Wesens ist ein endloser Prozess, der uns stets zu neuen, unbekannten, wundervollen Höhen und Aussichten führt. Letztlich wird der Mensch zum reinen Kanal, zur ungetrübten Linse, durch die sich das Allerhöchste in Liebe und wahrer Freiheit offenbart.

Ich wünsche Dir nun von ganzem Herzen zunehmend glückliche Momente, seelische Kraft und inneren Frieden!

Thomas J. Hartmann, Januar 2019

Noch eine persönliche Bitte an dich:

Falls dir der Inhalt dieses Buches gefallen bzw. weitergeholfen hat, würde ich mich freuen, wenn du es an Freunde, Bekannte, Interessierte, Suchende weiter empfiehlst bzw. verschenkst. Die darin enthaltenen Informationen sollen möglichst vielen Menschen zugänglich gemacht werden, denn jeder Einzelne wirkt mit im Prozess der großen Erneuerung und Entfaltung.

Schreibe mir auch gerne über deine persönlichen Erfahrungen und Erfolge, die du innerhalb der Praxis des Reality-Resonanz-Trainings machst. Zu gegebener Zeit werde ich die interessantesten Berichte (auf Wunsch selbstverständlich anonym) veröffentlichen.

Bei Interesse an Seminaren, persönlichem Coaching, Antischmerztherapien, Myofaszialem Training usw. bitte auf meiner Website vorbei schauen bzw. mir eine Email schreiben.

Herzlichen Dank!

www.reality-resonanz-training.de.to

re.re.training@gmail.com

Literaturverzeichnis

Al Habib, André: *Sufismus. Das mystische Herz des Islam.* Verlag Hans-Jürgen Maurer, Mai 2014.

Atkinson, William Walter: *Kybalion – Die 7 hermetischen Gesetze.* Aurinia Verlag, November 2011.

Benner, Joseph S.: *The Impersonal Life* (deutsch: Das unpersönliche Leben). Turmverlag, 2011.

Bohm, David: *Die implizite Ordnung.Grundlagen eines dynamischen Holismus.* Goldmann Verlag, München 1987.

Bohm, David / Peat, F. David: *Das neue Weltbild. Naturwissenschaft, Ordnung und Kreativität.* Goldmann Verlag, München 1991.

Bohm, David: *A New Theory of the Relationship of Mind and Matter.* Birkbeck College, University of London.

Capra, Fritjof: *The Tao of Physics.* Berkeley 1967 (deutsch: Der kosmische Reigen).

Capra Fritjof: *Das Neue Denken: Die Entstehung eines ganzheitlichen Weltbildes im Spannungsfeld zwischen Naturwissenschaft und Mystik.* Fischer Verlag, Dezember 2015.

Dahlke, Rüdiger: *Die Lebensprinzipien. Wege zu Selbsterkenntnis, Vorbeugung und Heilung.* Arkana Verlag, Oktober 2011.

Darwin, Charles: *Die Entstehung der Arten.* Nikol Verlag, August 2008.

De Chardin, Pierre Teilhard: *Das Auftreten des Menschen.* Olten 1965.

Detlefsen, Thorwald: *Schicksal als Chance. Das Urwissen zur Vollkommenheit des Menschen.* Goldmann Verlag, Dezember 1980.

Dodson, Frederick E.: *Reality Creation für Fortgeschrittene.* Bohmeier Verlag, April 2009.

Eichelbeck, Reinhard: *Das Darwin-Komplott. Aufstieg und Fall eines pseudowissenschaftlichen Weltbildes.* Riemann Verlag, 1999.

Emerson, Norman: *Intuitive Archaeology: A Pragmatic Study,* Dept. of Anthropology, University of Toronto, März 1976.

Eysenck, Hans Jürgen / Sargent, *Carl: Der übersinnliche Mensch.* München 1984.

Franckh, Pierre: *Das Gesetz der Resonanz.* KOHA Verlag, 2008.

Feild, Reshad: *Ich ging den Weg des Derwish.* Fischer Verlag, 1986.

Goddard, Neville: The Power of Awareness. Martino Publishing, Mansfield Centre CT, 2009.

Goswami, Amit: *Das bewusste Universum,* Verlag Lüchow in J. Kamphausen, März 2013.

Grof, Stanislav: *Revision der Psychologie. Das Erbe eines halben Jahrhunderts Bewusstseinsforschung.* Nachtschatten Verlag, August 2015.

Hasted, John: *The Metal Benders.* London 1981.

Heisenberg, Werner: *Der Teil und das Ganze.* München 1969.

Honorton, Charles: *Psi-Conducive States of Awareness. Psychic Exploration,* Cosimo Books, April 2016

Hoyle, Fred: *The Intelligent Universe.* London 1983.

Jakoby, Bernard: *Das Leben danach. Was mit uns geschieht, wenn wir sterben.* Rowohlt Verlag, August 2004.

Jung, C.G.: *Schriften zu Spiritualität und Transzendenz.* Patmos Verlag, März 2013.

Koestler, Arthur: *Die Wurzeln des Zufalls,* Bern, München, Wien 1972.

Kuhn, Thomas S.: *Die Struktur wissenschaftlicher Revolutionen.* Frankfurt 1973.

Laotse: *Tao te King. Das Buch vom Sinn und Leben.* Anaconda Verlag, Februar 2010.

Lipton, Bruce: *The Biology of Belief. Unleashing the Power of Conciousness, Matter and Miracles,* Mountain of Love Productions, 2008. (Deutsch: Intelligente Zellen. Wie Erfahrungen unsere Gene steuern).

Mulford, Prentice: *Unfug des Lebens und des Sterbens.* Fischer Verlag, Juli 1977.

Parnia, Sam, Dr. med.: *Der Tod muss nicht das Ende sein. Was wir wirklich über Sterben, Nahtodeserlebnis und die Rückkehr ins Leben wissen.* Heyne Verlag, 2015.

Pribram, Karl H.: *The Cognitive Revolution and Mind/Brain Issues.* American Psychologist, 1985.

Prigognine, Ilya / Stengers, Isabelle: *Dialog mit der Natur. Neue Wege naturwissenschaftlichen Denkens.* München 1981.

Risi, Armin: *Ganzheitliche Spiritualität. Der Schlüssel zur neuen Zeit.* Govinda Verlag, September 2014.

Schneider, Christian: *Der mystische Weg.* Verlag der Friedrich Weinreb Stiftung, Oktober 2009.

Schrang, Heiko: *Die Jahrhundertlüge, die nur Insider kennen: erkennen erwachen verändern,* Verlag: Macht-steuert-Wissen, 2016

Schrang, Heiko: *Im Zeichen der Wahrheit.* Verlag: Macht-steuert-Wissen, 2017

Schulte, Thorsten: *Kontrollverlust. Wer uns bedroht und wie wir uns schützen, Kopp Verlag 2017*

Sheldrake, Rupert: *Das schöpferische Universum. Die Theorie der morphogenetischen Felder und der morphischen Resonanz.* Nymphenburger Verlag, März 2008.

Sheldrake, Rupert: *Der Wissenschaftswahn. Warum der Materialismus ausgedient hat.* Droemer TB Verlag, Januar 2015.

Stapp, Henry: *Consciousness and Values in the Quantum Universe,* Foundations of Physics, Bd. 15, Nr. 1, Januar 1985.

Stapp, Henry: *Quantum Mechanics and the participating Observe*r. Springer Verlag, Berlin, 2011.

Tart, Charles T.: *Body Mind Spirit. Exploring the Parapsychology of Spirituality,* Hampton Roads Publishing Co, November 1997.

Tart, Charles T.: *Living in the Mindful Life. A Workbook for Living in the Present moment.* Shambhala Verlag, August 1994.

Ickerroth, Traugott: *Die neue Weltordnung – Band 1: Durch Manipulation in die globale Versklavung.* Argo Verlag, 2011

Ickerroth, Traugott: *Die neue Weltordnung – Band 2: Ziele, Orden und Rituale der Illuminati,* Argo Verlag, 2014

Warnke, Ulrich: *Quantenphilosophie und Spiritualität. Der Schlüssel zu den Geheimnissen des menschlichen Seins.* Scorpio Verlag, Mai 2011.

Warnke, Ulrich: *Quantenphilosophie und Interwelt. Der Zugang zur verborgenen Essenz des menschlichen Wesens.* Scorpio Verlag, 2013.

Wilber, Ken: *Integrale Spiritualiät. Spirituelle Intelligenz rettet die Welt.* Kösel Verlag, Sept. 2007.

Wilber, Ken: *Naturwissenschaft und Religion. Die Versöhnung von Wissen und Weisheit.* Fischer Verlag, Sept. 2010.

Eigene Notizen: